Ernst Kauffmann
unter Mitwirkung von
Rainer Bastke,
Kurt Kasperbauer und
Karlheinz Vorberg

Hydraulische Steuerungen

Herausgegeben von Kurt Mayer

Mit 239 Bildern

3., verbesserte Auflage

Friedr. Vieweg & Sohn Braunschweig/Wiesbaden

CIP-Titelaufnahme der Deutschen Bibliothek

Kauffmann, Ernst:
Hydraulische Steuerungen / Ernst Kauffmann.
Unter Mitw. von Rainer Bastke ... Hrsg. von
Kurt Mayer. – 3., verb. Aufl. – Braunschweig;
Wiesbaden: Vieweg, 1988
(Viewegs Fachbücher der Technik)
ISBN 3-528-24098-9

Dieses Buch entstand unter freundlicher Mitwirkung der Firma HERION-WERKE KG, Fellbach, und mit persönlicher Unterstützung von Herrn Dip.-Ing. *Erich Herion.*

Als Autoren haben mitgewirkt:

Rainer Bastke für die Kapitel 3.1, 3.3, 3.9, 5.8, 6.3, 6.4, 6.6
Kurt Kasperbauer für die Kapitel 3.4–3.8, 5.4–5.7, 5.9, 6.1, 6.2
Karlheinz Vorberg für die Kapitel 4.1–4.3

Der Verlag Vieweg ist ein Unternehmen der Verlagsgruppe Bertelsmann.

1. Auflage 1980
2., überarbeitete Auflage 1985
3., verbesserte Auflage 1988

Satz: Vieweg, Braunschweig
Druck und buchbinderische Verarbeitung: Lengericher Handelsdruckerei, Lengerich
Umschlagentwurf: Hanswerner Klein, Leverkusen
Printed in Germany West

ISBN 3-528-24098-9

Vorwort

Die wirtschaftliche Notwendigkeit, in allen Bereichen der industriellen Fertigung automatisierte Verfahren und Prozesse einzusetzen, zwingt Facharbeiter, Techniker und Ingenieure, sich mit den für die automatisierten Fertigungsprozesse notwendigen Techniken zu befassen. Dies verlangt Kenntnis und Wissen über das Gebiet der Steuerungs- und Regelungstechnik. In diesem Sinne soll das vorliegende Fachbuch als eine Informationsquelle für ein wichtiges Teilgebiet der Steuerungstechnik dienen.

Die Hydraulik als ein wesentlicher Teil der Fluidtechnik befaßt sich mit der Steuerung und Übertragung von Kräften und Bewegungen mittels Flüssigkeiten. Entsprechend unterscheidet man deshalb in der Technik zwischen hydraulischen Steuerungen und hydraulischen Antrieben, letztere wiederum in hydrostatische und hydrodynamische Antriebe. Da auch bei den hydraulischen Steuerungen überwiegend die Gesetzmäßigkeiten der Hydrostatik Anwendung finden, sind Gemeinsamkeiten mit hydrostatischen Antrieben gegeben.

Die hydraulischen Steuerungen und Antriebe bieten oft die beste Möglichkeit, Bewegungen beim automatisierten Fertigungsvorgang optimal zu realisieren. Insbesondere lassen sich durch Stetigventile Geschwindigkeiten und Kräfte bzw. Drehmomente dem Fertigungsprozeß exakt anpassen.

Bei der Überarbeitung dieses Buches wurde deshalb neben der Anpassung der Schaltpläne an das jetzt gültige Normblatt für Schaltzeichen der fluidischen Geräte und Systeme (DIN ISO 1219) auch das Kapitel Proportionalventile neu aufgenommen. Diese Bauarten der Stetigventile sind eine preiswerte und robuste Alternative zu den Servoventilen und sie haben der Hydraulik neue Bereiche erschlossen.

Fellbach, Dezember 1987 *Ernst Kauffmann*

Inhaltsverzeichnis

1 Grundlagen der Steuerungstechnik

Die Steuerungs- und Regelungstechnik hat mit zunehmender Automatisierung in allen Bereichen der Wirtschaft eine immer größere Bedeutung erlangt. Dabei ist die Entwicklung der einzelnen Techniken noch längst nicht abgeschlossen; es werden neue Systeme in der Steuerungs- und Regelungstechnik, und damit auch neue Geräte entwickelt und eingesetzt werden. Im Rahmen dieser Vielfalt haben nicht zuletzt die hydraulischen Steuerungen – oft auch nur Hydraulik oder Ölhydraulik genannt – eine bedeutende Stellung erlangt.

Zuerst sollen aber für alle Steuerungstechniken geltende Grundlagen angesprochen werden. Dafür bestehen bereits zahlreiche Normen und Empfehlungen, die unter dem jeweiligen Kapitel angeführt sind.

1.1 Steuern – Steuerung

Im Normblatt DIN 19 226, in dem die wichtigsten Begriffe und Benennungen der Steuerungs- und Regelungstechnik zusammengefaßt sind, ist die Steuerung bzw. das Steuern wie folgt definiert:

- Das Steuern – die Steuerung – ist der Vorgang in einem System, bei dem eine oder mehrere Größen als Eingangsgrößen, andere Größen als Ausgangsgrößen auf Grund der dem System eigentümlichen Gesetzmäßigkeiten beeinflussen.

  Kennzeichen für das Steuern ist der offene Wirkungsablauf über das einzelne Übertragungsglied oder die Steuerkette.

Entlang des Wirkungsweges lassen sich sowohl Steuerungen als auch Regelungen in einzelne Glieder aufteilen. Sie werden entweder als Bauglieder oder Übertragungsglieder bezeichnet. Von Baugliedern spricht man, wenn die Steuerung oder Regelung gerätetechnisch betrachtet wird. Dabei werden die physikalischen und technischen Eigenschaften, sowie Ort und Verwendung der Geräte, Baugruppen usw. in den Vordergrund gestellt. Bei der wirkungsmäßigen Betrachtung, bei der allein der Zusammenhang der Größen und Werte einer Steuerung oder Regelung beschrieben wird, spricht man von Übertragungsglieder. Sinnbildlich werden diese Übertragungsglieder in einem Rechteck – dem Block – dargestellt (Bild 1.1).

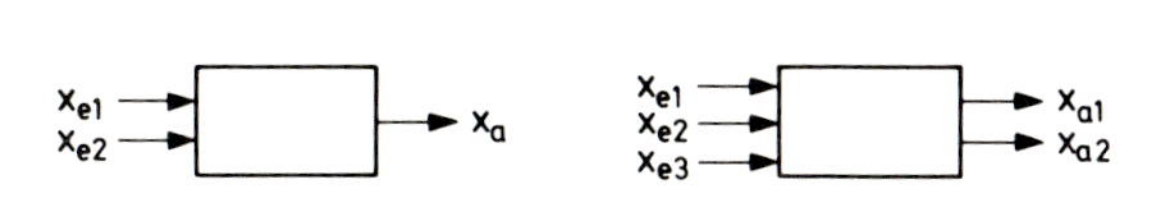

Bild 1.1

Blockdarstellung eines Übertragungsgliedes

$x_{e1,2...}$ Eingangsgrößen

$x_{a1,2...}$ Ausgangsgrößen

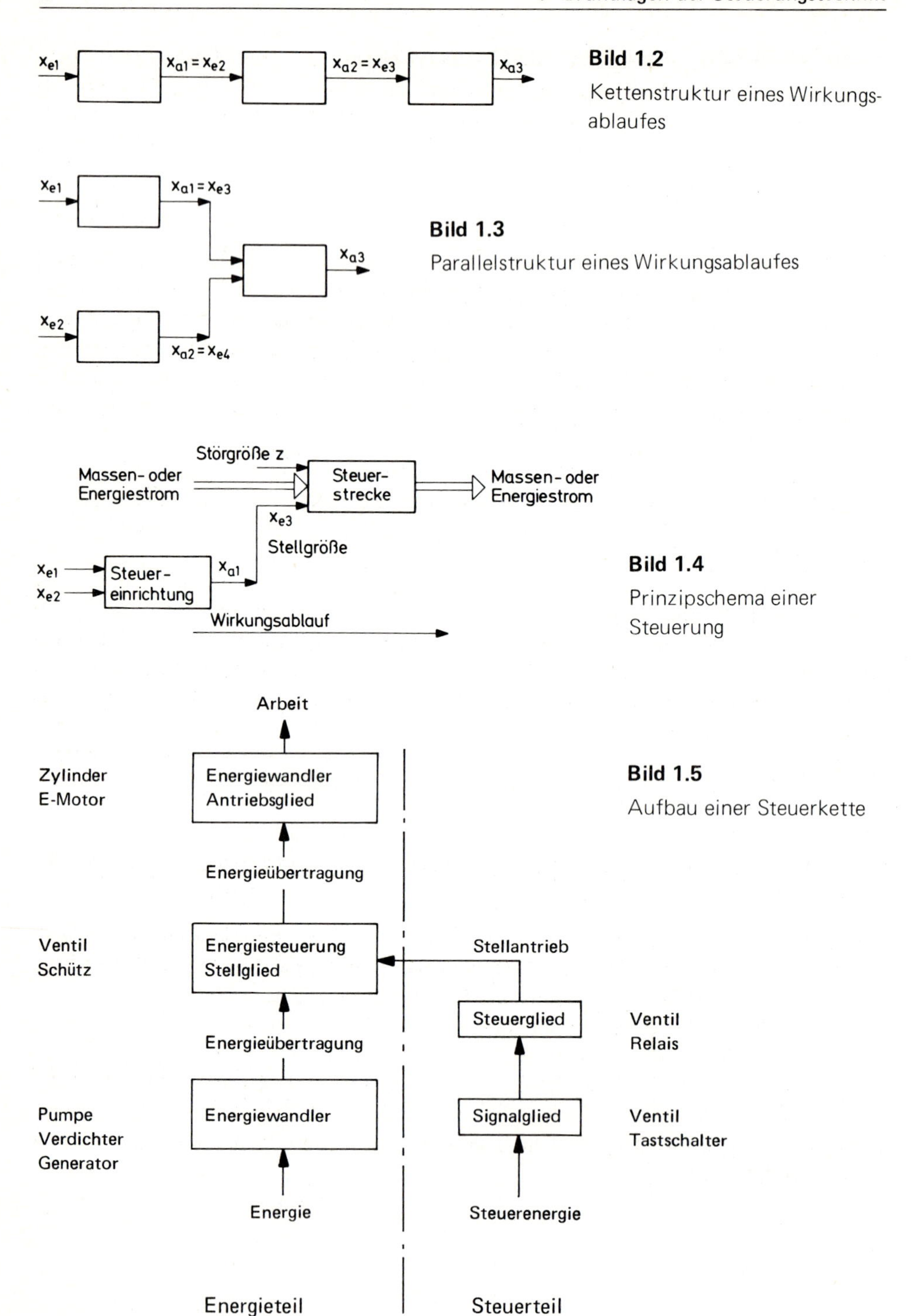

Bild 1.2
Kettenstruktur eines Wirkungsablaufes

Bild 1.3
Parallelstruktur eines Wirkungsablaufes

Bild 1.4
Prinzipschema einer Steuerung

Bild 1.5
Aufbau einer Steuerkette

Die Kettenstruktur ist in Bild 1.2 und in Bild 1.3 dargestellt, wobei Gesamtsteuerungen oft umfangreiche und komplexe Gebilde darstellen, die aus vielen miteinander verknüpften Einzelsteuerketten aufgebaut sind. In dem Normblatt DIN 19 226 ist auch festgelegt, daß auf diese Gesamtanlagen der erweiterte Begriff „Steuerung" angewandt wird. Es heißt dort:

- Die Benennung Steuerung wird vielfach nicht nur für den Vorgang des Steuerns, sondern auch für die Gesamtanlage verwendet, in der die Steuerung stattfindet.

Das in Bild 1.4 dargestellte prinzipielle Schema einer Steuerung in Zusammenhang mit der zu steuernden Anlage wird also in seiner Gesamtheit ebenfalls als Steuerung bezeichnet. Diese Steuerkette läßt sich noch weiter differenzieren (Bild 1.5) und zwar gerätemäßig oder nach dem Signalfluß.

Gerätemäßige Aufgliederung:

Eingabeglied (Signalglied) – Verarbeitungsglied – Stellantrieb

Aufgliederung nach dem Signalfluß:

Signaleingabe – Signalverarbeitung – Signalausgabe

Genauer gesagt hier wurde zuerst der Steuerteil oder die Steuereinrichtung betrachtet, die über den Stellantrieb als Signalausgabe den Energie- oder Massenstrom des Arbeits- oder Energieteils mit Hilfe des Stellgliedes steuert. Dieser Arbeits- oder Energieteil ist im weitesten Sinne die Steuerstrecke. Bei den hydraulischen Steuerungen ist vor allem dieser Teil aufgrund der Eigenschaften der Hydraulik zu betrachten, denn der Steuerteil wird, da ja eine Trennung zwischen Steuer- und Arbeitsenergie vorhanden ist, oft mit anderer Energieart betrieben. Allgemein unterscheidet man bei den Steuereinrichtungen zwischen Steuereinrichtungen mit und ohne Hilfsenergie. Nach DIN 19 226 versteht man darunter:

- Steuerung ohne Hilfsenergie:
  Bei einer Steuerung ohne Hilfsenergie wird die zum Verstellen des Stellglieds erforderliche Leistung vom Eingabeglied der Steuereinrichtung aufgebracht.

Dazu zählen alle hydraulischen Steuerungen, bei denen das Stellglied direkt von Hand betätigt wird. Ein großer Teil der hydraulischen Steuerungen wird mit Hilfsenergie, in erster Linie mit elektrischem Strom, betrieben. Nach DIN 19 226 sind

- Steuerungen mit Hilfsenergie:
  Bei einer Steuereinrichtung mit Hilfsenergie wird die zum Verstellen des Stellgliedes erforderliche Leistung ganz oder zum Teil von einer Hilfsenergiequelle geliefert.

Als Hilfsenergie wird neben der genannten elektrischen auch pneumatische und mechanische Energie eingesetzt.

1.2 Regeln – Regelung

Die Regelung ist nach DIN 19 226 folgendermaßen definiert.

- Das Regeln – die Regelung – ist ein Vorgang, bei dem eine Größe, die zu regelnde Größe (Regelgröße) fortlaufend erfaßt, mit einer anderen Größe, der Führungsgröße, verglichen und abhängig vom Ergebnis dieses Vergleichs im Sinne einer Angleichung an die Führungsgröße beeinflußt wird. Der sich dabei ergebende Wirkungsablauf findet in einem geschlossenen Kreis, dem Regelkreis, statt.

Genau wie bei der Steuerung wird bei der Regelung über die Regeleinrichtung – vgl. Steuereinrichtung – die Stellgröße und den Stellantrieb auf einen Massen- oder Energiestrom eingewirkt (Bild 1.6). Allerdings ist die Stellgröße als Ausgangsgröße der Regeleinrichtung abhängig vom Vergleich der Regelgröße – das ist die zu regelnde Größe – mit der Führungsgröße (dem Sollwert). Dabei ist deutlich die Kreisstruktur der Regelung zu erkennen (Bild 1.6).

Im Gegensatz zur Steuerung verursacht die Einwirkung einer oder mehrerer Störgrößen z, die zu einer Veränderung der Regelgröße führen (Regelabweichung), eine Reaktion der Regeleinrichtung. Über die Stellgröße y bringt die Regeleinrichtung die Regelgröße x wieder auf den durch die Führungsgröße w vorgegebenen Sollwert. Verbleibende Abweichungen sind nicht systembedingt, sondern hängen vom Gerät und den Anforderungen an die Genauigkeit ab.

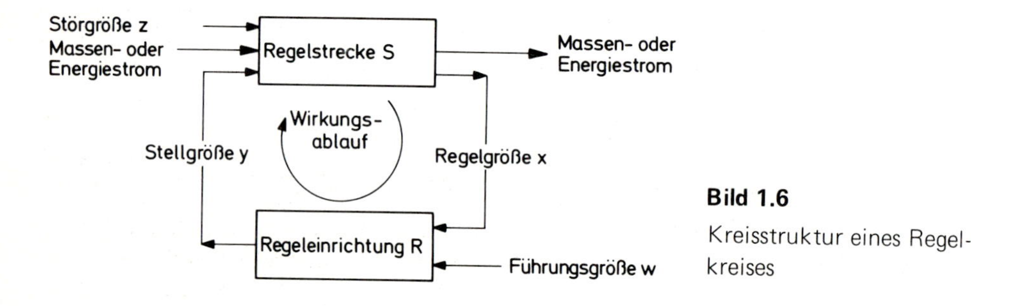

Bild 1.6

Kreisstruktur eines Regelkreises

1.3 Steuerungsarten

Als Grundlage für die Unterscheidungsmerkmale der Steuerungen gilt die Norm DIN 19 237, die nach folgenden Kriterien unterscheidet:

- Nach der Informationsdarstellung in analoge, digitale und binäre Steuerungen.
- Nach der Signalverarbeitung in synchrone-, asynchrone- und Ablaufsteuerungen.

- Nach dem hierarchischen Aufbau in Einzel-, Gruppen- und Leitsteuerungen.
- Nach der Art der Programmverwirklichung in verbindungsprogrammierte-, und speicherprogrammierte Steuerungen.

Tabelle 1.1 Unterscheidungsmerkmale für Steuerungen nach DIN 19 237

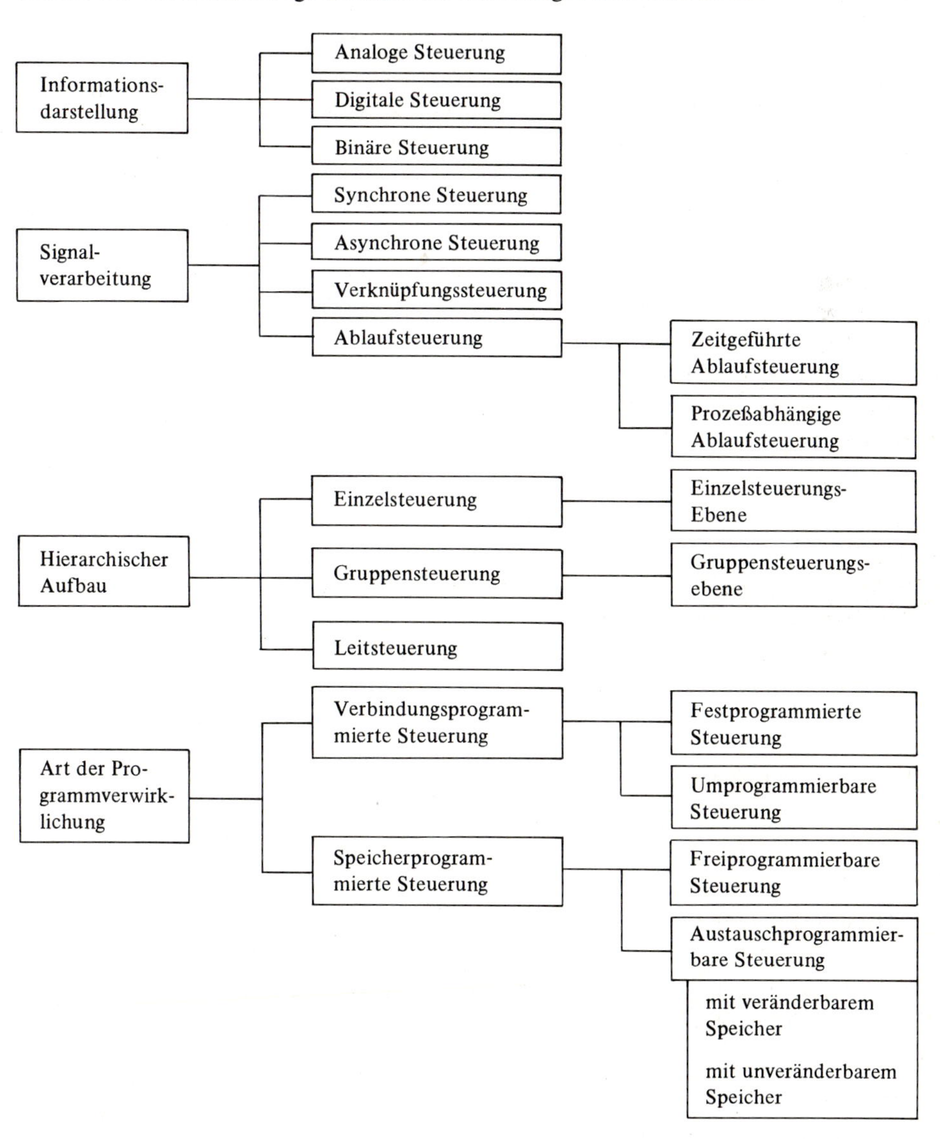

Die in DIN 19 226 aufgeführten Steuerungsarten werden durch diese weitergehende Norm ergänzt bzw. neu geordnet im Sinne einer Angleichung der Begriffe für alle Bereiche der Steuerungstechnik. Für die hydraulischen Steuerungen sind aus den oben genannten Bereichen folgende Benennungen von Bedeutung:

- Verknüpfungssteuerung; die bisher üblichen Benennungen wie Führungssteuerung, Parallelsteuerung usw. sind als mißverständlich zu vermeiden.
- Ablaufsteuerung; definiert als Steuerung mit zwangsläufig schrittweisem Ablauf. Das Weiterschalten auf den programmgemäß folgenden Schritt erfolgt abhängig von Weiterschaltbedingungen, die zeit- oder prozeßbedingt sein können. Dazu zählen die Folgesteuerungen (DIN 24 300). Benennungen wie Programm- oder Taktsteuerungen sind als mißverständlich zu vermeiden. Unter diesen Bereich fallen
  - die zeitgeführte Ablaufsteuerung, deren Weiterschaltbedingungen nur von der Zeit abhängen, wobei der Begriff der Zeitplansteuerung nach DIN 19 226 der zeitabhängigen Vorgabe von Führungsgrößen vorbehalten bleibt, und
  - die prozeßabhängige Ablaufsteuerung, deren Weiterschaltbedingungen von der gesteuerten Anlage abhängen. Die Wegplansteuerung nach DIN 19 226 ist eine Form dieser prozeßabhängigen Ablaufsteuerung.
- Einzelsteuerung; definiert als Funktionseinheit zum Steuern eines einzelnen Stellgliedes. Diese Funktion wird aber in einer hydraulischen Steuerkette häufig nicht hydraulisch, sondern mit anderen Steuermedien ausgeführt, z.B. elektrisch.

In der Übersicht (Tabelle 1.1) sind die Benennungen der einzelnen Steuerungen nach DIN 19 237 noch einmal zusammengefaßt.

1.4 Vergleich der Energiearten

Aus dem Aufbau der Steuerkette (Bild 1.5) ist ersichtlich, daß bei einer Steuerung ein Energiestrom durch ein oder mehrere Eingangssignale über Steuerglied, Stellantrieb und Stellglied beeinflußt wird. Dabei kann die Energie im Steuer- und im Energieteil gleich sein, wie z.B. bei einer Schützsteuerung oder einer rein pneumatischen Steuerung, oder verschieden wie bei einer elektrohydraulischen, elektropneumatischen oder elektromechanischen Steuerung. Im ersten Fall handelt es sich um eine Steuerung mit gleichen Arbeitsmedien, im zweiten um eine Mischsteuerung mit verschiedenen Medien. Welche Steuerenergie verwendet wird hängt von verschiedenen Faktoren ab, so z.B. von

der Kraft,
der Schaltgeschwindigkeit, also der Schaltleistung,
den Kosten,
der Schalthäufigkeit,
den Einflüssen der Umgebung,
der Schaltsicherheit u.a.

Bei der Arbeitsenergie gelten ähnliche Faktoren nur mit etwas anderer Gewichtung, so z.B.

die übertragbare Kraft,
die übertragbare Entfernung,
die Geschwindigkeit der Antriebsglieder,
die Bewegungsrichtung der Antriebsglieder (Drehbewegung oder geradlinige Bewegung),
Speichermöglichkeit u.a.

Im Diagramm (Bild 1.7) ist eine Auswahl von Steuer- und Stellgliedern mit ihrem Schaltzeitbereich und ihrem übertragbaren Leistungsbereich dargestellt.

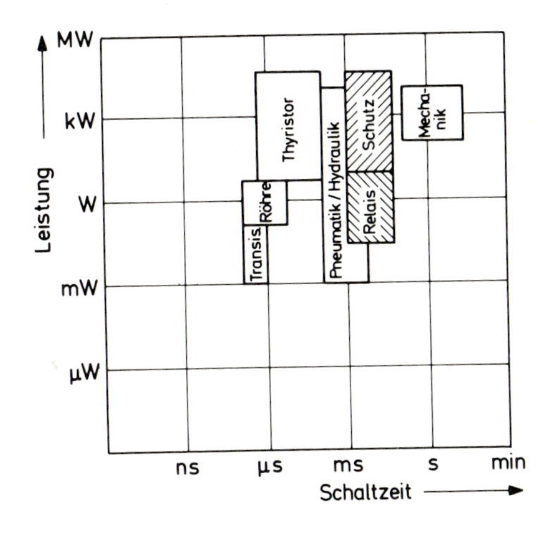

Bild 1.7
Vergleich der Schaltleistungen und Schaltzeiten verschiedener Steuerelemente

1.5 Grundlagen der hydraulischen Steuerungen

Bei der Betrachtung einer hydraulischen Steuerung stellt man fest, daß die Steuerkette (Bild 1.5) aus einzelnen Baugliedern besteht, die verschiedene Funktionen erfüllen. Dabei lassen sich drei Hauptgruppen abgrenzen:

- Geräte zur Energieumformung bzw. Energiewandlung. Dazu gehören Pumpen, Motoren, Zylinder, Druckübersetzer, Druckmittelwandler und ganze Baueinheiten wie hydrostatische Getriebe.
- Geräte zur Energiesteuerung und -regelung. Dazu gehören die ganzen Ventile, d.h. Geräte zur Steuerung oder Regelung von Start, Stopp, Richtung, Durchflußmenge oder Druck der Druckflüssigkeit.
- Geräte, Einrichtungen und Medien zur Energieübertragung. Dazu gehören die Druckflüssigkeiten, die Leitungen mit ihren Verbindungs- und Sperrelementen, Speicher, Behälter, Filter u.a.

Um Wirkungsweise und Verhalten einer hydraulischen Steuerung zu verstehen, ist die Kenntnis von der Funktion und dem Aufbau dieser einzelnen Bauglieder unumgänglich.

Bei den genannten Hauptgruppen handelt es sich aber ausschließlich um Bauglieder aus dem Energieteil der Steuerung (Bild 1.5). Der Steuerungsteil wird, wenn der Stellantrieb nicht mit Muskelkraft erfolgt, zum überwiegenden Teil mit einer anderen Energieform betrieben. In erster Linie mit elektrischer Energie in verschiedenen Spannungen, so daß die hydraulische Steuerung häufig eine elektrohydraulische Steuerung ist, die die Vorteile der hydraulischen mit der elektrischen verbindet. Natürlich finden auch Mischsteuerungen mit anderen Steuerungsenergien wie Pneumatik Verwendung, aber die elektrohydraulischen Steuerungen überwiegen in der Praxis.

2 Physikalische Grundlagen

Die Wirkungsweise und das Verhalten der hydraulischen Steuerungen bzw. der Bauglieder beruht auf den Gesetzmäßigkeiten der „Hydraulik". Die „Hydraulik" ist die Lehre von den Kräften und Bewegungen, die durch Flüssigkeiten übertragen werden. Der Name kommt aus dem Griechischen (hydor = Wasser), gilt aber im übertragenen Sinne auch für andere Flüssigkeiten wie Öl (Ölhydraulik).

Die Hydraulik umfaßt die Hydrostatik (Lehre von den ruhenden Flüssigkeiten) und die Hydrodynamik (Lehre von den strömenden Flüssigkeiten).

2.1 Hydrostatik

Flüssigkeiten zeigen ganz bestimmte Eigenschaften, daraus ergeben sich folgende Gesetzmäßigkeiten:

Verschiebbarkeit der Flüssigkeiten

Flüssigkeiten lassen sich nach allen Richtungen leicht verschieben. Im Gegensatz zu festen Körpern ist für Flüssigkeiten nur eine kleine Kraft zur Formänderung notwendig. Bei großer Formänderungsgeschwindigkeit wird auch der Widerstand, der seine Ursachen in der Viskosität (Zähigkeit) und der Massenträgheit hat, größer. Ist die Änderungsgeschwindigkeit klein, geht die Kraft gegen Null.

Flüssigkeiten lassen sich nicht zusammendrücken, sie sind inkompressibel. Dies gilt nur für ideale Flüssigkeiten; Druckflüssigkeiten zeigen wie andere Flüssigkeiten eine gewisse Volumen-Elastizität, die bei steigenden Drücken abnimmt und bei steigenden Temperaturen zunimmt. Dies liegt in den Eigenschaften und in der Zusammensetzung der einzelnen Flüssigkeit begründet.

Flüssigkeitsdruck (Hydrostatischer Druck)

Jede Flüssigkeit übt infolge ihrer Masse einen Druck auf die Bodenfläche des Raumes, in dem sie sich befindet, aus. Dieser Druck wird hydrostatischer Druck oder kurz Druck genannt; er ist abhängig von der Höhe und der Dichte der Flüssigkeitssäule.

$$p = h \rho g$$

p Druck
ρ Dichte der Flüssigkeit
h Höhe der Flüssigkeitssäule
g Fallbeschleunigung

Auf die waagerechte Bodenfläche übt der hydrostatische Druck eine Kraft aus, die unabhängig von der Form des Gefäßes ist.

$$F = p\,A = h\,\rho\,g\,A$$

F Kraft in N
A Fläche in m^2

Daraus ergibt sich die Einheit des Druckes:

$$\{p\} = \frac{\{F\}}{\{A\}} = \frac{N}{m^2} = \text{Pa (Pascal)}$$ nach dem französischen Physiker *Blaise Pascal,* 1623–1662

$$1\ \text{Pa} = 1\ \frac{N}{m^2}$$

weitere Einheiten:

$$1\ \text{MPa} = 10^6\ \text{Pa} = 10^6\ \frac{N}{m^2} \qquad 1\ \text{bar} = 10^5\ \text{Pa} = 10^5\ \frac{N}{m^2} = 10\ \frac{N}{cm^2}$$

In der Ölhydraulik wird vorwiegend die Maßeinheit bar verwendet.

Gesetz der Druck-Ausbreitung (Satz des Pascal)

Wirkt auf einen Teil einer abgesperrten Flüssigkeit eine Kraft von außen, die nach innen gerichtet ist (z.B. von einem Kolben s. Bild 2.1), so entsteht in der Flüssigkeit ein Druck.

$$p = \frac{F}{A}$$

F äußere Kraft
A Fläche
p Druck

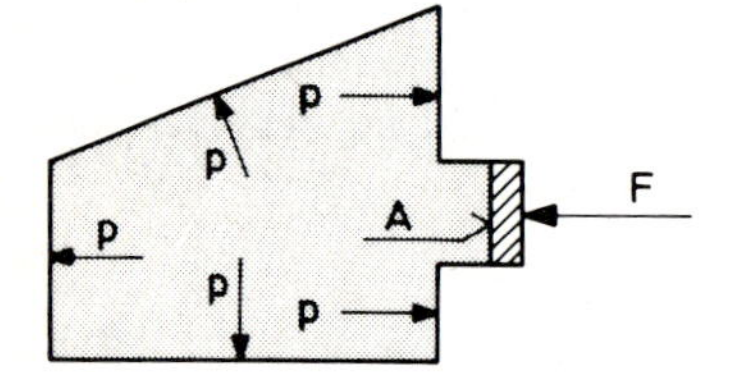

Bild 2.1

Druck durch äußere Kraft und Druck-Ausbreitung
F Kraft, *A* Fläche, *p* Druck

Dieser Druck breitet sich in der Flüssigkeit nach allen Seiten gleichmäßig fort. Er hat in jeder Richtung und in jedem Punkt im Innern der Flüssigkeit dieselbe Größe. Der hydrostatische Druck, der die Masse der Flüssigkeit als Basis hat, wird bei den hohen Drücken der Ölhydraulik vernachlässigbar klein und wird deshalb bei Berechnungen nicht berücksichtigt. Man rechnet nur mit dem Druck infolge äußerer Kräfte.

Prinzip der hydraulischen Presse

Bei der hydraulischen Presse (Bild 2.2) herrschen folgende Beziehungen (Verluste durch Reibung usw. nicht berücksichtigt):

Die Kräfte verhalten sich wie die Flächen!

$$\frac{F_1}{F_2} = \frac{A_1}{A_2}$$

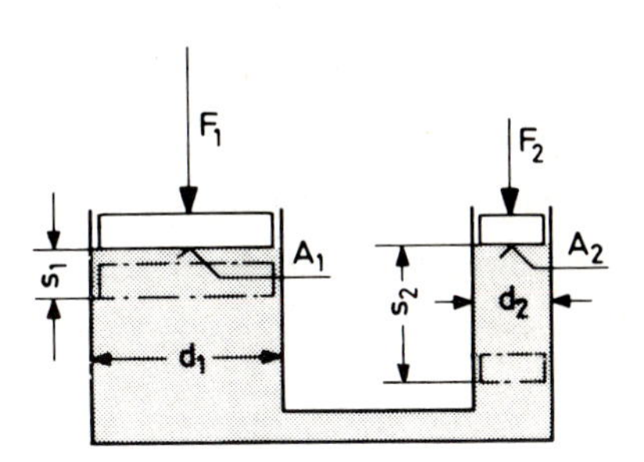

Bild 2.2
Hydraulische Presse

Sind die Flächen Kreisflächen (Kolbenflächen), dann verhalten sich die Kräfte wie die Durchmesser im Quadrat!

$$\frac{F_1}{F_2} = \frac{d_1^2}{d_2^2}$$

Die Wege der Kolben verhalten sich umgekehrt wie die Flächen oder deren Durchmesser im Quadrat!

$$\frac{s_1}{s_2} = \frac{A_2}{A_1} = \frac{d_2^2}{d_1^2}$$

Daraus folgt: Die Kräfte verhalten sich umgekehrt wie die Kolbenwege!

$$\frac{F_1}{F_2} = \frac{s_2}{s_1}$$

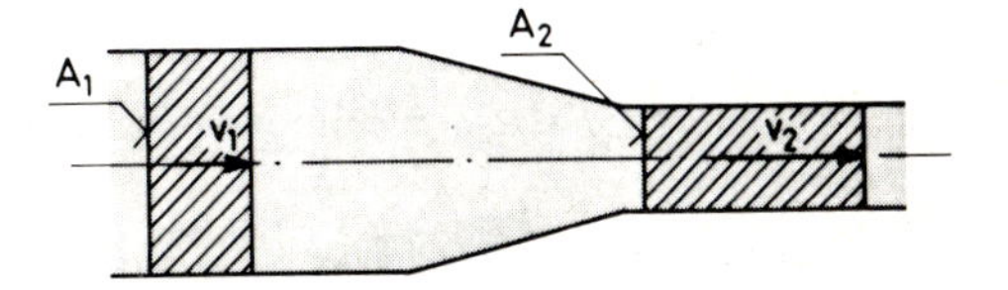

Bild 2.3
Kontinuität des Volumenstroms eines strömenden Fluids

2.2 Hydrodynamik

Die Gesetze der Hydrodynamik befassen sich mit den Kräften und Bewegungen strömender Flüssigkeiten; sie gehören zu der Dynamik der Fluide (alle strömenden Medien).

Kontinuitätsgesetz (Durchflußgesetz)

Strömt eine Flüssigkeit durch eine Leitung mit verschiedenen Querschnitten A_1 und A_2 (Bild 2.3), so muß durch jeden Querschnitt in der gleichen Zeiteinheit das gleiche Volumen fließen. Der Volumenstrom (Durchflußmenge) ist an jeder Stelle der Leitung gleich groß. Es gilt also:

$$\dot{V} = v_1 A_1 = v_2 A_2 = \text{konstant}$$

$\dot{V}$ Volumenstrom in m^3/s
v Strömungsgeschwindigkeit in m/s
A Leitungsquerschnitt in m^2

Energiesatz der Strömung – Bernoullisches Gesetz

Nach dem Energiesatz ist die Gesamtenergie einer strömenden Flüssigkeit konstant. Sieht man von der Reibung ab, so sind dies die Druckenergie W_D, die potentielle oder Lageenergie W_L und die kinetische Energie W_{kin}. Es gilt also:

$$W_D + W_{pot} + W_{kin} = \text{konstant}$$

$$W_D = p\,V$$

$$W_{pot} = m\,g\,h = V\,\rho\,g\,h$$

$$W_{kin} = \frac{m}{2} v^2 = \frac{V\rho}{2} v^2$$

p Flüssigkeitsdruck
V Flüssigkeitsvolumen
m Masse der Flüssigkeit
ρ Dichte der Flüssigkeit
g Fallbeschleunigung
h Flüssigkeitshöhe
v Strömungsgeschwindigkeit

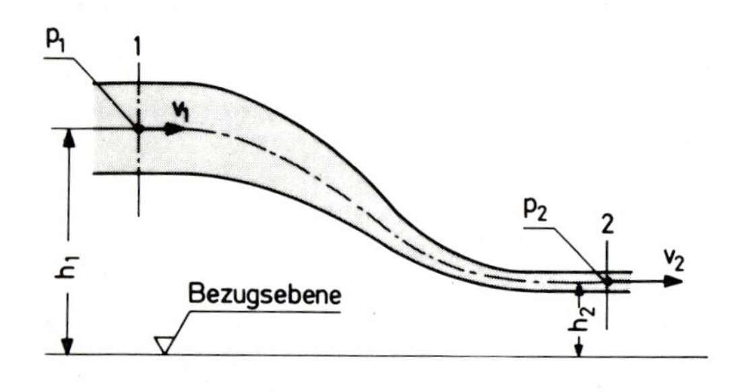

Bild 2.4
Strömung eines Fluids mit Höhendifferenz

Für ein gewähltes Beispiel (Bild 2.4) gilt dann:

$$p_1\,V + V\rho\,g\,h_1 + V\rho\,\frac{v_1^2}{2} = p_2\,V + V\rho\,g\,h_2 + V\rho\,\frac{v_2^2}{2}$$

Daraus folgt die Druckgleichung nach *Bernoulli* (Mathematiker und Physiker, 1700–1782):

$$p_1 + \rho\,g\,h_1 + \frac{\rho}{2} v_1^2 = p_2 + \rho\,g\,h_2 + \frac{\rho}{2} v_2^2 = \text{konstant}$$

oder die Summe aus statischem, geodätischem und kinetischem Druck oder Staudruck ist entlang des Stromfadens einer strömenden Flüssigkeit immer gleich.

Bei einer Leitung mit nur geringen Höhenunterschieden kann der geodätische Druck vernachlässigt werden. Man erhält dann die Bernoullische Druckgleichung für die horizontale Strömung:

$$p_1 + \frac{\rho}{2} \cdot v_1^2 = p_2 + \frac{\rho}{2} \cdot v_2^2 = \text{konstant}$$

Strömungsarten

Die Verluste durch Reibung, die auch bei strömenden Flüssigkeiten vorhanden sind, sind mit von der Strömungsart abhängig. Man unterscheidet dabei:

- Laminare Strömung. Sie ist in Flüssigkeiten gegeben, wenn keine Schwankungen in der Größe und der Richtung der Geschwindigkeit auftreten, wobei die einzelnen Schichten der Flüssigkeit mit verschiedenen Geschwindigkeiten übereinander gleiten, sich aber nicht vermischen. Man spricht deshalb auch von der Schichtenströmung.
- Turbulente Strömung. Sie ist gegeben, wenn der Hauptbewegung der Strömung ungeordnete, turbulente Bewegungen von Teilen der Flüssigkeit überlagert sind.

Wie die Strömung erfolgt, ob laminar oder turbulent hängt ab von der Strömungsgeschwindigkeit v, von der kinematischen Zähigkeit der Flüssigkeit und vom Durchmesser d der Rohrleitung. Der Zusammenhang dieser Größen ist die Reynolds-Zahl Re (*Reynolds*, englischer Physiker 1842–1912).

$$\text{Re} = \frac{v\,d}{\nu} = \frac{v\,d\,\rho}{\eta}$$

v Strömungsgeschwindigkeit in m/s
d Rohrdurchmesser in m
ν kinematische Zähigkeit in m^2/s
η dynamische Zähigkeit in Ns/m^2
ρ Dichte in kg/m^3

Der Übergang von laminarer in turbulente Strömung wird durch die kritische Reynolds-Zahl Re_{krit} bestimmt.

$$\text{Re}_{krit} = 2320$$

Bei $\text{Re} < 2320$ ist die Strömung laminar, bei $\text{Re} > 2320$ ist die Strömung turbulent, sie kann, wenn keine Störungen auftreten bis $\text{Re} < 3000$ laminar sein. Ist die Strömung aber turbulent, bleibt die Turbulenz erhalten.
Die kritische Geschwindigkeit ist also:

$$v_{krit} = \frac{2320\,\nu}{d} = \frac{2320\,\eta}{\rho\,d}$$

Die Anwendung dieser physikalischen Grundgesetze erfolgt im Rahmen und bei der Behandlung der einzelnen Geräte und Aggregate also bei den Baugliedern der hydraulischen Steuerkette.

3 Bauglieder hydraulischer Steuerungen

Bauglieder hydraulischer Steuerungen sind im wesentlichen Geräte und Elemente, deren Funktion die Energieumformung, die Energiesteuerung, die Energieregelung, die Energieübertragung und die Energiespeicherung ist. Die Benennung und die Darstellung mit Hilfe von Schaltzeichen dieser Bauglieder ist im Normblatt DIN ISO 1219 festgelegt. Bei den Bildzeichen ist nur die Funktion nicht der Aufbau des Bauteils dargestellt. Im einzelnen sind es die Hydropumpen, -motoren, -ventile, -speicher, -zylinder, Rohr- und Schlauchleitungen mit den dazugehörenden Verbindungselementen.

3.1 Hydropumpen und Hydromotoren

Hydropumpen haben in der Regel den gleichen konstruktiven Aufbau wie Hydromotoren. Oft können Pumpen als Motoren arbeiten und umgekehrt, wenn eine entsprechende Steuerung des Druck- und Saugölstromes vorliegt. In der Funktion unterscheiden sie sich:

- Hydropumpen sind Geräte, die nach dem Verdrängungsprinzip arbeiten, und mechanische in hydraulische Energie für ölhydraulische Anlagen umformen.
- Hydromotoren sind drehend arbeitende Geräte, die nach dem Verdrängungsprinzip arbeiten, und hydraulische in mechanische Energie umformen.

Die Hydropumpe saugt die Druckflüssigkeit in der Regel an und fördert sie über verschiedene Ventile zum Zylinder oder Motor, also zum Antriebsglied. Von dort fließt die Druckflüssigkeit entweder wieder in den Vorratstank (offener Kreislauf) oder auf die Saugseite der Pumpe (geschlossener Kreislauf) zurück. Wie schon erwähnt, spricht man in der Hydraulik vom Kreislauf oder Hydraulikkreis, der aber nicht mit dem geschlossenen Wirkungsablauf eines Regelkreises verwechselt werden darf.

Wären bei diesem Ölkreislauf keine Widerstände – Reibung an Dichtungen, innere Reibung der Flüssigkeit, Druckverlust an Spalten und Widerstände von außen am Kolben des Zylinders – vorhanden, würde sich im ganzen System kein Druck aufbauen; der Umlauf der Druckflüssigkeit würde drucklos erfolgen. Der Druck in einem Hydraulikkreislauf wird nicht von der Hydropumpe erzeugt, sondern baut sich durch die genannten Widerstände, die gegen den Flüssigkeitsstrom wirken, auf. Die Druckhöhe hängt also von den Widerständen ab und ist nach oben durch die Belastbarkeit der Leitungen und Geräte begrenzt.

Die Bauarten der Hydropumpen und -motoren unterteilt man nach zwei Gesichtspunkten:

1. Nach dem Fördervolumen in Pumpen mit konstantem Verdrängungsvolumen und Pumpen mit veränderlichem Verdrängungsvolumen, bzw. in Motoren mit konstantem bzw. veränderlichem Verdrängungsvolumen.
2. Nach dem Prinzip der Verdrängung in Zahnradpumpen und -motoren, Flügelzellenpumpen und -motoren, Schraubenpumpen, Axialkolbenpumpen und -motoren und Radialkolbenpumpen und -motoren. Bei den Motoren sind noch die Schwenkmotoren zu nennen, die einen begrenzten Schwenkbereich haben.

In der Tabelle 3.1 sind alle Pumpen und Motoren sowie deren Bildzeichen zusammengefaßt.

Tabelle 3.1 Hydropumpen und Hydromotoren – Schaltzeichen nach DIN ISO 1219

	1. Hydropumpen mit konstantem Verdrängungsvolumen
	mit einer Stromrichtung
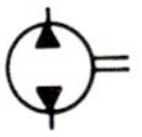	mit zwei Stromrichtungen
	2. Hydropumpen mit veränderlichem Verdrängungsvolumen
	mit einer Stromrichtung
	mit zwei Stromrichtungen
	3. Hydromotoren mit konstantem Verdrängungsvolumen
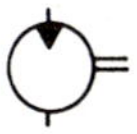	mit einer Stromrichtung
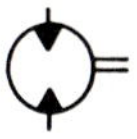	mit zwei Stromrichtungen

Tabelle 3.1 Fortsetzung

Symbol	Bezeichnung
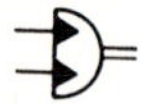	**4. Hydroschwenkmotor**
	5. Pumpe/Motor-Einheit mit konstantem Verdrängungsvolumen
	eine Stromrichtung, bei Pumpe entgegengesetzt dem Motor
	eine Stromrichtung für Pumpe und Motor gleich
	je zwei Stromrichtungen für Pumpe und Motor
	6. Pumpe/Motor-Einheit mit veränderlichem Verdrängungsvolumen
	eine Stromrichtung für Pumpe und Motor entgegengesetzt
	eine Stromrichtung für Pumpe und Motor gleich
	zwei Stromrichtungen für Pumpe und Motor

Hydropumpen mit veränderlichem Verdrängungsvolumen können gewollt von außen z.B. von Hand verstellt werden oder werden über einen Regler stufenlos und selbsttätig geregelt. Dabei kann dann die Fördermenge $\dot{V}$ eine Funktion des Systemdruckes sein $\dot{V} = f(p)$. Ist bei dieser Pumpenart der Druck im System erreicht, regelt die Pumpe selbsttätig auf Nullförderung zurück.

Eine weitere Bauart sind die Pumpen-Motoren, d.h. Hydrogeräte, die sowohl als Pumpe wie auch als Motor arbeiten können. Auch hier sind die Bauarten der oben besprochenen Pumpen möglich, also mit konstantem oder variablem Verdrängungsvolumen.

3.1.1 Zahnradpumpen, Zahnradmotoren

Wegen Ihres einfachen und robusten Aufbaus wird die Zahnradpumpe in der Hydraulik häufig eingesetzt. Der Grundaufbau dieser Pumpen und Motoren besteht im wesentlichen aus einem dreiteiligen Gehäuse mit zwei sich kämmenden Zahnrädern. Je nach Verzahnungsart unterscheidet man dabei in

- Außenzahnradpumpen; beide Zahnräder haben Außenverzahnung und
- Innenzahnradpumpen (Bild 3.1); das getriebene Zahnrad ist innen-, das treibende außenverzahnt (Bild 3.2).

Die Druckflüssigkeit wird bei dieser Pumpenart in den Zahnlücken, die durch das Gehäuse bzw. durch die Sichel abgeschlossen sind, von der Saug- zur Druckseite befördert. Beim Kämmen der beiden Zahnräder wird die Druckflüssigkeit von den Zähnen des anderen Rades verdrängt. Dabei ist der Überdeckungsgrad der Innenzahnradpumpe größer als der der Außenzahnradpumpe.

Die Abdichtung der Zahnlücken zwischen Druck- und Saugseite wird in radialer Richtung durch die im Eingriff befindlichen Zahnräder und den Spalt zwischen Zahnkopf und Gehäuse bzw. Sichel übernommen; in axialer Richtung durch den Spalt zwischen Zahnrad und Lagerdeckel oder Deckplatte übernommen. Die Überdeckung der Zahnräder und die Größe der Spalte ist bestimmend für das Lecköl und damit den Druckverlust in der Pumpe.

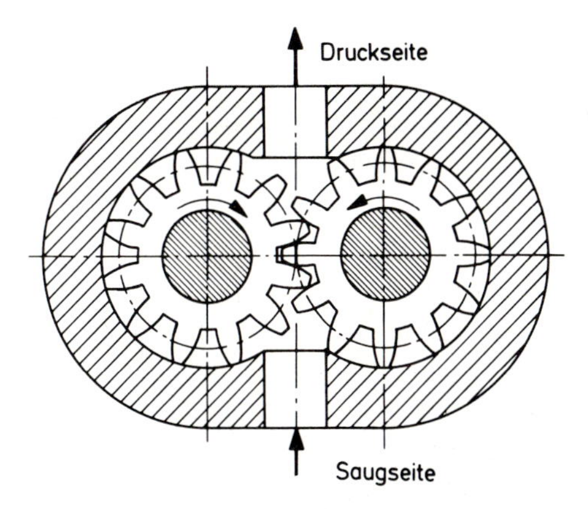

Bild 3.1 Prinzip der Außenzahnradpumpe

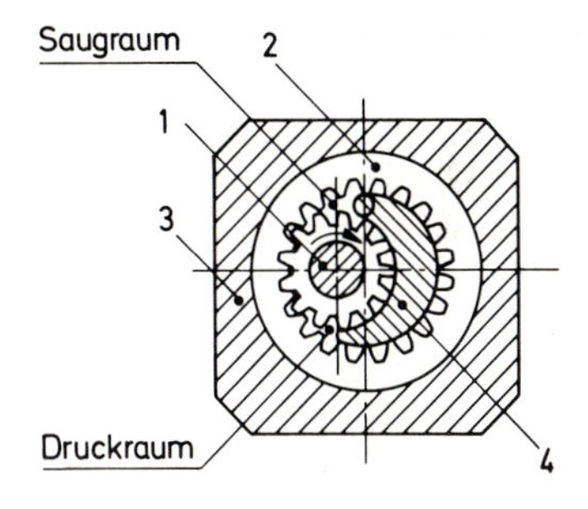

Bild 3.2 Innenzahnradpumpe

1 außenverzahntes Rad (angetrieben)
2 innenverzahntes Rad (getrieben)
3 Gehäuse
4 Sichel

Dieser Verlust wird durch den volumetrischen Wirkungsgrad angegeben, er ist das Verhältnis des tatsächlich geförderten zum theoretisch möglichen Fördervolumen – Kurzzeichen η_{vol}. Durch die Spalte zwischen Zahnkopf und Gehäuse und Stirnseite und Lagerdeckel fließt also während des Betriebs ein ununterbrochener Leckölstrom, der einen linearen Druckaufbau in den einzelnen Zahnlücken zur Folge hat. Dieser Leckölstrom ist stark von den Betriebsverhältnissen wie Druck, Viskosität und Temperatur abhängig. Die Spaltverluste nehmen auch noch mit zunehmender Abnützung und daraus resultierender Spaltvergrößerung stark zu und verursachen neben Fördermengenverlust eine Erwärmung durch den Druckabbau und damit eine weitere Verschlechterung des Wirkungsgrades. Deshalb werden diese Pumpen mit festem Axialspalt nur bis 120 bar Spitzendruck und bis ca. 80 bar Arbeitsdruck eingesetzt.

Durch Verkleinerung des Spiels, was nur bis zu einer bestimmten Grenze möglich ist, kann der Wirkungsgrad und die Druckspitze erhöht werden. Günstiger ist aber eine Pumpe bei der das Axial- und bei der Brillenpumpe auch das Radialspiel sich entsprechend den Betriebsbedingungen auf einen optimalen Wert selbstätig einstellt. Dies wird weitgehend durch den hydrostatischen Spaltausgleich bei entsprechend konstruierten Pumpen und Motoren, nämlich durch eine mit Druckflüssigkeit beaufschlagte Lagerbuchse oder Lagerbrille, erreicht (Bild 3.3). Diese Pumpen erreichen als Außenzahnradpumpen Spitzendrücke bis 200 bar und als Innenzahnradpumpe einstufig bis 240 bar und zweistufig über 300 bar. Dasselbe gilt sinngemäß auch für die Hydromotoren derselben Bauart, bei denen gegenüber den Pumpen nur Änderungen der Lagerbuchsen bzw. Lagerbrillen notwendig sind.

Über Förderstrom, Geräuschentwicklung, Wirkungsgrad, Drehzahlbereich und Filterfeinheit gibt die Tabelle 3.2 Richtwerte an, die je nach Bauart aber nach oben oder unten überschritten werden können.

Da das verdrängte Volumen bei der Zahnradpumpe und dem Zahnradmotor, das durch die Zahnlücke bestimmt wird, nicht veränderbar ist, können diese Pumpen und Motoren nur in Konstantbauweise hergestellt werden, wodurch sich ihr Einsatzbereich verkleinert.

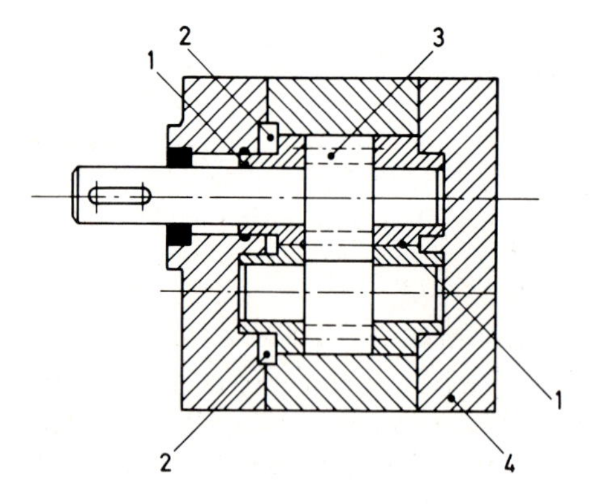

Bild 3.3

Zahnradpumpe mit hydraulischem Spaltausgleich (Buchsenpumpe)

1 Lagerbuchse
2 Druckölkammer
3 Zahnräder
4 Gehäuse

Tabelle 3.3 Übersicht über die Kenngrößen der gebräuchlichsten Hydropumpen

Bauart	Druck p_{max} in bar	Drehzahl von bis in min^{-1}	Fördermenge $\dot{V}_{max}$ in l/min	Förderstrom	Gesamtwirkungsgrad η_{ges} in %
1. Außenzahnradpumpen (mit Ausgl.)	120 bis 200	500 bis 3 500	300	pulsierend	50 ... 90
2. Innenzahnradpumpen	300	300 bis 3 000	100	pulsationsarm	60 ... 90
3. Flügelzellenpumpen, konstantes Verdrängungsvolumen	200	1 000 3 500	200	pulsationsarm	65 ... 85
variables Verdrängungsvolumen	150	1 000 2 500	200	pulsationsarm	70 ... 80
4. Axialkolbenpumpen	250 bis 350	500 bis 3 500	100 ... 500	pulsierend	80 ... 90
5. Radialkolbenpumpen	300 bis 700	200 bis 3 000	125	pulsierend	80 ... 90
6. Schraubenpumpe	·160	500 bis 3 500	100	pulsationsfrei	60 ... 80

Die angegebenen Werte sind Richtwerte, die je nach Ausführung über- und unterschritten werden können!

3.1.2 Flügelzellenpumpen, Flügelzellenmotoren

Die Flügelzellenpumpen und Flügelzellenmotoren werden in zwei prinzipiell unterschiedlichen Ausführungen gebaut:

- Als Pumpe bzw. Motor mit konstantem Verdrängungsvolumen und
- als Pumpe oder Motor mit variablem Verdrängungsvolumen.

Beide Ausführungen arbeiten nach dem gleichen Verdrängungsprinzip. Einem zylindrischen Rotor sind in Schlitzen am Umfang rechteckige Flügel radial beweglich angeordnet, die wiederum an einer kurvenförmigen Laufbahn anliegen. Durch seitliche Druckplatten entstehen dadurch einzelne Zellen. Durch die Drehung des Rotors werden die Flügel nach außen gedrückt und dichten somit an der Laufbahn ab (Bild 3.4).

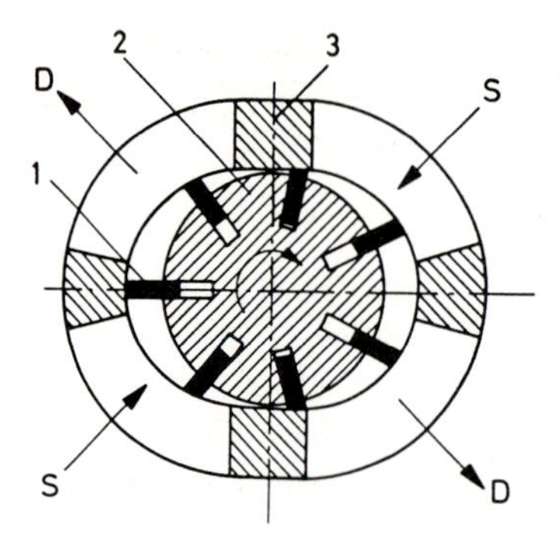

Bild 3.4 Prinzip einer außenbeaufschlagten Flügelzellenpumpe und des Flügelzellenmotors (Rotor konzentrisch)

1 Dichtleiste 2 Rotor 3 Gehäuse
S Saugseite D Druckseite

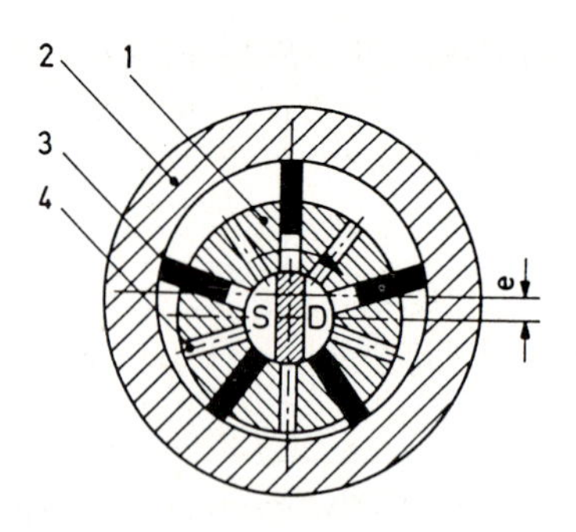

Bild 3.5 Prinzip einer innenbeaufschlagten Flügelzellenpumpe (Rotor exzentrisch)

1 Rotor 2 Gehäuse S Saugseite
3 Dichtleiste (Zellenflügel) D Druckseite
4 Kanal für Druckflüssigkeit e Exzentrizität

Die Dichtwirkung der Flügel wird unterstützt durch eine Verbindung der Schlitze unter den Flügeln mit der Druckseite der Pumpe. Dadurch wird über den Öldruck ein besseres Anlegen der Flügel und zusätzlich noch ein Volumenausgleich, der durch die Radialbewegung der Flügel notwendig ist, erreicht.

Die auftretenden hydraulischen Kräfte auf den Rotor können durch konzentrische Anordnung des Laufringes kompensiert werden (Bild 3.4), weil dadurch jeweils zwei Druck- bzw. Saugräume gegenüberliegen. Diese Ausführung ist beschränkt auf Pumpen und Motoren mit konstantem Verdrängungsvolumen. Bei der Ausführung mit variablem Verdrängungsvolumen muß der Rotor exzentrisch zum Laufring angeordnet sein (Bilder 3.5 und 3.6). Durch Veränderung der Exzentrizität e kann das Verdrängungsvolumen verändert – $e = 0 \rightarrow \dot{V} = 0$ – bzw. die Förderrichtung umgekehrt werden, wenn der Laufring über die konzentrische Lage auf $-e$ verschoben wird (Bild 3.6).

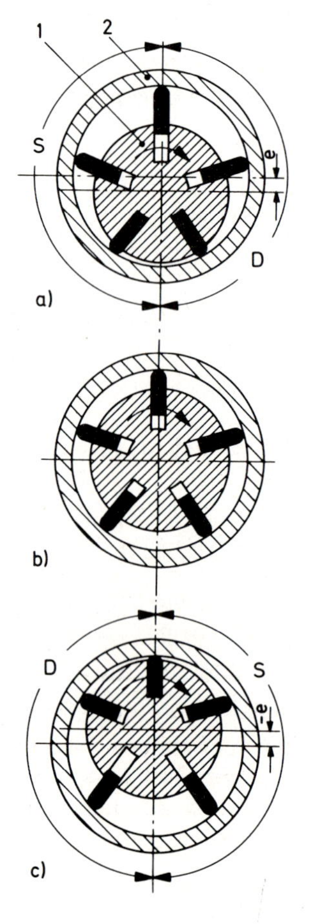

Bild 3.6

Flügelzellenpumpe mit variablem Verdrängungsvolumen

a) maximales Verdrängungsvolumen
b) Nullförderung
c) maximales Verdrängungsvolumen mit umgekehrter Förderrichtung bei gleicher Drehrichtung des Rotors

1 Rotor 2 Gehäuse S Saugbereich D Druckbereich

Dies läßt sich technisch relativ gut realisieren; deshalb werden Flügelzellenpumpen häufig als Regelpumpen (sog. Nullhubpumpen, die die Fördermenge über einen Regler druckabhängig regeln) und als Pumpen in hydrostatischen Getrieben eingesetzt.

Nach der Zufuhr bzw. Abfuhr der Druckflüssigkeit unterscheidet man noch in

- außenbeaufschlagte und
- innenbeaufschlagte (Bild 3.5) Pumpen und Motoren.

3.1.3 Radialkolbenpumpen und Radialkolbenmotoren

Die Flüssigkeitsverdrängung mit Hilfe von Kolben und Zylinder hat den prinzipiellen Vorteil, daß sich Rundpassungen mit kleinstem Spiel herstellen lassen (Toleranzen zwischen 1 μm und 6 μm). Durch dieses geringe Spiel ist an den zylindrischen Dichtflächen eine sehr gute Abdichtung durch den Spalt möglich, so daß mit Kolbenpumpen hohe Drücke (bis über 600 bar) bei gutem volumetrischen Wirkungsgrad erreicht werden (η_{vol} von 95 % bis 98 %).

Nach der Hubbewegung der Kolben unterscheidet man

- Radialkolbenpumpen – Hubrichtung radial zur Antriebsachse
- Axialkolbenpumpen – Hubrichtung axial zur Antriebsachse.

Für handbetriebene Pumpen und für Sonderzwecke (Einspritzpumpen) gibt es noch die Reihenpumpen, bei denen die Kolbenelemente entsprechend einem Reihenmotor hintereinander angeordnet sind. Sinngemäß gilt dasselbe auch für Motoren, die dann als Radialkolben- bzw. Axialkolbenmotor bezeichnet werden und gegenüber den Pumpen nur geringfügige konstruktiv notwendige Änderungen aufweisen.

Die Hubbewegung des Kolbens wird bei Radialkolbeneinheiten auf zwei Arten erzeugt:

1. Über Exzenter- oder Nockenantrieb (Bild 3.7) und
2. durch einen Hubring, der exzentrisch zur angetriebenen Zylindertrommel, auch Zylinderstern genannt, die Einzelkolben über Gleitschuhe führt (Bild 3.8).

Entsprechend des Kolbenantriebs erfolgt die Zu- und Abfuhr der Druckflüssigkeit innen – innenbeaufschlagte Bauweise – oder außen – außenbeaufschlagte Bauweise. Die unter 1. beschriebenen Aggregate sind außen-, die unter 2. innenbeaufschlagte Pumpen bzw. Motoren (Bilder 3.7 und 3.8).

Beide Ausführungen können mit variablem Verdrängungsvolumen gebaut werden, wobei die unter 2., beschriebenen Pumpen durch Veränderung der Exzentrizität des Hubrings auf Nullförderung bzw. Förderrichtungsumkehr verstellt werden.

Durch Anbau eines Reglers kann die Pumpe als sogenannte Nullhubpumpe arbeiten. Dabei regelt ein Druckregler den Förderstrom so, daß bei erreichtem Einstelldruck der Förderstrom der Pumpe dem Ölbedarf des Verbrauchers entspricht; ist der Ölbedarf = 0 wird auch der Hub über den Regler meist hydraulisch auf Null verstellt. Der Vorteil dieser Druckregelung ist eine geringere Verlustleistung gegenüber den Konstantpumpen

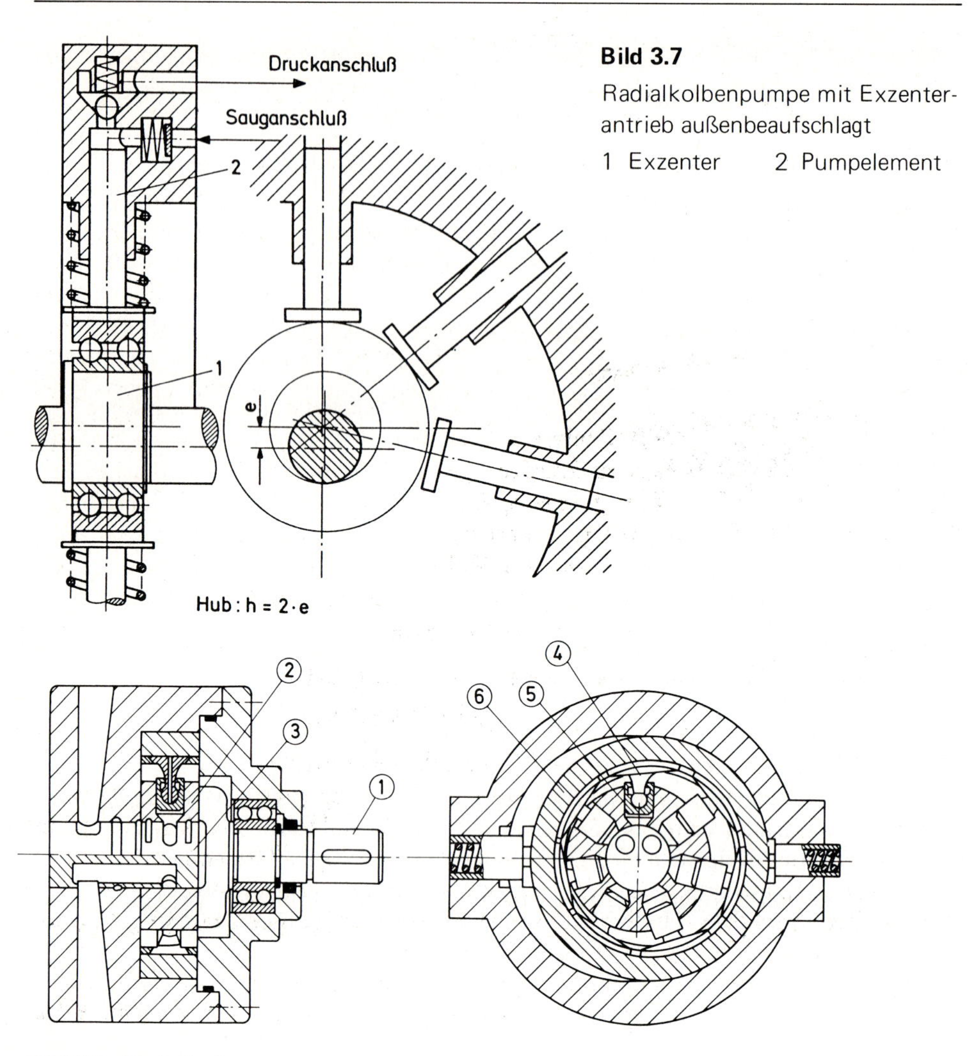

Bild 3.7

Radialkolbenpumpe mit Exzenterantrieb außenbeaufschlagt

1 Exzenter 2 Pumpelement

Bild 3.8 Radialkolbenpumpe innenbeaufschlagt (Bauart Bosch)

1 Antriebszapfen
2 Zylindertrommel
3 Steuerzapfen
4 Gleitschuh
5 Kolben
6 Verstellring

und dadurch geringere Energiekosten und kleinere Kühlleistung. Die Steuerung des Ölstromes erfolgt bei den außenbeaufschlagten Aggregaten meist über Druck- und Saugventile, bei den innenbeaufschlagten über Steuerschieber oder Steuerschlitze.

Da die verschiedenen Möglichkeiten der Verstellung und Regelung bei Radial- und Axialkolbeneinheiten prinzipiell gleich sind, wird dieses Thema im Zusammenhang mit den Axialkolbenpumpen und -motoren behandelt, ebenso wie die grundsätzlichen Zusammenhänge bei Pulsation, Kolbenzahl und Drehzahl.

3.1.4 Axialkolbenpumpen, Axialkolbenmotoren

Die Hubbewegung der Kolben erfolgt bei den Axialkolbenpumpen und -motoren nach dem kinematischen Prinzip des räumlichen Kurbeltriebs. Bei der Verwendung der Axialkolbeneinheit als Pumpe wird die Drehbewegung der Antriebswelle in eine translatorische Bewegung der Kolben umgewandelt (Bild 3.9); bei Verwendung als Hydromotor wird die translatorische Bewegung der Kolben in eine Drehbewegung der Antriebswelle umgewandelt. Durch die Pumpbewegung der Kolben ergibt sich ein pulsierender Förderstrom, der durch die geometrische Pulsation bzw. den Ungleichförmigkeitsgrad ausgedrückt wird und eine von der Kolbenzahl und Drehzahl abhängige Frequenz ergibt. Je größer die Kolbenzahl, desto kleiner der Ungleichförmigkeitsgrad, aber desto größer die Frequenz und der Bauaufwand. Als optimaler Wert hat sich für viele Bauformen die Ausführung mit 7 Kolben erwiesen, es gibt aber auch solche mit 5, 9 oder 11 Kolben. Die ungerade Zahl ergibt eine günstigere Kraftverteilung im Antriebssystem und ein besseres Anlaufverhalten bei Motoren. Der Ungleichförmigkeitsgrad oder die geometrische Pulsation ergibt sich aus folgendem Verhältnis:

$$\delta = \frac{\dot{V}_{max} - \dot{V}_{min}}{\dot{V}_{mittel}}$$

$\dot{V}_{max}$, $\dot{V}_{min}$ und $\dot{V}_{mittel}$ siehe Bild 3.10

Die Frequenz des Ölstromes wird errechnet aus:

$$f = \frac{z\,n}{30} \quad \text{in} \quad s^{-1}$$

z Anzahl der Kolben
n Drehzahl in $\min^{-1}$

Für eine Axialkolbenpumpe mit 7 Kolben liegt δ bei 0,025 für eine Radialkolbenpumpe mit 7 Kolben bei 0,031, wobei vor allem bei der letztgenannten die Antriebsart eine wesentliche Rolle spielt. Beide Werte zeigen, daß bei der genannten Zahl der Kolben schon geringe, d.h. gute Werte erreicht werden, und daß diese grundsätzlichen Merkmale auf beide Bauarten der Kolbeneinheiten gilt (s. auch unter 3.1.3).

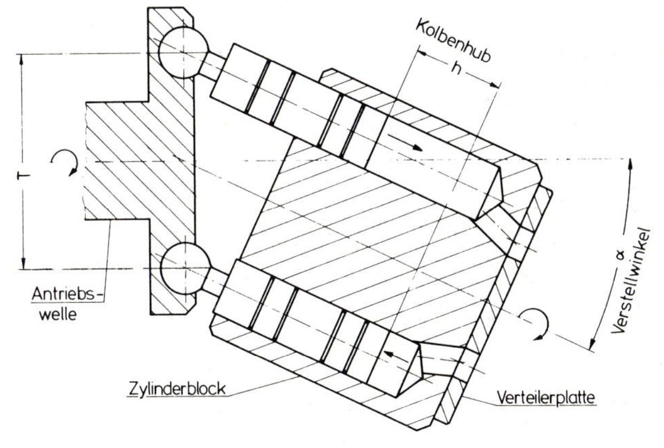

Bild 3.9

Prinzip des räumlichen Kurbeltriebs der Axialkolbenpumpen

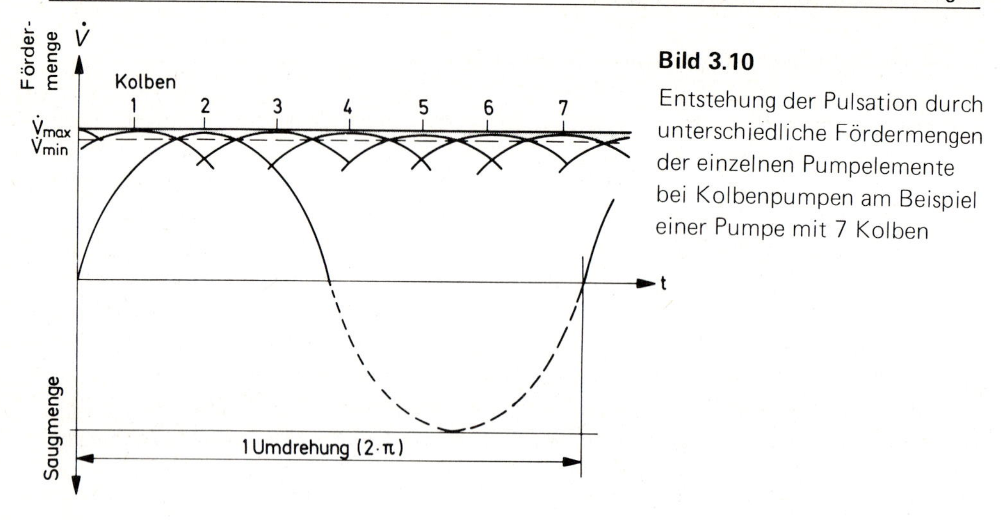

Bild 3.10
Entstehung der Pulsation durch unterschiedliche Fördermengen der einzelnen Pumpelemente bei Kolbenpumpen am Beispiel einer Pumpe mit 7 Kolben

Entsprechend der konstruktiven Verwirklichung des räumlichen Kurbeltriebs unterscheidet man zwischen drei verschiedenen Bauarten der Axialkolbeneinheiten.

Axialkolbeneinheiten mit Schwenktrommel bzw. Zylinderblock
(Bilder 3.11, 3.12, 3.13, 3.14)

Bei dieser Bauart wird der um den Verstellwinkel α zur Antriebswelle geschwenkte Zylinderblock über die Kolbenstangen von der Antriebswelle und dem Antriebsflansch,

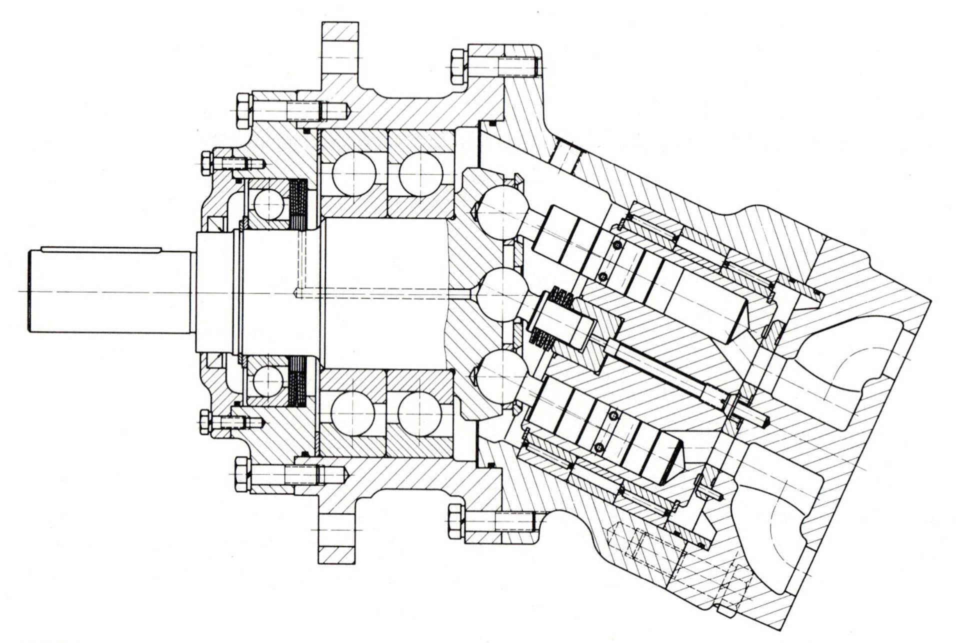

Bild 3.11 Axialkolbenpumpe mit konstantem Verdrängungsvolumen (Brüninghaus)

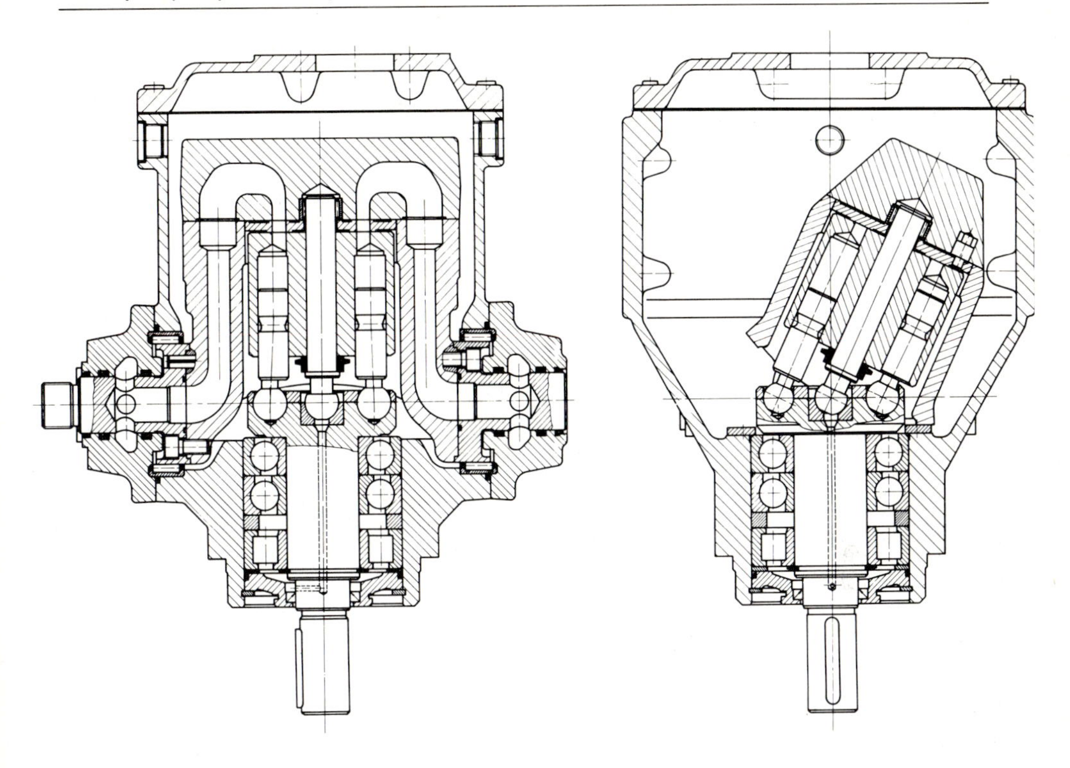

Bild 3.12 Axialkolbenpumpe mit variablem Verdrängungsvolumen (Brüninghaus)

in dem die Kolbenstangen mit Kugelgelenken gelagert sind, angetrieben (Bild 3.9). Durch Veränderung des Verstellwinkels wird der Hub verändert, der folgende Größe hat:

$$h = T \sin \alpha$$

T Teil- bzw. Triebkreis

Dabei ergibt sich das geometrische Verdrängungsvolumen:

$$V_g = z\, A_k\, T \cdot \sin \alpha$$

z Kolbenzahl
A_k Kolbenfläche in cm^2
T Teil- bzw. Triebkreis in cm
V_g Geometrisches Verdrängungsvolumen in cm^3

Der Zylinderblock bzw. die Schwenktrommel kann über einen Mittelzapfen (Bilder 3.12 und 3.13) oder außen am Gehäuse (Bild 3.11) gelagert sein. Die Ölzuführung bzw. -abführung erfolgt über die Steuerscheibe bzw. den Steuerspiegel oder Verteilerplatte, an die in der beschriebenen Ausführung der Zylinderblock mittels Tellerfedern angepreßt

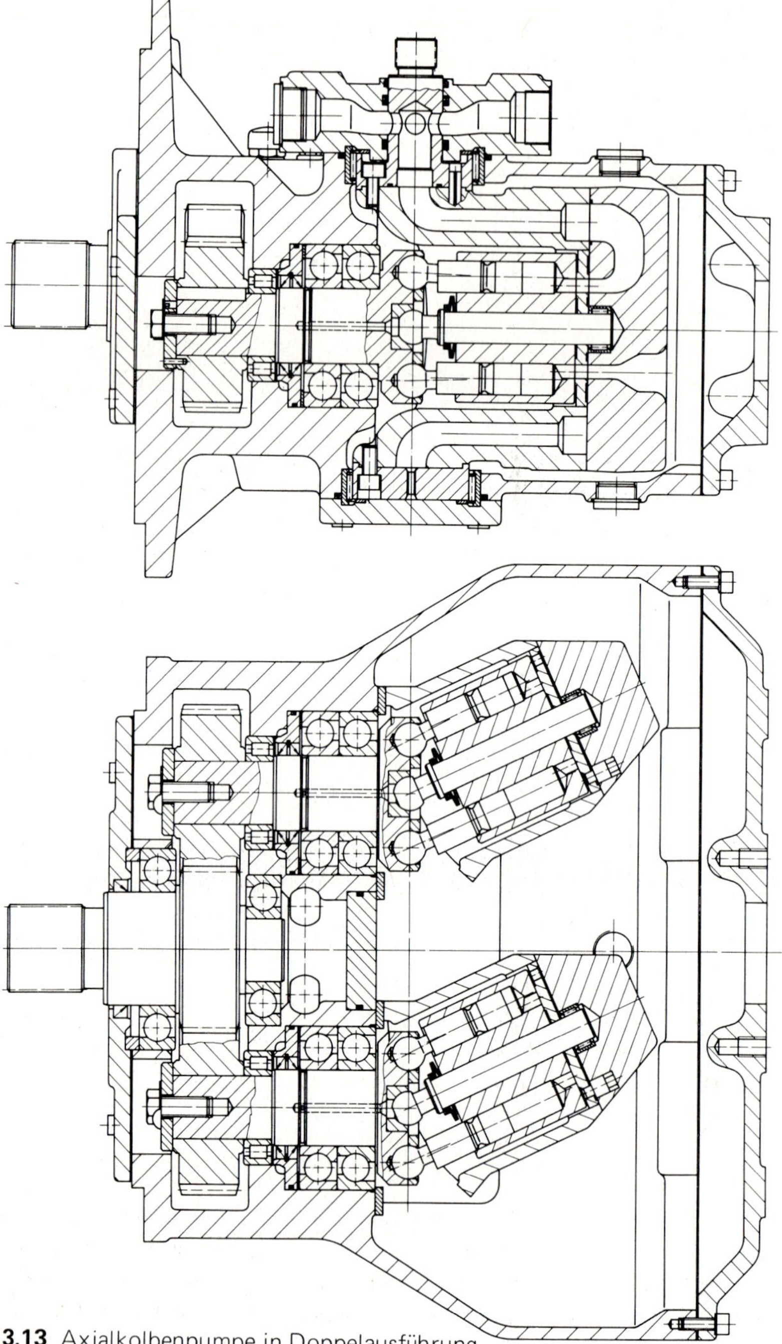

Bild 3.13 Axialkolbenpumpe in Doppelausführung und mit variablem Verdrängungsvolumen (Brüninghaus)

a)

b)

Bild 3.14

a) Axialkolbenpumpe mit aufgeflanschter Regeleinrichtung in geschlossener Bauweise
b) Axialkolbenpumpe mit aufgeflanschter Regeleinrichtung in offener Bauweise

a)

b)

Bild 3.15 Axialkolbenpumpe mit aufgebauter Verstelleinrichtung

a) Geschlossene Bauweise b) offene Bauweise

wird. Während des Betriebs wird außerdem über den Betriebsdruck eine zusätzliche Anpressung erreicht, die druckabhängig automatisch eine Kompensation des Spiels bewirkt. Dadurch wird der Leckölverlust gering und der volumetrische Wirkungsgrad gut.

Die Axialkolbeneinheit mit Schwenktrommel kann sowohl mit konstantem (Bild 3.11) als auch mit variablem Verdrängungsvolumen (Bild 3.12) und als Doppelpumpe (Bild 3.13) gebaut werden. Aus den dargestellten Beispielen ist ersichtlich, daß das Schwenken der Zylindertrommel technisch gut zu verwirklichen ist. Bild 3.13 zeigt eine Axialkolbenpumpe mit aufgebautem Regler und Bild 3.15 die Verstelleinrichtung für das Schwenken der Zylindertrommel.

Axialkolbeneinheiten mit Taumelscheiben

In dieser Baugruppe sind zwei prinzipiell verschiedene Aufbauten möglich, die sich im Verdrängungsvolumen und damit im konstruktiven Aufbau unterscheiden. Bei der Bauart mit konstantem Verdrängungsvolumen (Bild 3.16) steht der Zylinderblock mit den Kolben fest, während über die Antriebswelle die Taumelscheibe angetrieben wird.

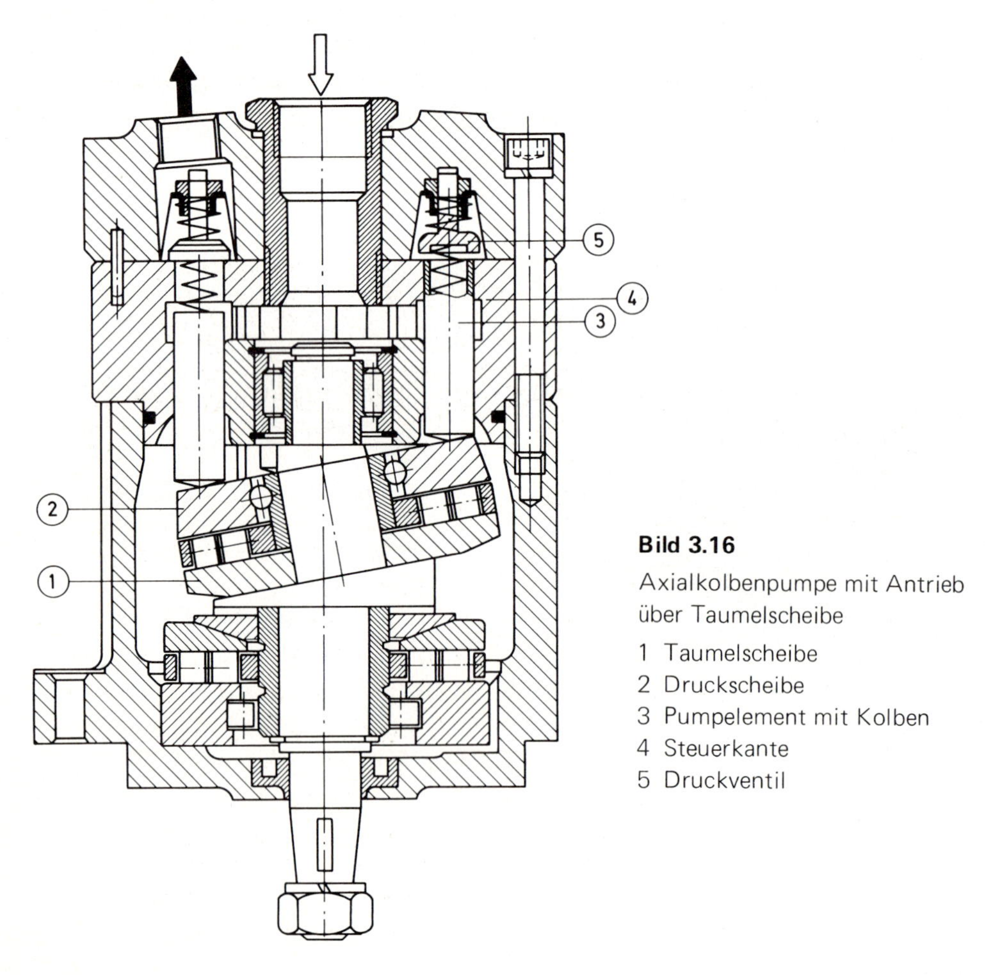

Bild 3.16

Axialkolbenpumpe mit Antrieb über Taumelscheibe

1 Taumelscheibe
2 Druckscheibe
3 Pumpelement mit Kolben
4 Steuerkante
5 Druckventil

Die Kolben stützen sich auf die Druckscheibe, die wiederum auf der Taumelscheibe gelagert ist ab bzw. werden durch Federkraft auf dieser Druckscheibe gehalten. Der Zu- und Abfluß des Ölstroms muß über Ventile oder Schieber erfolgen, eine Steuerung mit Steuerspiegel und Steuerschlitze ist, bedingt durch die feststehende Zylindertrommel, nicht möglich. Der Arbeitshub erfolgt über die Taumel- und Druckscheibe, der Rückhub über Federn. Nach diesem Prinzip werden Motoren und Pumpen gebaut. Bei der Bauart mit variablem Verdrängungsvolumen läuft die Zylindertrommel und die Taumelscheibe angetrieben von der Antriebswelle mit um und die Druckscheibe steht fest. Die Taumelscheibe ist auf der Welle und die Druckscheibe im Gehäuse drehbar gelagert.

Der Hub und das geometrische Verdrängungsvolumen berechnen sich nach den Regeln wie oben genannt.

Beide Bauarten sind durch die zweifache Lagerung der Antriebswelle ziemlich schwingungsunempfindlich.

Axialkolbeneinheiten mit Schrägscheiben (Bild 3.17)

Im Aufbau ist diese Bauart den Taumelscheibenpumpen und -motoren ähnlich. Die Antriebswelle ist mit dem Zylinderblock verbunden und treibt diesen an. Die Kolben stützen sich über Kugelköpfe und Kolbenstangen, die in Gleitschuhen befestigt sind, auf einer schräg zur Antriebsachse liegenden feststehenden Scheibe ab. Die Gleitschuhe wiederum

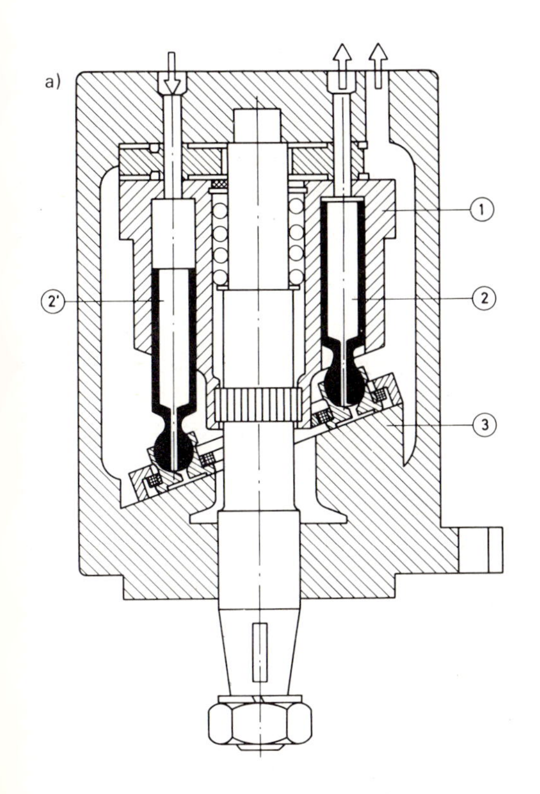

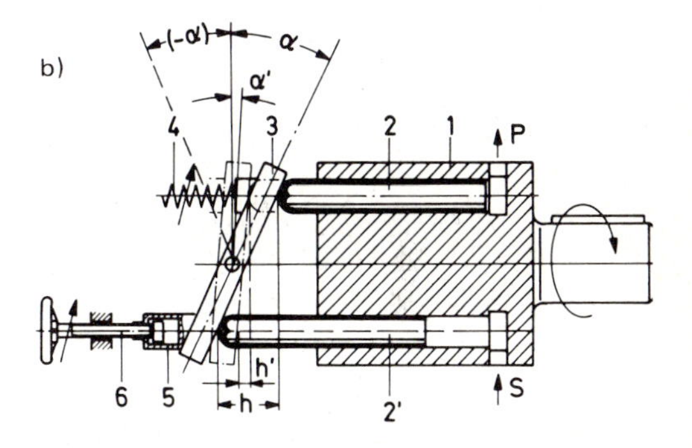

Bild 3.17

Axialkolbenpumpe mit Antrieb über Schräg- oder Schwenkscheibe

a) mit konstantem Verdrängungsvolumen
b) mit variablem Verdrängungsvolumen

1 Kolbentrommel
2 Kolben auf Druckseite
2' Kolben auf Saugseite
3 Schräg- bzw. Schwenkscheibe
4 Druckfeder 5 Anschlag
6 Spindel für die Verstellung des Schwenkwinkels α

sind in der Schrägscheibe zwangsweise geführt, so daß bei der Drehbewegung der Zylindertrommel eine Hubbewegung der Kolben entsteht. Der Winkel unter dem die Schrägscheibe zur Antriebsachse geneigt ist und der für den Hub maßgebend ist kann durch drehbare Lagerung der Schrägscheibe über entsprechende Stelleinrichtungen auf Null und entgegengesetzt verstellt werden. Dabei wird die Pumpe auf Nullhub (bei $\alpha = 0°$) gestellt, d.h. der Förderstrom $\dot{V} = 0$ bzw. es wird bei $\alpha = -\alpha$ die Förderrichtung umgekehrt.

Der Ölstrom kann über einen Steuerspiegel bzw. Steuerscheibe zu- und abgeführt werden. Der Steuerspiegel und der Zylinderblock werden durch eine Feder aufeinander gepreßt und während des Betriebs wirken die auftretenden hydraulischen Kräfte als zusätzliche Dichtkraft. Dadurch ist eine gute Abdichtung und damit ein guter volumetrischer Wirkungsgrad gegeben. Eine Bauart, die im Prinzip wie die hier beschriebene arbeitet, ist die Axialkolbenpumpe mit Schwenkscheibe. Sie ist im Aufbau der Axialkolbenpumpe mit Schwenktrommel aber ähnlicher, bei der der Zylinderblock zur Antriebsachse geschwenkt wird. Bei der oben genannten Schwenkscheibenpumpe wird nicht der Zylinderblock sondern eine Schwenkscheibe, in der die Kolbenstangenköpfe gelagert sind, zur Antriebsachse geschwenkt.

3.1.5 Schraubenpumpen

Während vor allem Kolbenpumpen und Zahnradpumpen einen stark pulsierenden Ölstrom erzeugen, arbeiten Schraubenpumpen nahezu pulsationsfrei. Die Pumpen zeichnen sich außerdem noch infolge günstiger hydraulischer Belastung und guter Lagerung durch große Laufruhe aus. Nachteilig bei diesen Pumpen sind der schlechte Gesamtwirkungsgrad und der vergleichsweise hohe Preis, so daß der Anwendungsbereich auf besondere Gebiete, z.B. Feinbearbeitungsmaschinen begrenzt ist.

Wirkungsweise der Schraubenpumpen:

Zwei oder drei miteinander im Eingriff stehende Gewinde- oder Schraubenspindel mit Rechts- bzw. Linksgewinde bilden zusammen mit dem Gehäuse die Ölkammern. Diese wandern bei der Drehung der Spindeln ohne Volumenänderung weiter und bewegen das Druckmittel in axialer Richtung zur Druckseite.

Außer den beschriebenen Pumpen und Motoren gibt es auf dem Gebiet der Hydraulik noch eine Vielfalt an Geräten, die teils in den Bereich der beschriebenen eingeordnet werden können, teils aber nur für einige Spezialgebiete gefertigt und eingesetzt werden.

3.1.6 Kenngrößen der Hydropumpen und -motoren

Um die beschriebenen Pumpen und Motoren richtig einsetzen zu können, müssen von den Geräten ganz bestimmte Kenngrößen bekannt sein. Gleichzeitig wird bei Angabe gleicher genormter Kenngrößen ein Vergleich der Geräte und damit eine bessere Auswahl möglich.

Da noch keine DIN-Norm besteht, hat der VDI Richtlinien für die Kenngrößen für ölhydraulische Geräte festgelegt, die von den Herstellern dieser Geräte verwendet werden. Es sind dies die VDI-Richtlinien

- VDI 3278 Kenngrößen für Hydromotoren und
- VDI 3279 Kenngrößen für Hydropumpen

Sie umfassen Pumpen und Motoren mit konstantem und variablem Verdrängungsvolumen. Einige wesentliche Punkte sind hier aufgeführt:

- Allgemeine Kenngrößen wie Bauart, Befestigungsart, Leitungsanschluß, Drehrichtung, Drehzahlbereich, Einbaulage, Durchflußrichtung, Umgebungstemperaturbereich u.a.
- Hydraulische Kenngrößen wie Betriebsdruckbereich, Druckflüssigkeitstemperaturbereich, Viskositätsbereich, Filterfeinheit, Förder- bzw. Schluckvolumen, Kennlinien, Wirkungsgrade – auf die beiden wird unten noch näher eingegangen.
- Kenngrößen des Antriebs wie Hand- oder Motorantrieb der Pumpen, maximale Leistungsaufnahmen, zulässige Belastung der Antriebswelle u.a.
- Kenngrößen, die die Verstellung betreffen wie Verstellart, -weg, -kraft, -winkel, -moment u.a.

Kennlinien der Hydropumpen und Hydromotoren

Nach der VDI-Richtlinie 3279 sind folgende Kennlinien der Pumpen vorgesehen:

1. Effektiver Förderstrom bzw. maximaler Förderstrom über der Antriebsdrehzahl bei niedrigstem und höchstem zulässigen Betriebsdruck, 36 mm²/s und 50 °C. $\dot{V}_e = f(n)$.
2. Effektiver bzw. maximaler Förderstrom über dem Ausgangsdruck bei n = 750, 1000, 1500 oder 3000 U/min, 36 mm²/s und 50 °C. $\dot{V}_e = f(p_2)$.
3. Effektiver Förderstrom über dem Verstellweg oder -winkel bei n = 750, 1000, 1500 oder 3000 U/min, 36 mm²/s und 50 °C. $\dot{V}_e = f(h)$ oder $\dot{V}_e = f(\alpha)$.
4. Wirkungsgrad in % über dem Druck bei mittlerer Drehzahl, 36 mm²/s und 50 °C. $\eta = f(p_2)$.
5. Leistungsaufnahme über dem Druck bei minimalem und maximalem Förderstrom, 36 mm²/s und 50 °C. $P = f(p_2)$.
6. Leistungsaufnahme über der Drehzahl. $P = f(n)$.

Für die Hydromotoren sind folgende Kennlinien nach VDI 3278 vorgesehen:

1. Drehmoment über der Drehzahl bei verschiedenen Drücken, 35 mm²/s und 50 °C. $M_d = f(n, p)$.
2. Wirkungsgrad in % über dem Druck bei mittlerer Betriebsdrehzahl, 35 mm²/s und 50 °C. $\eta = f(p)$.

In den VDI-Richtlinien wird für die Viskosität auch noch die veraltete Einheit cSt verwendet, der Umrechnungsfaktor für die SI-Einheit ist 1 cSt = 1 mm²/s = 10^{-6} m²/s. Die Kennlinien werden in der Praxis meist in Kennlinienfelder zusammengefaßt.

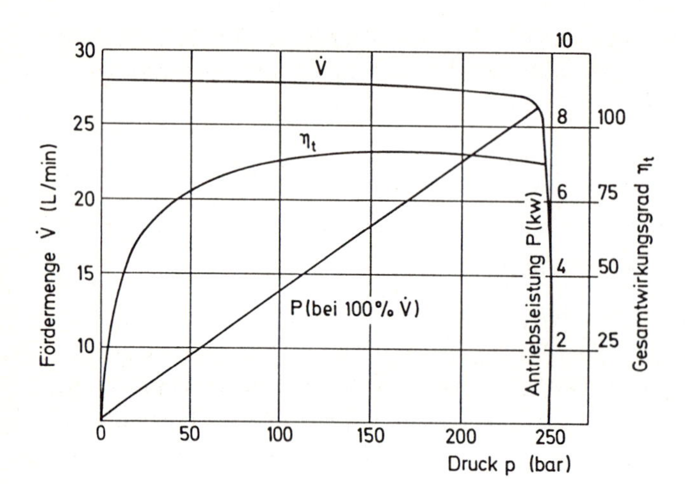

Bild 3.18

Pumpenkennlinie für eine Nullhubpumpe

$\dot{V}_2 = f(p_2)$

$\eta_t = f(p_2)$

$P = f(p_2)$

$\dot{V}_2$ effektiver Förderstrom

p_2 effektiver Druck

P Leistungsaufnahme der Pumpe

Das Bild 3.18 zeigt die Kennlinien für eine Hydropumpe. Dabei sind von den nach VDI-Richtlinie 6 vorgesehenen nur die unter 2., 4. und 5. genannten Funktionen dargestellt. Für die Beurteilung sind dies auch die relevantesten.

Wirkungsgrad der Hydropumpen und -motoren

Die Leistungsverluste der Hydropumpen und Hydromotoren werden aufgeteilt in einen

- hydraulisch-mechanischen und einen
- volumetrischen Leistungsverlust.

Der Gesamtwirkungsgrad einer Einheit ist also wie folgt definiert:

$$\eta_t = \eta_{hm}\, \eta_{vol}$$

Der hydraulisch-mechanische Wirkungsgrad umfaßt die Verluste aus Reibung an Lagerstellen und in der Flüssigkeit, sowie die Strömungsverluste; der volumetrische Wirkungsgrad die Leckverluste in Dichtungsspalten und den Leckölstrom, der zur Schmierung der Kolben, Dichtungsflügel, Zahnräder usw. notwendig ist. Er ist wie folgt definiert:

$$\eta_{vol} = \frac{\text{tatsächliches Fördervolumen}}{\text{geometrisches Verdrängungsvolumen}}$$

3.1.7 Verstell- und Regeleinrichtungen für Hydropumpen

Zur Verstellung der Hydropumpen mit variablem Verdrängungsvolumen sind Verstelleinrichtungen oder selbstätig arbeitende Regler notwendig. Vor allem die Ausgangswerte hydrostatischer Getriebe werden fast ausschließlich über den Förderstrom und dessen Veränderung erreicht, aber auch hydraulische Steuerungen werden immer häufiger mit den energiesparenden „Nullhubpumpen“, d.h. Pumpen die bei Erreichen des Systemdrucks und solange der Verbraucher keinen Ölstrom aufnimmt die Fördermenge auf Null zurückregeln, ausgerüstet. Durch diese Anpassung des Ölstroms der Pumpe an den Bedarf, z.B. bei starker Drosselung eines Zylinders oder aus- oder eingefahrenem Zylinder, reduziert sich die aufgenommene Leistung bis auf 20 % der Maximalleistung. Entsprechend der Vielfalt der Pumpen gibt es auch eine große Zahl verschiedener Verstelleinrichtungen und Regler, die man nach folgenden Gesichtspunkten einteilen kann:

Verstelleinrichtungen:

Handbetätigt über Hebel oder Spindeln. Bild 3.15 zeigt eine Axialkolbenpumpe mit Schwenktrommel ausgerüstet mit einem Drehzapfen auf dessen Zahnwellenprofil ein Schwenkhebel zur mechanischen Auslenkung befestigt werden kann. Elektromechanische Betätigung über Spindeln zur Fernansteuerung und bei größeren Verstellkräften.

Servo-Verstelleinrichtungen mit hydraulischen Servo-Verstelleinrichtungen und hydraulische Verstelleinrichtungen (Bild 3.15).

Regeleinrichtungen:

Druckregelung, Förderstromregelung, Leistungsregelung und kombinierte Regelungen werden vor allen bei hydrostatischen Antrieben eingesetzt. Über die Verstelleinrichtung bzw. mit diesen kombiniert wird die Verstellung der Pumpe ausgeführt. In Bild 3.19 ist ein Leistungsregler im Schnitt gezeichnet, der für eine Axialkolbenpumpe mit Schwenktrommel das Antriebsdrehmoment bei wechselndem Betriebsdruck konstant hält, so daß unter der Voraussetzung einer konstanten Antriebsdrehzahl auch die Leistung entsprechend der Gleichung

$$P = M_d\, \omega = \text{konst.}$$

konstant bleibt, also die Leistung indirekt geregelt wird.

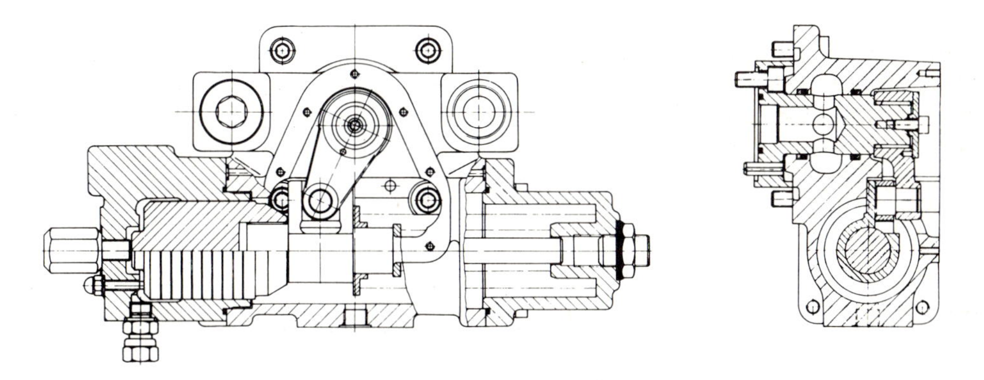

Bild 3.19 Leistungsregler für eine Axialkolbenpumpe im Schnitt

3.2 Hydrozylinder

Hydrozylinder sind geradlinig arbeitende Geräte, die hydraulische in mechanische Energie umwandeln (DIN ISO 1219). Von der Beaufschlagung mit Drucköl her unterscheidet man in

- einfachwirkende und
- doppeltwirkende Zylinder.

Einfachwirkende Zylinder haben nur eine mit Drucköl beaufschlagte Kolbenseite, dadurch ist nur eine Arbeitsbewegung möglich. Die Rückbewegung erfolgt durch eine eingebaute Feder oder äußere Kräfte wie Eigengewicht u.ä.

Doppeltwirkende Zylinder haben zwei mit Drucköl beaufschlagte Kolbenflächen, dadurch sind zwei Arbeitsbewegungen möglich. Für beide Grundbauarten sind entsprechend unterschiedlicher Funktionen viele Ausführungen vorhanden (Tabelle 3.3). Differentialzylinder bringen durch unterschiedliche Kolbenflächen unterschiedliche Kolbenkräfte bei gleichem Arbeitsdruck auf; ihre Kolbengeschwindigkeiten sind bei gleicher Druckölmenge den Kolbenkräften umgekehrt proportional (entsprechend den hydrostatischen und hydrodynamischen Grundgesetzen).

Doppeltwirkende Zylinder mit durchgehender Kolbenstange gleichen Durchmessers haben für beide Bewegungen gleicher Kräfte und gleiche Geschwindigkeiten, daher auch die Bezeichnung Gleichlaufzylinder.

Teleskopzylinder erlauben große Hublängen bei kleinen Abmessungen.

Druckübersetzer ermöglichen die Erhöhung des Systemdrucks (Primärdruck) auf einen höheren Druck (Sekundärdruck). Der Aufbau der Zylinder (Bild 3.20) besteht im wesentlichen aus dem Zylinder mit Verschluß und Führungsbuchse, dem Kolben und der Kolbenstange. Der Tauch- oder Plungerzylinder hat keinen Kolben. Dessen Funktion übernimmt die Kolbenstange deren Durchmesser nur wenig kleiner ist als der Bohrungsdurchmesser des Zylinders (Bild 3.21), er ist deshalb nur einfachwirkend.

Die Zylinderbohrungen haben wegen der Gleitbewegung des Kolbens mit seinen Dichtungen eine hohe Oberflächengüte bei geringer Maßtoleranz. Ihre Oberfläche ist in der Regel gehont, teilweise sogar mit besonderen Werkstoffen beschichtet (Chrom) und gehont. Aus dem gleichen Grund werden auch die Kolbenstangen mit hohen Oberflächengüten und kleinen Maßtoleranzen gefertigt, aber fast immer hartverchromt, um keine Korrosion zu erhalten. Beim Kolbenstangendurchmesser ist auf Knicksicherheit zu achten. Die Dichtungen sind dynamisch beansprucht, d.h. sie gleiten auf Kolbenstange und Zylinderrohr. Deshalb muß zwischen den Dichtflächen immer ein Schmierfilm vorhanden sein, der aber nicht zu groß sein darf, damit kein zu großes Lecköl den Wirkungsgrad verschlechtert. In der Regel werden Weichdichtungen eingesetzt, bei Kolbendichtungen können aber auch Kolbenringe verwendet werden. Die Weichdichtungen sind auf die Druckflüssigkeit abzustimmen.

Tabelle 3.2 Hydrozylinder – Schaltzeichen nach DIN ISO 1219

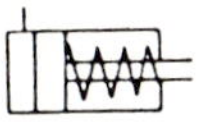

Schaltzeichen	Benennung
	Einfachwirkender Zylinder, Rückhub durch Feder, ausführliche Darstellung vereinfachte Darstellung
	Einfachwirkender Zylinder, nur auf Druck wirkend, ausführliche Darstellung vereinfachte Darstellung
	Doppeltwirkender Zylinder, Differentialzylinder, auf Zug und Druck wirkend, ausführliche Darstellung vereinfachte Darstellung
	Differentialzylinder, doppeltwirkender Zylinder, bei dem besonders auf die Differentialwirkung hingewiesen werden soll vereinfachte Darstellung
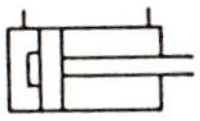	Doppeltwirkender Zylinder mit einseitiger Endlagendämpfung
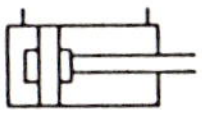	Doppeltwirkender Zylinder mit Endlagendämpfung zweiseitig
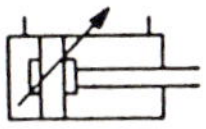	Doppeltwirkender Zylinder mit zweiseitiger Endlagendämpfung, einstellbar
	Doppeltwirkender Zylinder mit beidseitiger Kolbenstange – Gleichlaufzylinder vereinfachte Darstellung
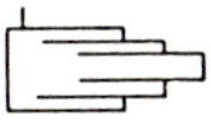	Teleskopzylinder einfachwirkend, Rückbewegung durch äußere Kraft
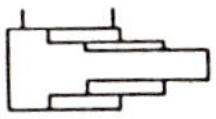	Teleskopzylinder doppeltwirkend
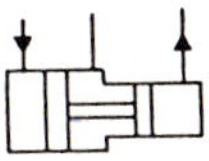	Druckübersetzer für Druckflüssigkeiten

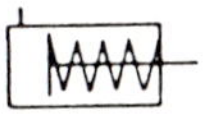

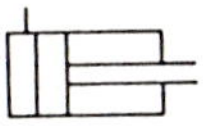

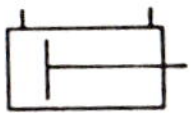

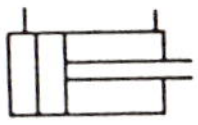

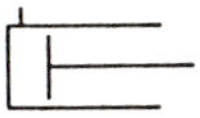

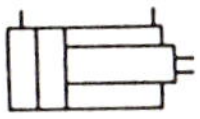

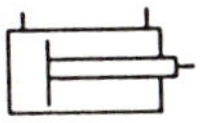

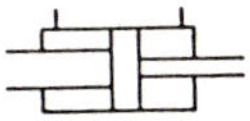

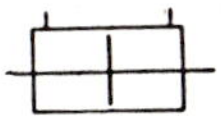

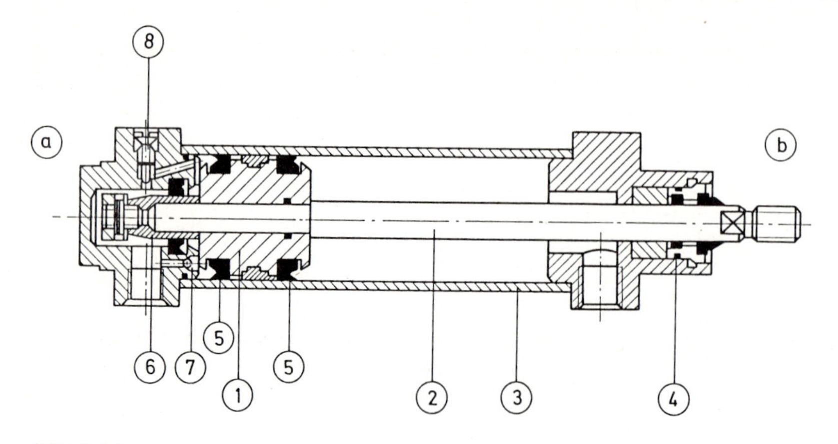

Bild 3.20 Aufbau eines doppeltwirkenden Hydrozylinders

a mit Endlagendämpfung
b ohne Endlagendämpfung
1 Kolben
2 Kolbenstange
3 Zylinderrohr
4 Kolbenstangendichtung
5 Kolbendichtung
6 Dämpfungskolben
7 Rückschlagventile
8 Einstellschraube für Dämpfung

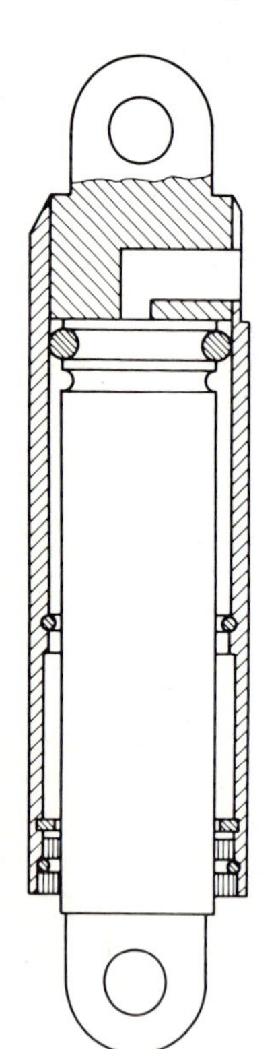

Bild 3.21 Plunger- oder Tauchzylinder

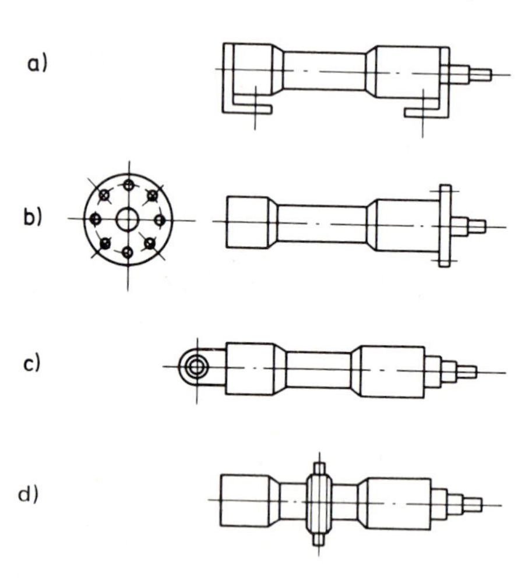

Bild 3.22 Befestigungsarten für Hydrozylinder

a) Fußbefestigung
b) Flanschbefestigung
c) Schwenkausführung
d) Schwenkausführung mit Zapfen

Die Endlagendämpfung, die ein weiches Anfahren des Kolbens in die Endlage ermöglicht, dient dem Schutz des Zylinders sowie der gesamten Anlage. Die Funktion ist aus Bild 3.20 zu erkennen und wird in der Regel einstellbar geliefert und zwar für eine oder beide Endlagen.

Befestigt werden die Zylinder auf vielfältige, dem Einsatz entsprechende Weise. Einige Grundbefestigungsarten sind in Bild 3.22 dargestellt.

3.3 Berechnungen zur Auslegung von Hydropumpen, Hydromotoren und Hydrozylindern

1. Hydropumpen

Geometrischer Förderstrom

$$\dot{V} = V_g\, n$$

Effektiver oder tatsächlicher Förderstrom am Ausgang der Pumpe

$$\dot{V}_{eff} = V_g\, n\, \eta_{vol}\, 10^{-3} \quad \text{in l/min}$$

V_g Geometrisches Verdrängungsvolumen in cm³/U

n Antriebsdrehzahl der Pumpe bzw. Abtriebsdrehzahl des Hydromotors in U/min

η_{vol} Volumetrischer Wirkungsgrad der Pumpe

Daraus ergibt sich:

$$n = \frac{\dot{V}_{eff}}{V_g\, \eta_{vol}} \quad \text{in U/min}$$

Antriebsleistung (indizierte Leistung)

$$P_{in} = \frac{\dot{V}_{eff}\, p}{600\, \eta_t} \quad \text{in kW}$$

Hydraulische Leistung (effektive Leistung)

$$P_{eff} = \frac{\dot{V}_{eff}\, p}{600} \quad \text{in kW}$$

$$\eta_t = \eta_{vol}\, \eta_{hm}$$

p Betriebsdruck am Ausgang der Hydropumpe in bar

η_{vol} Volumetrischer Wirkungsgrad der Pumpe

η_{hm} Mechanisch-hydraulischer Wirkungsgrad der Pumpe

η_t Gesamtwirkungsgrad (s. Tabelle 3.3)

Antriebsmoment

$$M = \frac{P_{in}}{\omega} = \frac{\dot{V}_{eff}\, p\, 50}{\eta_t \pi n} \quad \text{in Nm}$$

$$\omega = \frac{2\pi n}{60} = \frac{\pi n}{30} \quad \text{in s}^{-1}$$

ω	Winkelgeschwindigkeit
p	Betriebsdruck am Ausgang der Pumpe in bar
n	Antriebsdrehzahl der Pumpe in U/min
η_t	Gesamtwirkungsgrad der Pumpe

2. Hydromotor

Effektives Verdrängungsvolumen

$$\dot{V}_{eff} = V_g\, n\, 10^{-3} \quad \text{in l/min}$$

Schluckstrom

$$\dot{V}_{in} = \frac{\dot{V}_{eff}}{\eta_{vol}} = \frac{V_g \cdot n \cdot 10^{-3}}{\eta_{vol}} \quad \text{in l/min}$$

Drehzahl

$$n = \frac{\dot{V}_{in} \cdot \eta_{vol}}{V_g}\, 10^3 \quad \text{in U/min}$$

Abtriebsleistung

$$P_{eff} = \frac{\dot{V}_{in}\, p\, \eta_t}{600} \quad \text{in kW}$$

$$P_{eff} = \frac{\dot{V}_{eff}\, n\, \eta_{hm}\, p}{600} \quad \text{in kW}$$

Drehmoment

$$M_{eff} = \frac{P_{eff}}{\omega} = \frac{\dot{V}_{in}\, p\, \eta_t\, 50}{n\, \pi} \quad \text{in Nm}$$

$$M_{eff} = \dot{V}_{eff}\, n\, \eta_{hm} \frac{50}{\pi} p \quad \text{in Nm}$$

$$\omega = \frac{2\pi n}{60} = \frac{\pi n}{30} \quad \text{in s}^{-1}$$

$$\eta_t = \eta_{vol}\, \eta_{hm}$$

n	Abtriebsdrehzahl des Hydromotors in U/min
V_g	Geometrisches Verdrängungsvolumen in cm^3/U
η_{vol}	Volumetrischer Wirkungsgrad
η_t	Gesamtwirkungsgrad
η_{hm}	Hydraulisch-mechanischer Wirkungsgrad
p	Betriebsdruck am Eingang Hydromotor
ω	Winkelgeschwindigkeit in s^{-1}

3. Hydrozylinder

Kolbenkraft

$$F = p\,A\,10 \qquad \text{in } N$$

$$A = A_k \quad \text{bzw.} \quad A = A_R$$

$$A_k = \frac{d^2\,\pi}{4}\,10^{-2} \qquad \text{in cm}^2$$

$$A_R = (d^2 - d_K^2)\,\frac{\pi}{4}\,10^{-2} \qquad \text{in cm}^2$$

Kolbengeschwindigkeit

$$v = \frac{\dot{V}_{in}\,10}{A} \qquad \text{in m/min}$$

$$v = \frac{\dot{V}_{in}}{6A} \qquad \text{in m/s}$$

Erforderliche Ölmenge

$$\dot{V}_{in} = \frac{vA}{10} \qquad \text{in l/min, } v \text{ in m/min}$$

$$\dot{V}_{in} = 6\,v\,A \qquad \text{in l/min, } v \text{ in m/s}$$

Hubzeit

$$t = \frac{A\,H\,6}{\dot{V}_{in}\,10^3} \qquad \text{in s}$$

Knicksicherheit der Kolbenstange

$$S_k = \frac{I\,E\,\pi^2}{s^2\,F} \geqslant 3 \ldots 5 \qquad \text{wenn}$$

$\lambda \geqslant \lambda_0$. (elastische Knickung)

$$S_k = \frac{\sigma_k}{\sigma_d} \geqslant 2 \ldots 5 \qquad \text{wenn}$$

$\lambda < \lambda_0$. (unelastische Knickung)

$$\sigma_k = 335 - 0{,}62 \qquad \text{in N/mm}^2$$

$$\sigma_d = \frac{4\,F}{d_K^2\,\pi} \qquad \text{in N/mm}^2$$

p Betriebsdruck vor dem Hydrozylinder in bar

A Wirksamer Kolbendurchmesser in cm^2

A_K Kolbenfläche in cm^2

A_R Kolbenringfläche in cm^2

d Kolbendurchmesser in mm

d_K Kolbenstangendurchmesser in mm

$\dot{V}_{in}$ Erforderliche Ölmenge bzw. Schluckmenge des Hydrozylinders in l/min

H Kolbenhub in mm

I Trägheitsmoment in $cm^4 = \frac{d_K^4}{20}$

s Freie Knicklänge
s Länge der Kolbenstange (Euler Knickfall 2)

E Elastizitätsmodul für Stahl
$E = 21\;10^6\,N/cm^2$

λ Schlankheitsgrad

$$\lambda = \frac{4 \cdot s}{d_K}$$

λ_0 Grenzschlankheitsgrad = 89

3.4 Wegeventile

Wegeventile sind Geräte, die zum Öffnen oder Schließen einer oder mehrerer Durchflußwege dienen (DIN ISO 1219). Die Durchflußwege werden normgerecht durch einzelne Quadrate dargestellt (Bild 3.23). Nach der o.g. Norm werden die Wegeventile noch unterteilt in

- nichtdrosselnde Wegeventile und in
- drosselnde Wegeventile.

Drosselnde Wegeventile haben neben zwei Endstellungen eine unendliche Anzahl von Zwischenschaltstellungen mit veränderlicher Drosselwirkung, d.h. es sind analog arbeitende Einheiten. Man bezeichnet in der Praxis diese Ventile entsprechend ihrem Einsatz als Wege-Proportionalventile (Kap. 3.8) und als Servoventile. Nichtdrosselnde Wegeventile haben immer zwei oder mehr klar definierte Schaltstellungen, d.h. es sind digital arbeitende Einheiten. Diese Ventile nennt man in der Praxis vereinfacht Wegeventile, wobei teilweise noch nach der Bauart (Kap. 3.4.2) in Wege-Schieberventile und Wege-Sitzventile unterschieden wird. Deshalb werden in diesem Kapitel nur die nichtdrosselnden Wegeventile, kurz Wegeventile genannt, behandelt.

Die Benennung der Wegeventile erfolgt nach der Anzahl der Anschlüsse und der Schaltstellungen. Ein Hydrowegeventil mit vier Anschlüssen und drei Schaltstellungen wird als 4/3-Wegeventil bezeichnet. Die Darstellung der Wegeventile erfolgt nach dem Normblatt DIN ISO 1219. Die genormten Schaltzeichen stellen die Funktion und die Betätigung nur schematisch dar, nicht aber den konstruktiven Aufbau.

Die verschiedenen Schaltstellungen werden durch je ein Quadrat dargestellt. Die Kennzeichnung der Schaltstellungen ist nicht genormt, wird aber in der Praxis entsprechend früherer Normentwürfe noch häufig benutzt. Die Schaltstellungen werden mit Kleinbuchstaben a, b, c in der Reihenfolge des Alphabets von links nach rechts gekennzeichnet. Bei Ventilen mit drei Schaltstellungen wird die mittlere, wenn sie Ruhestellung (Zentrierstellung) ist, mit o bezeichnet (Bild 3.23), bei zwei Schaltstellungen mit a oder b. Ruhestellung wird die Stellung benannt, die das Ventil nach Wegnahme der Betätigung durch

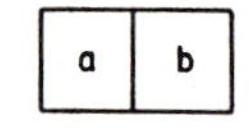

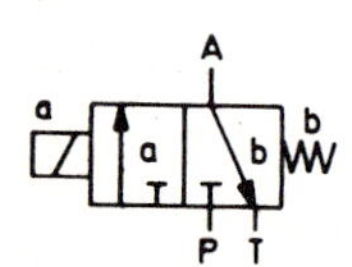

3/2-Wegeventil, elektromagnetisch (a) und mit Feder (b) betätigt Ruhestellung (b)

Arbeitsanschluß A
Pumpenanschluß P
Rücklaufanschluß T

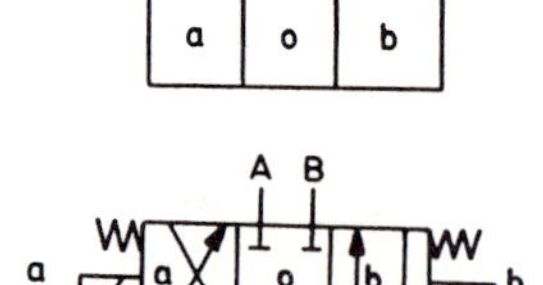

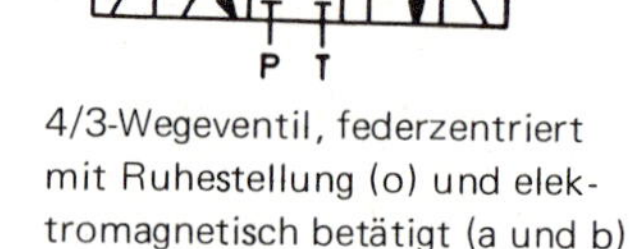

4/3-Wegeventil, federzentriert mit Ruhestellung (o) und elektromagnetisch betätigt (a und b)

Arbeitsanschlüsse A und B
Pumpenanschluß P
Rücklaufanschluß T

Bild 3.23

Bezeichnungen der Schaltstellungen und der Anschlüsse eines Wegeventils nach DIN 24 300

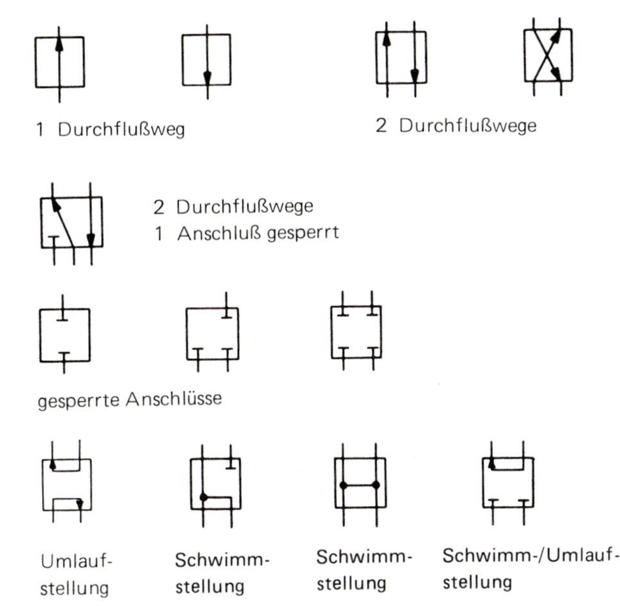

Bild 3.24
Durchflußwege bzw. Kanalführung in den einzelnen Schaltstellungen bei den Wegeventilen nach DIN ISO 1219

Feder- oder Druckkraft selbsttätig einnimmt, Ausgangsstellung die, die das Ventil nach Druckbeaufschlagung und gegebenenfalls nach Einschalten der elektrischen Spannung einnimmt.

Innerhalb der Felder werden die Durchflußwege mit Durchflußrichtung durch Pfeile angegeben (Bild 3.24).

Die Anschlüsse werden an das Feld Ruhestellung oder Ausgangsstellung herangezogen und können mit großen Buchstaben gekennzeichnet werden:

Arbeitsanschlüsse mit	A, B, C
Zufluß mit	P
Abfluß mit	R, S, T
Steueranschlüsse mit	X, Y, Z und
Leckölanschlüsse mit	L.

In Tabelle 3.4 sind die Bildzeichen einiger Hydroventile ohne Betätigungen dargestellt.

Tabelle 3.4 Hydrowegeventile – Bildzeichen nach DIN ISO 1219

A / P	2/2-Wegeventil
A / P T	3/2-Wegeventil
A B / P T	4/2-Wegeventil
A B / P T	4/3-Wegeventil
A B / S P T	5/3-Wegeventil

3.4.1 Einsatzgebiete der Wegeventile

Wegeventile werden für zwei Bereiche eingesetzt:

Richtungssteuerung für Hydrozylinder und Hydromotoren, Beispiele:

Bild 3.25 Richtungssteuerung eines einfach wirkenden Zylinders durch ein 3/2-Wegeventil.
Schaltstellung a: Vorlauf
Schaltstellung b: Rücklauf
Stopp nur in den Endlagen der Kolbenstange.

Bild 3.26 Richtungssteuerung eines doppelt wirkenden Zylinders durch ein 4/2-Wegeventil.
Schaltstellung a: Vorlauf
Schaltstellung b: Rücklauf
Stopp nur in den Endlagen der Kolbenstange.

Bild 3.27 Richtungssteuerung eines doppelt wirkenden Zylinders durch ein 4/3-Wegeventil.
Schaltstellung b: Vorlauf
Schaltstellung a: Rücklauf
Schaltstellung o: Stopp in jeder beliebigen Lage, Kolben eingespannt.

Bild 3.28 Richtungssteuerung eines Hydromotors durch ein 4/3-Wegeventil.
Schaltstellung a: Rechtslauf des Motors
Schaltstellung b: Linkslauf des Motors
Schaltstellung o: Stopp.

Verteilersteuerung, Beispiele:

Bild 3.29 Verteilung des Druckflüssigkeitsstromes in
Schaltstellung a zum Verbraucher, in
Schaltstellung b zum Tank.

Bild 3.30 Geschwindigkeitssteuerung eines Hydrozylinders mit drei verschiedenen Vorlaufgeschwindigkeiten durch Verteilung des Rücklaufstromes wahlweise auf drei Stromventile mit verschiedenen Durchflußströmen.

Schaltstellung a für Stromregelventil (a) mit $\dot{V}_a$,
Schaltstellung b für Stromregelventil (b) mit $\dot{V}_b$ und
Schaltstellung o für Stromregelventil (o) mit $\dot{V}_o$.

3.4.2 Bauarten der Wegeventile

Bei den Wegeventilen unterscheidet man im wesentlichen zwischen zwei Bauarten – den Sitz- und den Schieberventilen – bei den Schieberventilen wiederum zwischen Längs- und Drehschieberventilen.

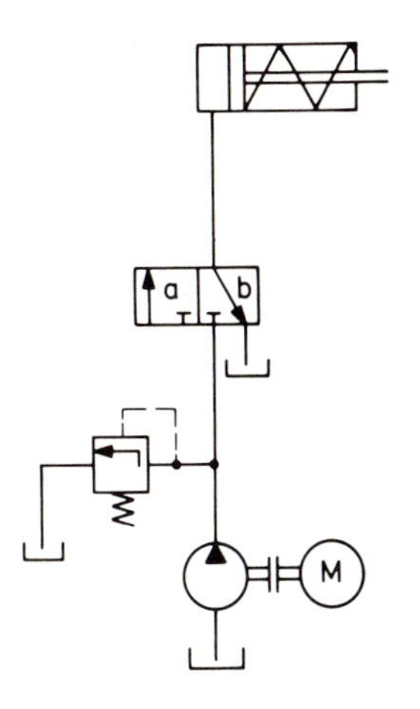

Bild 3.25 Richtungssteuerung eines einfach wirkenden Zylinders

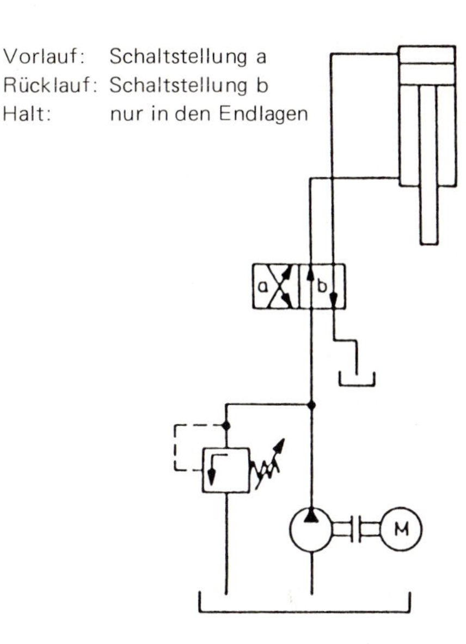

Bild 3.26 Richtungssteuerung eines doppeltwirkenden Zylinders

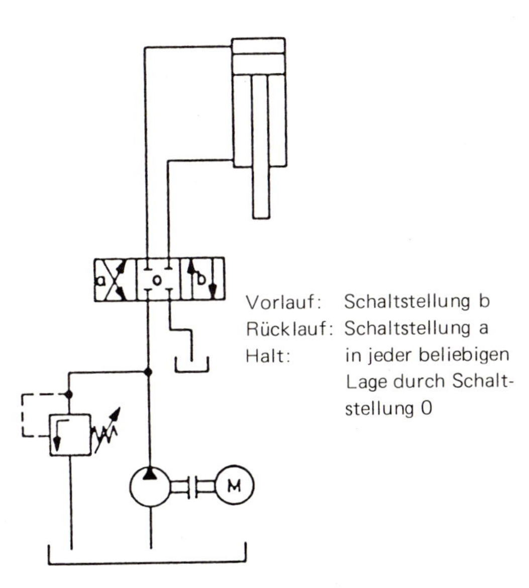

Bild 3.27 Richtungssteuerung eines doppeltwirkenden Zylinders

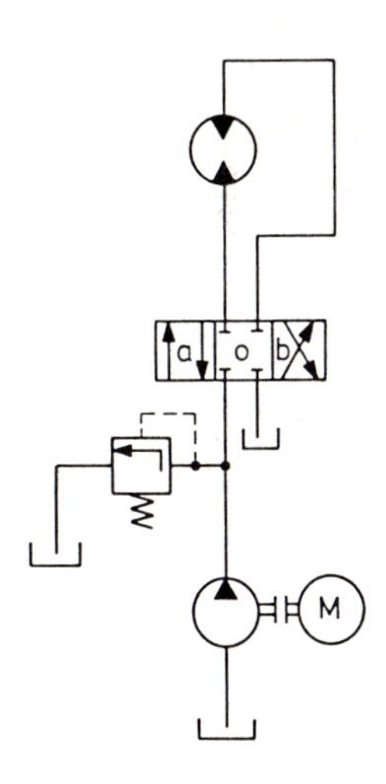

Bild 3.28 Richtungssteuerung eines Hydromotors

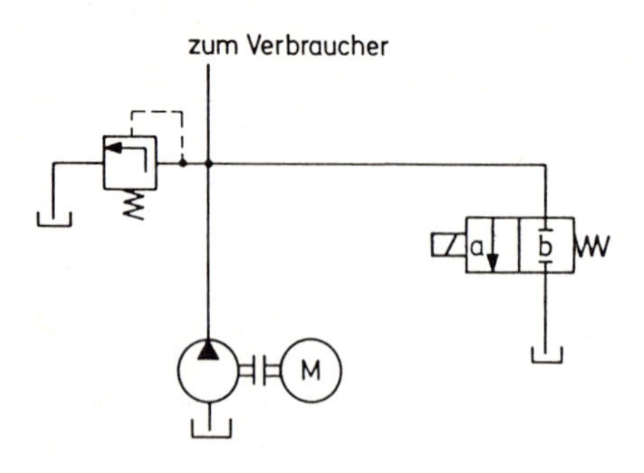

Bild 3.29 Verteilersteuerung bei einer Pumpenumlaufsteuerung

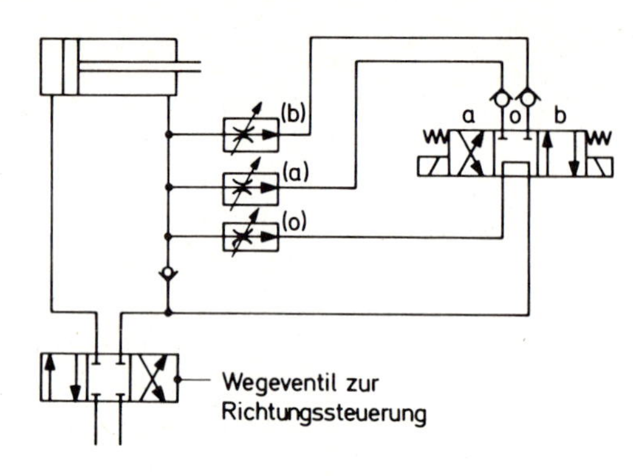

Bild 3.30 Verteilersteuerung bei einer Vorschubsteuerung

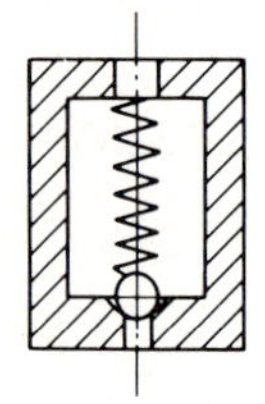
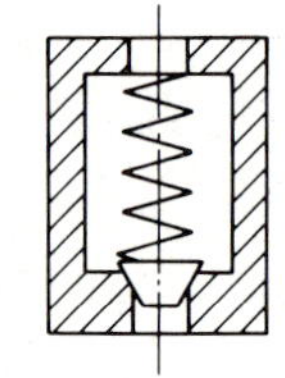
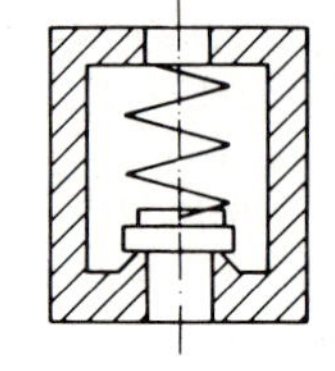

Bild 3.31
Schließelemente der Sitzventile

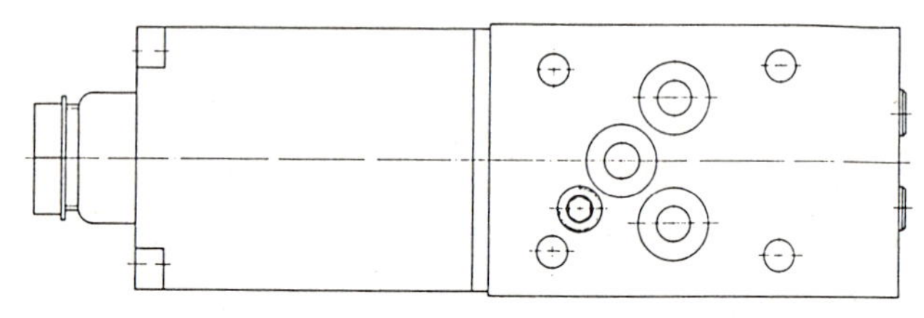
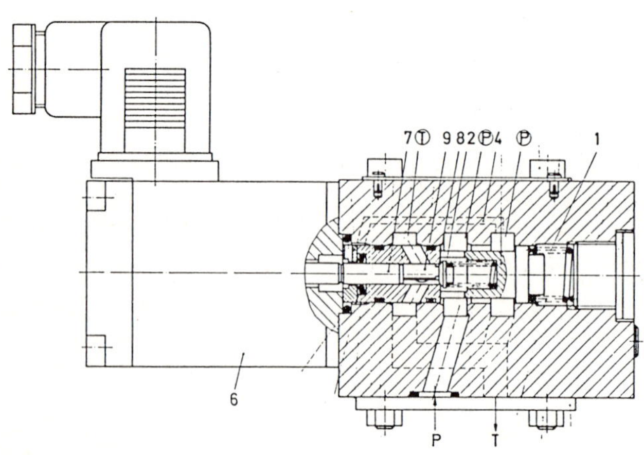

Bild 3.32
Direkt gesteuertes 2/2-Wegeventil in Sitzbauweise

Sitzventile

Wegesitzventile haben eine Kugel, einen Kegel oder einen Teller als Schließelement, das gegen eine entsprechende Sitzfläche gedrückt wird und den Druckflüssigkeitsstrom leckölfrei absperrt (Bild 3.31).

Diese Bauart hat den Vorteil, daß Zylinder nicht durch zusätzliche Sperrventile gegen Absinken abgesichert werden müssen. Auch das sogenannte Haftproblem, das bei den Kolbenschieberventilen auftreten kann, ist nicht vorhanden, da sich keine Spalten durch den Leckölstrom zusetzen können. Nachteilig ist, daß kein vollständiger Druckausgleich erreicht werden kann und dadurch die Betätigungskräfte relativ groß werden, außerdem haben Sitzventile fast immer eine negative Schaltüberdeckung.

In Bild 3.32 ist ein direktgesteuertes 2/2-Wegesitzventil im Schnitt dargestellt. Das Schließelement (2) ist als Kegel mit einer 3-Kantführung (9) ausgeführt. Bei nicht erregtem Magnet (6) drückt die Feder (1) den Kegel (2) auf den Ventilsitz (8), die Verbindung von P nach T ist gesperrt. Bei erregtem Magnet wird das Schließelement über den Stößel (7) gegen die Feder geöffnet, P ist mit T verbunden. Einen fast vollständigen Druckausgleich erreicht man durch den Kanal (4) der mit dem Druckanschluß P verbunden ist. Der Magnet (6) muß deshalb druckdicht sein.

In Bild 3.33 ist ein indirekt gesteuertes 2/2-Wegesitzventil im Schnitt dargestellt. Über den Stößel (4) wird das Vorsteuerventil (8) gegen die Feder (3) geöffnet, der Federraum (7) wird druckentlastet – die Steuerbohrung (6) ist wesentlich kleiner als der Querschnitt des Vorsteuerventils. Durch den Systemdruck wird dann der Hauptsteuerkolben (1) über die Ringfläche (9) geöffnet.

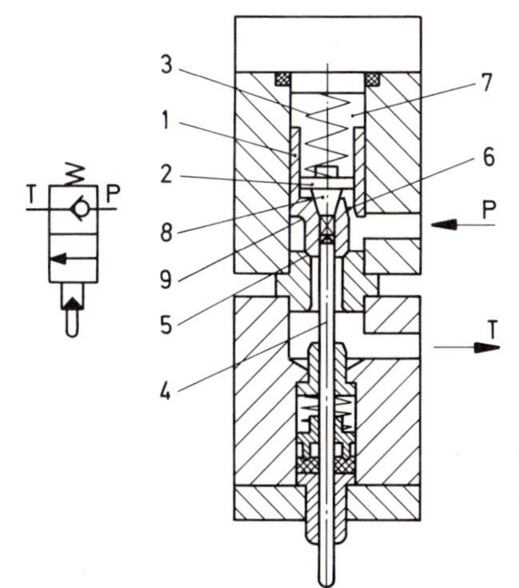

Bild 3.33
Indirekt gesteuertes 2/2-Wegeventil in Sitzbauweise

Drehschieberventile

Drehschieberventile (Bild 3.34) werden vorzugsweise von Hand betätigt. Beim Drehen des Kolbens werden je nach Stellung die Anschlüsse A, B, P, T über die Längsnuten 1, 2, 3 und 4 miteinander verbunden. Diese Ventile lassen sich klein bauen, aber bei höheren Drücken wird die Betätigungskraft größer, da der Steuerkolben nicht völlig druckausgeglichen ist.

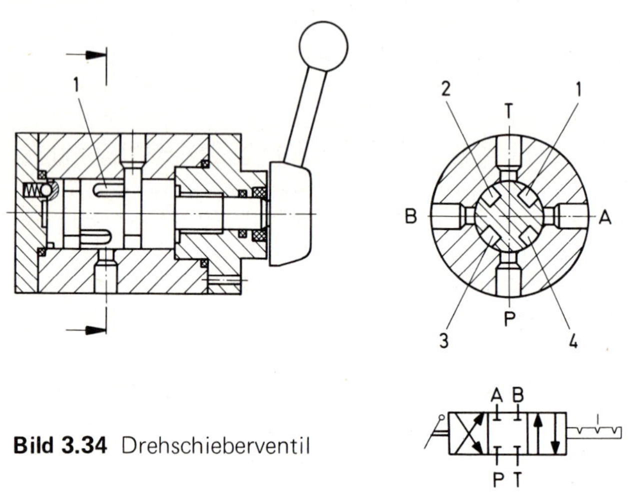

Bild 3.34 Drehschieberventil

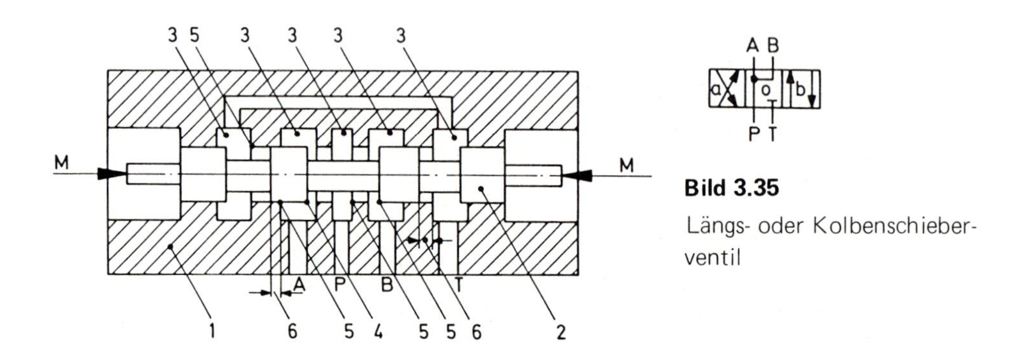

Bild 3.35 Längs- oder Kolbenschieberventil

Längsschieber- oder Kolbenschieberventile (Bild 3.35)

Dieses Ventil hat als Hauptbauelemente das Gehäuse 1 mit den Ringkanälen, den Steuerkanten 5 und den Steuerkolben 2 mit den Steuerkanten 4.

Längsschieberventile sind druckausgeglichen; beim Schalten müssen nur Feder-, Reibungs- und Strömungskräfte überwunden werden. Die Abdichtung der einzelnen Räume erfolgt in der Regel über Spalt (Bild 3.35 Pos. 6), der zwischen Kolben und Gehäuse vorhanden ist. Die Leckölmenge dieser Dichtung wird von der Spaltgröße, der Länge, der

Kolbenüberdeckung und der Viskosität der Druckflüssigkeit bestimmt. In Bild 3.36 ist für eine bestimmte Druckflüssigkeit die anfallende Leckmenge dargestellt. Durch entsprechende Anordnung der Steuerkanten am Kolben zu den am Gehäuse können

a) zwei verschiedene Steuerungsarten – die Pumpen- oder die Verbrauchersteuerung – sowie

b) verschiedene Überdeckungsverhältnisse – negative-, positive- und Nullüberdeckung – und

c) eine Vielzahl verschiedener Kanalverbindungen erreicht werden.

Zu a) Steuerungsarten (Bild 3.37):

Bei der Pumpensteuerung wird der Ölstrom von der Pumpe zum Verbraucher A oder B im Pumpenringkanal P gesteuert.

Bei der Verbrauchersteuerung wird derselbe Ölstrom im Verbraucherringkanal A oder B gesteuert.

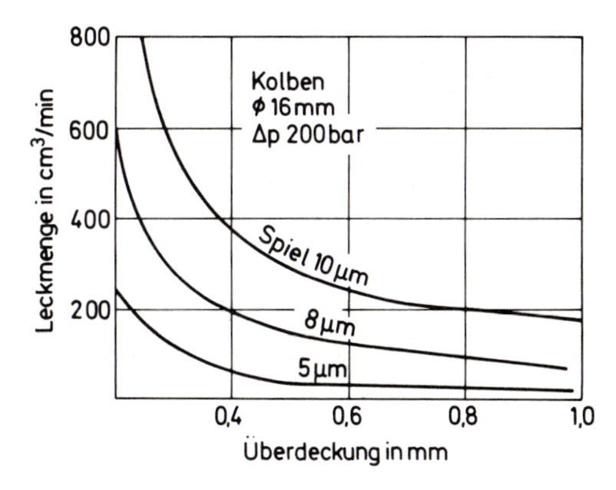

Bild 3.36

LecköImenge als Funktion der Kolbenüberdeckung und des Spiels bei einem Kolbenschieberventil

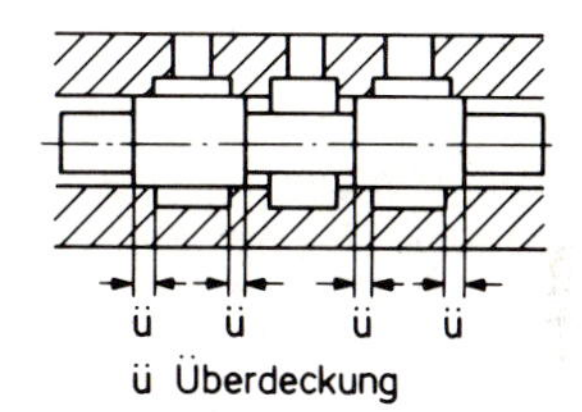

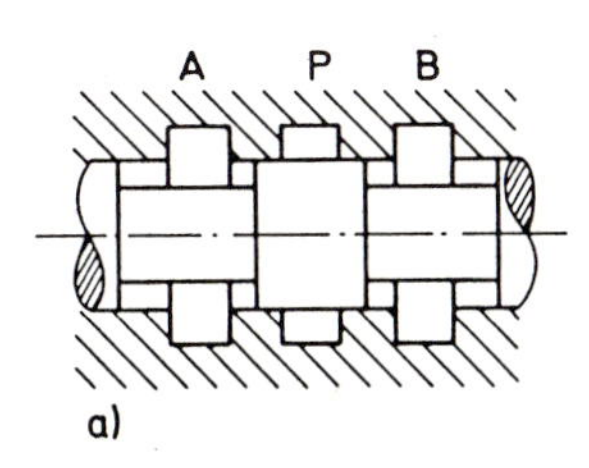

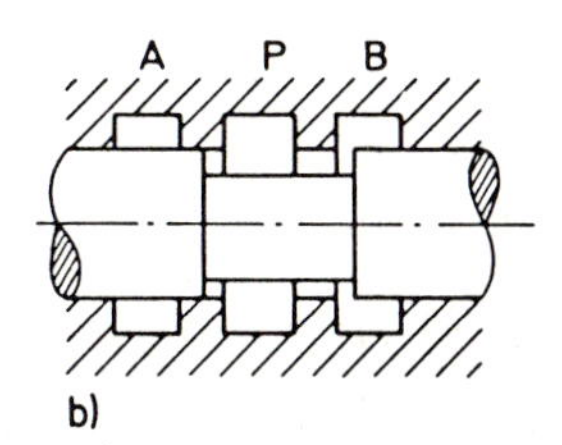

Bild 3.37 Steuerungsarten beim Kolbenschieberventil

a) Pumpensteuerung b) Verbrauchersteuerung

Zu b) Überdeckungsverhältnisse:

Man unterscheidet dabei in Kolbenüberdeckung in Ruhelage, die maßgeblich die Leckmenge beeinflußt (Bild 3.36), und die Schaltüberdeckung, d.h. die Kolbenüberdeckung während des Schaltvorganges.

Positive Schaltüberdeckung (Bild 3.38):

Während des Schaltvorganges sind kurzzeitig alle Ringkanäle gegeneinander abgesperrt.

Vorteil: Der Druck im System bleibt erhalten.

Nachteil: Durch auftretende Druckspitzen kann es zu Schaltschlägen im System kommen; der Pumpenförderstrom muß kurzzeitig über das Druckbegrenzungsventil abströmen.

Bei der positiven Schaltüberdeckung ist auch Ablauf- oder Druckvoröffnung möglich.

Ablaufvoröffnung: Beim Schaltvorgang wird zuerst der Arbeitsanschluß (A oder B) mit dem Rücklauf (T) verbunden, dann erst der Pumpenanschluß (P) mit dem anderen Arbeitsanschluß (B oder A). Angewandt wird dieses Ventil bei Differentialzylinder, um Druckspitzen auf der Seite der kleineren Kolbenfläche zu vermeiden.

Druckvoröffnung: Beim Schaltvorgang wird zuerst der Pumpenanschluß (P) mit dem Arbeitsanschluß (A oder B) verbunden, dann erst der Rücklauf (T) mit dem anderen Arbeitsanschluß (B oder A). Diese Steuerungsart wird vorwiegend bei Hydromotoren angewandt.

Negative Schaltüberdeckung (Bild 3.38): Während des Schaltvorganges sind kurzzeitig alle Ringkanäle miteinander verbunden.

Vorteil: Keine Druckspitzen und daher keine Schaltschläge.

Nachteil: Der Druck im System bricht kurzzeitig zusammen, d.h. für Speichersteuerungen oder belastete Zylinder ist eine negative Schaltüberdeckung nicht möglich, da der Speicher entleeren und die Last absinken würde.

Null-Schaltüberdeckung (Bild 3.36): Alle Steuerkanten, sowohl die des Steuerkolbens, wie die des Gehäuses decken sich während des Schaltvorganges.

Diese Schaltüberdeckung setzt eine hohe Fertigungsgenauigkeit voraus und wird nur bei Servoventilen angewandt.

Zu c) Kanalverbindungen:

Die Bildzeichen im Bild 3.39 zeigen die verschiedenen Kanalverbindungen im Längsschieberventil, die durch entsprechende Anordnung der Steuerkanten des Kolbens und des Gehäuses erreicht werden können.

3.4.3 Betätigungsarten der Wegeventile

Bei der Betätigung der Wegeventile unterscheidet man zwischen direkter und indirekter Betätigung.

Bei der direkten Betätigung wird das Schließelement im Sitz- bzw. der Steuerkolben im Schieberventil ohne Zwischenschaltung eines Verstärkers oder Wandlers betätigt. Die Schaltleistungsgrenze der durch Elektromagnete direkt betätigten Wegeventile liegt zur

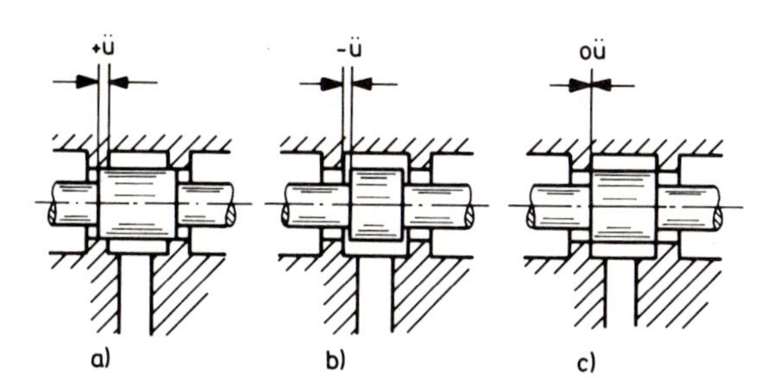

Bild 3.38

Schaltüberdeckung beim Kolbenschieberventil

a) positive Schaltüberdeckung
b) negative Schaltüberdeckung
c) Nullüberdeckung

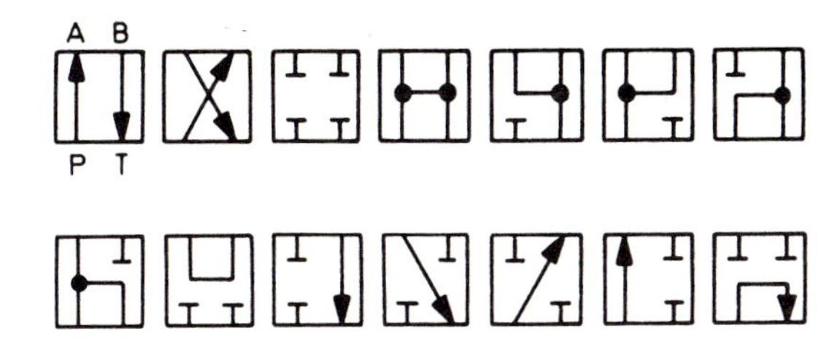

Bild 3.39

Mögliche Kanalverbindungen beim Kolbenschieberventil

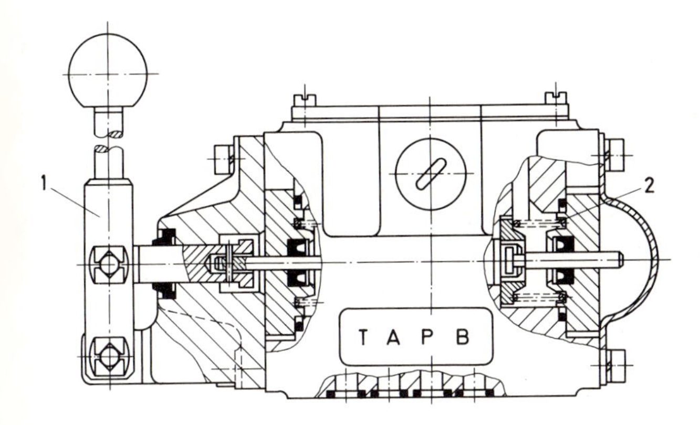

Bild 3.40

Direkte Betätigung eines Wegeventils mit Handhebel

1 Handhebel 2 Rückstellfeder

Zeit bei $\dot{V}$ = 100 l/min und p = 315 bar. Diese Grenze wird durch das Bauvolumen und den Preis des Magnets bestimmt. Ventile, die die genannte Grenze übersteigen, müssen indirekt betätigt werden.

Bei der indirekten Betätigung wird das Schließelement oder der Steuerkolben über ein Verstärkungsglied oder einen Wandler betätigt.

Die Bildzeichen für die Betätigungen sind in Tabelle 3.5 entsprechend DIN ISO 1219 dargestellt.

Direkte Betätigungen

- Direkte Betätigungen durch direkten Steuerbefehl:

  Mit Muskelkraft: Durch Knopf, Hebel oder Fußpedal. (Bild 3.40 Handhebelbetätigung mit Federrückstellung).

Tabelle 3.5 Betätigungsarten der Hydrowegeventile – Bildzeichen nach DIN ISO 1219

direkt	
	Muskelkraftübertragungen
	allgemein (Beispiel 4/2-Wegeventil durch Muskelkraft allgemein betätigt mit Federrückstellung)
	durch Knopf
	durch Hebel
	durch Pedal
	Mechanische Betätigungen
	durch Stößel oder Taster
	durch Tastrolle
	durch Feder
	durch Tastrolle mit Leerrücklauf
	Elektrische Betätigung
	durch Elektromagnet
	Druckbetätigungen
	hydraulisch } durch Druckbeaufschlagung
	pneumatisch } durch Druckbeaufschlagung
	druckzentriert } hydraulisch
	federzentriert } hydraulisch

Tabelle 3.5 Fortsetzung

indirekte Betätigungen		
	durch Druckbeaufschlagung	des Hauptventils über das Vorsteuerventil
	durch Druckentlastung	
kombinierte Betätigungen		
	durch Elektromagnet und Vorsteuerventil	
	durch Elektromagnet oder Vorsteuerventil	
	durch Elektromagnet oder Handbetätigung	

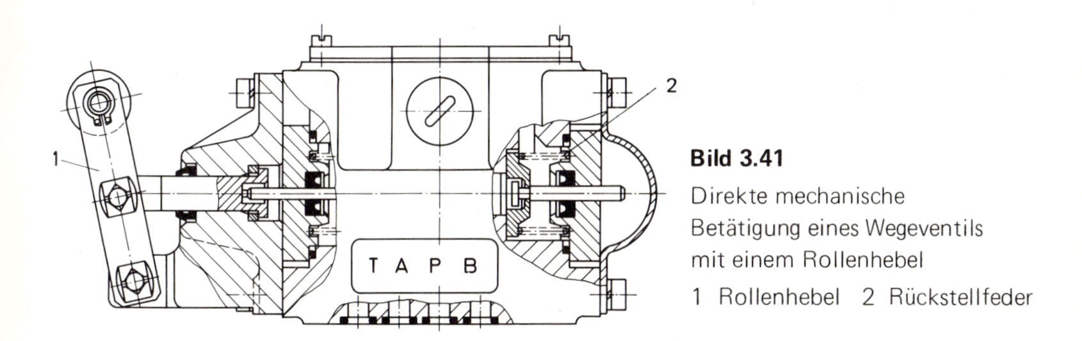

Bild 3.41
Direkte mechanische Betätigung eines Wegeventils mit einem Rollenhebel
1 Rollenhebel 2 Rückstellfeder

- Direkte Betätigung durch indirekten Steuerbefehl:

  Mechanisch: Durch Stößel, Rollenhebel, Tastrolle und Feder. Bild 3.41 zeigt eine direkte Betätigung durch einen Rollenhebel, die Rückholung erfolgt über eine Feder. Der indirekte Steuerbefehl kann von Kurven, Nocken o.ä. kommen.

Hydraulisch: Durch Zuführen eines Steuerölstromes auf den Ventilkolben. Beim Beispiel 1 (Bild 3.42) wirkt der Steuerkolben 1, durch den eine Kraftübersetzung erfolgt, indirekt auf den Ventilkolben 2, die Rückholung erfolgt über eine Feder. Der hydraulische Steuerbefehl kann aber auch direkt auf den Ventilkolben wirken oder mit kleinem Steuerölstrom aber höherem Steuerdruck indirekt über einen Differentialsteuerkolben.

Pneumatisch: Der pneumatische Steuerdruck wirkt auf den Steuerkolben 1, dessen Fläche groß ist, indirekt auf den Ventilkolben (Bild 3.43).

Elektromagnetisch: Der Hubmagnet, der mit Gleich- oder Wechselstrom betrieben wird, wirkt direkt auf den Ventilkolben (Bild 3.44). Diese Betätigungsart wird in der Automation am häufigsten eingesetzt. Bei der Auswahl der Stromart ist folgendes zu beachten:

Wechselstrommagnete haben kurze Schaltzeiten (1/3 bis 1/2 der Gleichstrommagnete), geringere Lebensdauer und können durchbrennen, wenn nicht ganz durchgeschaltet wird.

Gleichstrommagnete haben eine höhere Lebensdauer, brennen bei unvollständiger Durchschaltung nicht durch und schalten langsamer (2- bis 3-fache Schaltzeit).

- Schaltzeitbeeinflussung bei direktbetätigten Wegeventilen. Die Bewegung des Ventilkolbens kann durch Drosselung eines Ölstromes verzögert werden (Bild 3.45). Der Ventilkolben 2 wird indirekt über den Steuerkolben 1, der, um ein bestimmtes Ölvolumen zu erhalten, im Durchmesser größer ist, betätigt. Dieser verdrängt das Steueröl im Raum 4, das über die einstellbare Drossel 3 abströmt. Bei der Gegenbewegung wird der Raum 4 über das Rückschlagventil 5 wieder mit Öl gefüllt. Bei elektromagnetischer Betätigung können aber nur Gleichstrommagnete verwendet werden.

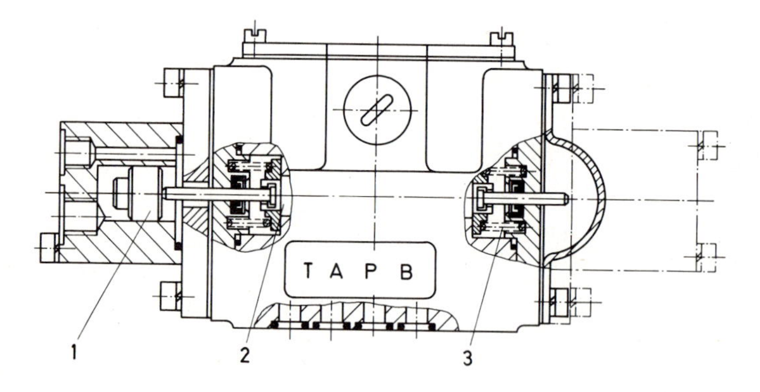

Bild 3.42 Direkte hydraulische Betätigung eines Wegeventils
1 Steuerkolben 2 Ventilkolben 3 Rückholfeder

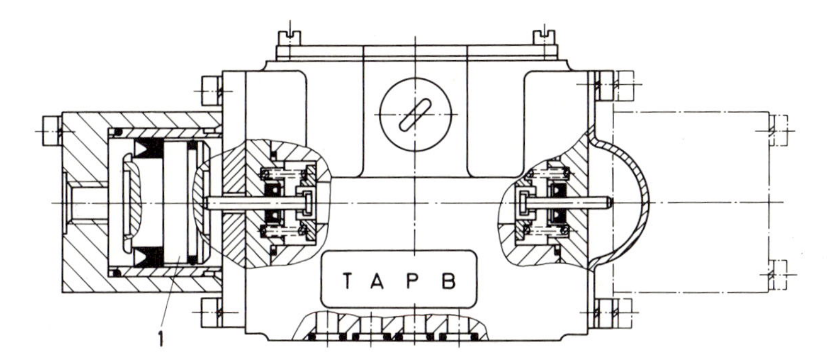

Bild 3.43 Direkte pneumatische Betätigung eines Wegeventils
1 Steuerkolben

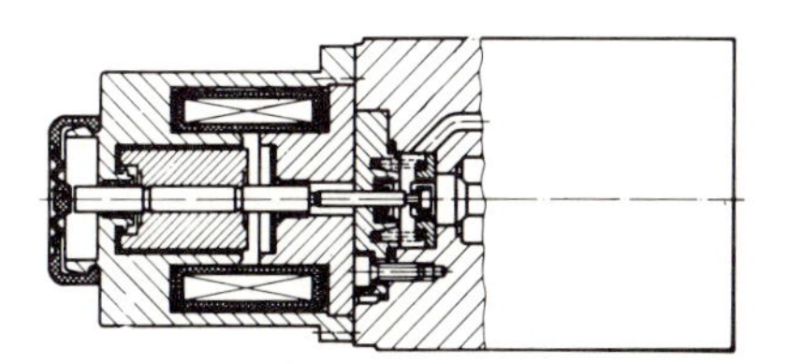

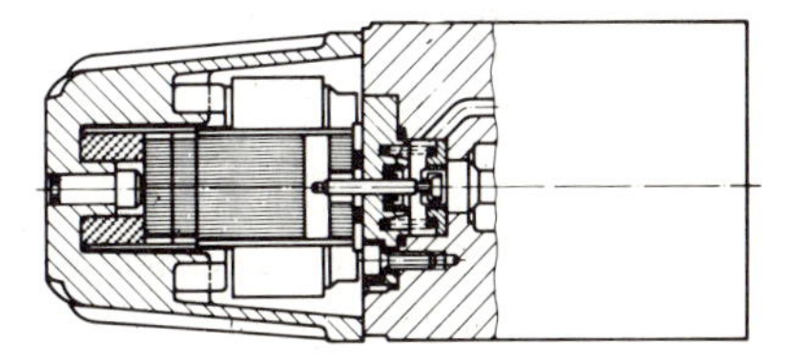

Bild 3.44 Direkte elektromagnetische Betätigung eines Wegeventils

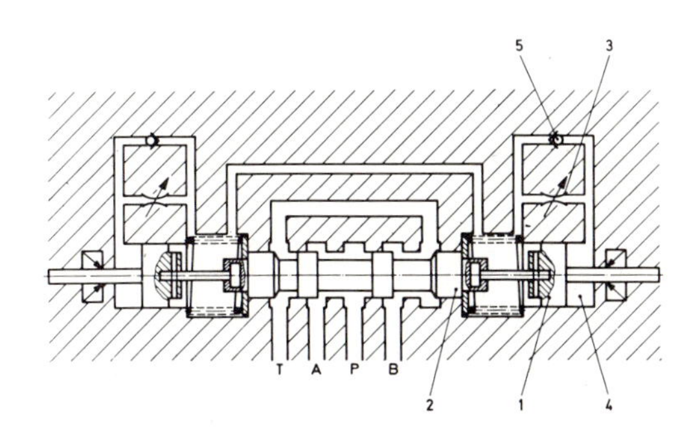

Bild 3.45
Prinzipieller Aufbau bei der Schaltzeitbeeinflussung eines Wegeventils

Indirekte Betätigung

Zur Steuerung hydraulischer Leistungen, die über $p = 315$ bar und $\dot{V} = 100$ l/min liegen, werden indirekt betätigte Wegeventile – auch vorgesteuerte Wegeventile genannt – verwendet. Diese Ventile haben außer dem eigentlichen Wegeventil, dem Hauptventil 2 (Bild 3.46), noch ein direkt betätigtes Wegeventil, das Vorsteuerventil 1, dem Hauptventil vorgeschaltet. Das Vorsteuerventil das, wie schon beschrieben entweder mechanisch, pneumatisch, mit Muskelkraft oder elektromagnetisch – häufigste Art – betätigt wird, leitet nach Empfang eines entsprechenden Steuersignals einen Steuerölstrom auf den Ventilschieber 7 in den Raum 3 oder 4 und steuert diesen um. Dadurch stehen zur Betätigung des Ventilschiebers des Hauptventils große hydraulische Kräfte zur Verfügung mit denen hydraulische Leistungen bis $p = 400$ bar bei $\dot{V} = 100$ l/min gesteuert werden können.

Das Vorsteuerventil ist in der Regel auf das Hauptventil aufgeflanscht, es kann aber auch getrennt vom Hauptventil eingebaut werden. Über entsprechende Steuerleitungen ist damit eine Fernvorsteuerung des Hauptventils möglich (Bild 3.47).

Bei den indirekt betätigten oder vorgesteuerten Wegeventilen unterscheidet man hinsichtlich der Steuerölzuführung zwei Ausführungen.

Die eigengesteuerte oder interne Vorsteuerung:

Das Steueröl zur Betätigung des Ventilschiebers 7 (Bild 3.46) wird aus dem Druckölanschluß P (Verschußstopfen 6 ausgebaut) entnommen und über das Vorsteuerventil 1 dem Steuerraum 3 oder 4 des Hauptventils zugeführt. Ein separater Vorsteuerkreis ist nicht notwendig.

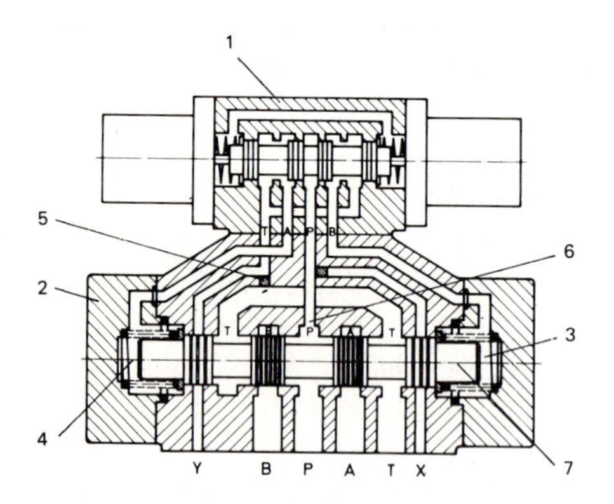

Bild 3.46 Indirekt betätigtes oder vorgesteuertes Wegeventil

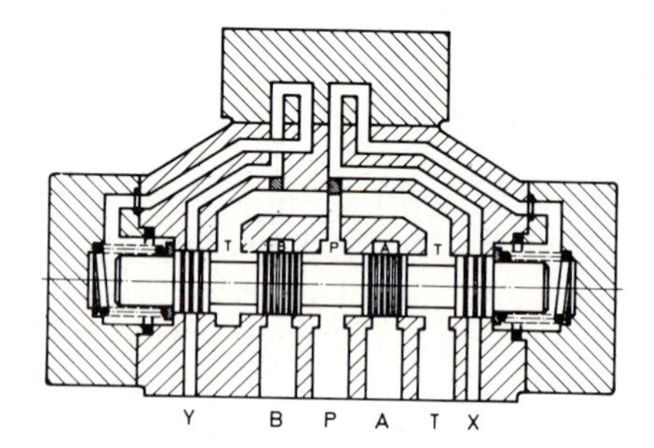

Bild 3.47 Indirekt betätigtes Wegeventil mit Umlenkplatte für Fernvorsteuerung

Vorteil: Geringer Preis.

Nachteile:

– Der zulässige Betriebsdruck des Hauptventils hängt vom zulässigen Betriebsdruck des Vorsteuerventils ab.
– Bei Ventilschiebern des Hauptventils mit negativer Schaltüberdeckung baut sich der notwendige Schaltdruck nicht auf oder bricht während des Schaltvorganges zusammen. Als Abhilfe kann in der Tankleitung eine Drossel eingebaut werden, mit der durch Vorspannen der Steuerdruck erreicht wird. Eine weitere Möglichkeit besteht darin, den Steuerdruck über ein Vorspannventil (Druckbegrenzungsventil), das nach dem P-Anschluß und vor dem Ventilschieber eingebaut wird, aufrecht zu erhalten. Das Vorsteuerventil muß dann vor dem Vorspannventil angeschlossen werden.
– Ist vor dem Ventil ein Hydrospeicher angeschlossen, kann das Vorsteuerventil einen unzulässig großen Ölstrom bekommen. Dadurch kann der Ventilschieber des Vorsteuerventils durch zu hohe Strömungskräfte hängenbleiben, d.h. er schaltet nicht durch und damit schaltet das Hauptventil nicht. Man muß deshalb in den P-Anschluß des Vorsteuerventils eine Drosselblende einbauen.
– Wird das Wegeventil für hohe Drücke eingesetzt, ist auch das Vorsteuerventil diesem Druck ausgesetzt. Dadurch entstehen, abhängig von der Einwirkzeit, Klemmkräfte, die zu Funktionsstörungen führen, da die Betätigungskräfte zu klein sind.

Die fremdgesteuerte oder externe Vorsteuerung:

Das Steueröl zur Betätigung des Ventilschiebers 7 (Bild 3.46) wird extern über den Anschluß X aus einem separaten Vorsteuerkreis mit eigener Druckerzeugung zugeführt. Dabei muß der Stopfen 6 (Bild 3.46) eingebaut sein und sperrt damit die Verbindung zum P-Anschluß des Hauptventils.

Vorteil: Druck und Menge des Steuerölstromes kann vollkommen unabhängig vom Ölstrom des Hauptventils auf das Vorsteuerventil – auch Pilotventil genannt – abgestimmt werden.

Nachteil: Höherer Preis.

Auch der Ablauf des Steueröls kann extern oder intern erfolgen.

Beim internen Steuerölablauf entfällt der Verschlußstopfen 5 (Bild 3.46) und das Steueröl fließt über den T-Anschluß in den Tank zurück. Der Staudruck des Hauptventils wirkt damit auf den entlasteten Steuerraum des Hauptventils. Bei Druckspitzen im T-Kanal des Hauptventils kann bei niedrigem Steuerdruck der Ventilschieber des Hauptventils ins Schwingen kommen. Der Vorteil liegt im Wegfall der zusätzlichen Rückleitung.

Beim externen Steuerölablauf wird das Steueröl über den Anschluß Y mit einer separaten Leitung abgeführt (der Verschlußstopfen 5 – Bild 3.46 – muß eingebaut sein).

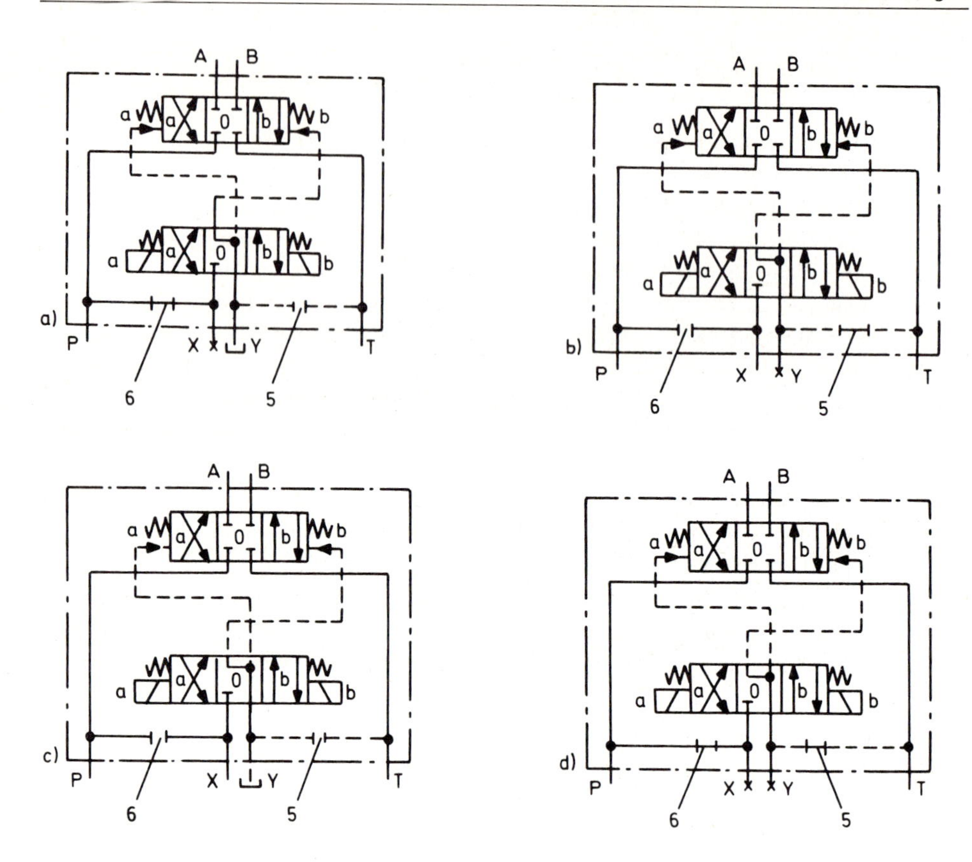

Bild 3.48 Steuerungsmöglichkeiten der indirekt gesteuerten Wegeventile
a) Steuerölzufluß intern, Steuerölabfluß extern
b) Steuerölzufluß extern, Steuerölabfluß intern
c) Steuerölzufluß extern, Steuerölabfluß extern
d) Steuerölzufluß intern, Steuerölabfluß intern

In Bild 3.48 sind unter a) bis d) die verschiedenen Möglichkeiten der Steuerung vorgesteuerter Wegeventile dargestellt.

a) Steuerölzufluß intern Anschluß X geschlossen, Verschlußstopfen 6 ausgebaut (Bild 3.46). Steuerölabfluß extern Anschluß Y offen, Verschlußstopfen 5 eingebaut (Bild 3.46).
b) Steuerölzufluß extern Anschluß X offen, Verschlußstopfen 6 eingebaut. Steuerölabfluß intern, Anschluß Y geschlossen, Verschlußstopfen 5 ausgebaut.
c) Steuerölzufluß und -abfluß extern, Anschlüsse X und Y offen, Verschlußstopfen 5 und 6 eingebaut
d) Steuerzufluß und -abfluß intern, Anschlüsse X und Y geschlossen, Verschluß 5 und 6 ausgebaut.

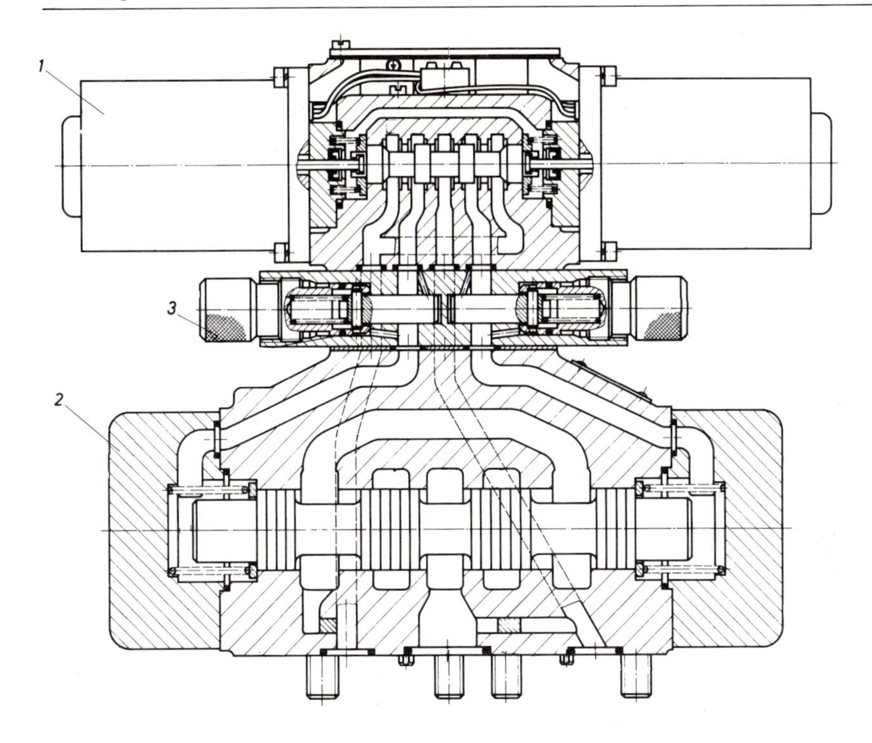

Bild 3.49 Indirekt betätigtes Wegeventil mit Schaltzeitbeeinflussung

Schaltzeitbeeinflussung bei indirekt betätigten Wegeventilen:

Um die Bewegung eines Zylinders weich umzuschalten ist es erforderlich, den Ölstrom nicht schlagartig, sondern langsam abzusperren bzw. zuzuführen. Dies erreicht man durch langsames Umsteuern des Ventilschiebers am Wegeventil, d.h. durch Beeinflussung der Schaltzeit des Wegeventils. Dazu wird zwischen das Vorsteuerventil 1 (Bild 3.49) und das Hauptventil 2 ein Doppeldrosselrückschlagventil 3 geflanscht, das das vom Ventilkolben des Hauptventils verdrängte Steueröl drosselt.

Betätigung des Ventilschiebers beim Hauptventil:

Für die Betätigung gibt es zwei Möglichkeiten,

- hydraulisch durch Steueröl, das über das Vorsteuerventil zugesteuert wird und
- durch elastische Federn, die den Ventilschieber, bei Wegnahme des Steuerdrucks, in die andere Schaltstellung verschiebt. Bei dieser Rückstellung durch eine Feder spricht man auch von der „Nullstellung" des Ventils.

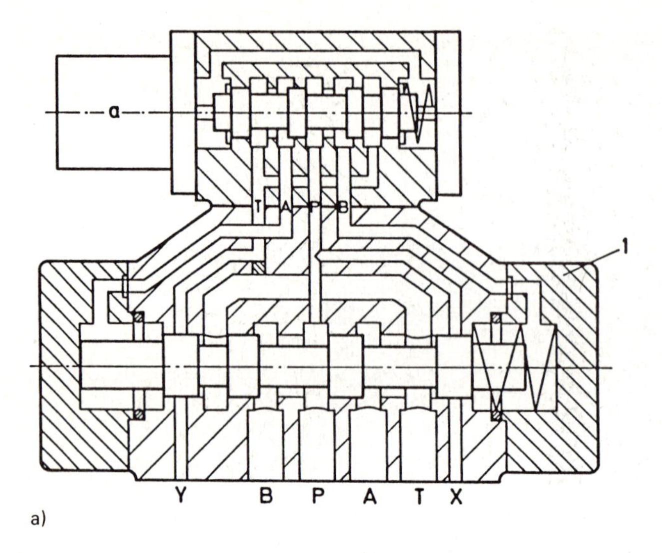

a)

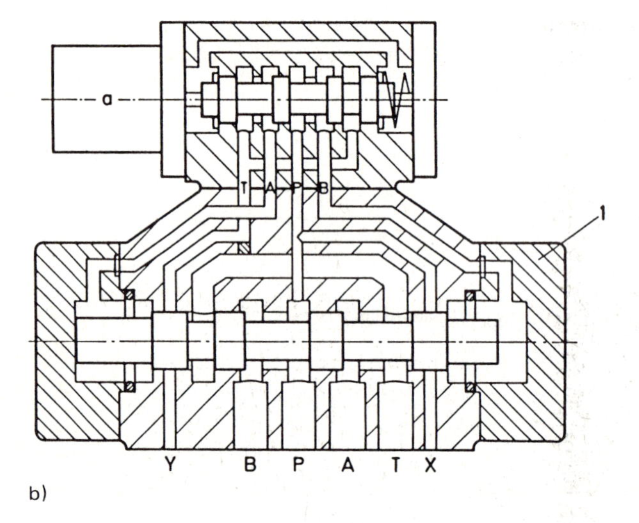

b)

Bild 3.50

Rückstellung des Hauptsteuerkolbens bei indirekt gesteuerten Wegeventilen mit zwei Schaltstellungen (monostabilen Ventilen)

a) hydraulisch

b) hydraulisch und mit Federkraft

Beim Ventil mit zwei Schaltstellungen unterscheidet man zwischen

- federfixierter Nullstellung des Vorsteuerventils, dabei erfolgt die Rückstellung des Ventilschiebers im Hauptventil 1 hydraulisch (Bild 3.50a) und
- federfixierte Nullstellung des Vorsteuerventils mit Rückstellung des Ventilschiebers im Hauptventil 1 hydraulisch und mit Druckfeder 2 (Bild 3.50b). Diese Bauart ist für bestimmte Sicherheitssteuerungen wichtig, denn das Hauptventil schaltet bei Ausfall des Steuerdrucks immer in Nullstellung.

Beim Ventil mit drei Schaltstellungen ist die mittlere Schaltstellung die Nullstellung und der Ventilschieber des Hauptventils wird durch elastische Federn oder hydraulischen Druck „zentriert"; man spricht dann von feder- oder druckzentrierten Ventilen, sie sind dargestellt und zwar die

– Federzentrierung eines Ventils mit drei Schaltstellungen in Bild 3.51 und die
– Druckzentrierung in Bild 3.52.

Bei der Federzentrierung wird die Mittelstellung des Ventilschiebers 1 (Bild 3.51) durch die Federn 2 und 3 erreicht. Die Mittelstellung wird durch den mechanischen Anschlag der Federteller 4 und 5 gewährleistet.

Die Schaltleistung (Anzahl der Schaltungen pro Zeiteinheit) wird von der Federkraft bestimmt, diese wiederum von dem Mindeststeuerdruck beim vorgesteuerten Ventil, bei dem noch geschaltet werden soll und vom zur Verfügung stehenden Federeinbauraum. Die Leistungsgrenze dieser Wegeventile ist also federseitig bestimmt. Die Schaltleistung kann durch Druckzentrierung vergrößert werden.

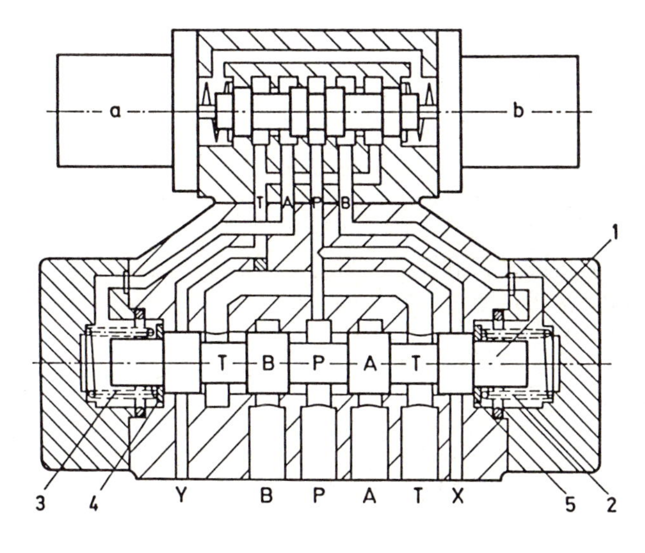

Bild 3.51

Rückstellung des Hauptsteuerkolbens in Null- oder Mittelstellung bei indirekt gesteuerten Wegeventilen mit drei Schaltstellungen mit Rückstellfedern – Federzentrierung

1 Hauptsteuerkolben
2 und 3 Rückstellfedern
4 und 5 Anschlagscheiben

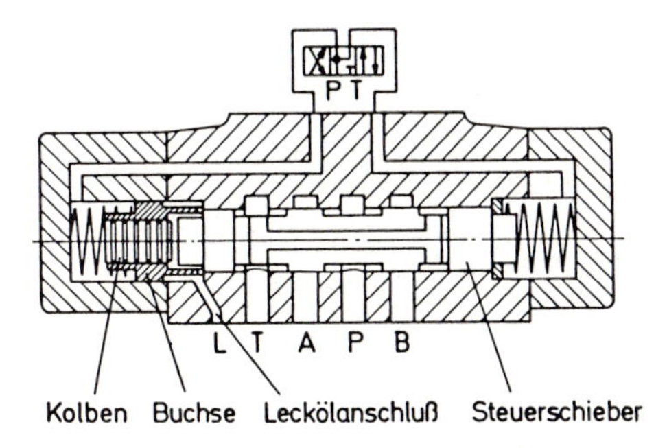

Bild 3.52

Hydraulische Rückstellung des Hauptsteuerkolbens in Nullstellung bei einem indirekt gesteuerten Wegeventil-Druckzentrierung

Außer zur Erhöhung der Schaltleistung werden durckzentrierte, vorgesteuerte Wegeventile bei großen Durchflußströmen, verbunden mit großem Druckgefälle, eingesetzt. Die dabei auftretenden Strömungskräfte am Ventilschieber können von Zentrierfedern nicht mit Sicherheit überwunden werden, so daß das Ventil nicht mehr geschaltet werden kann.

Bei der Druckzentrierung (Bild 3.52) wird die rechte Ventilschieberseite direkt, die linke über einen flächenmäßig kleineren Kolben, der in einer Buchse geführt ist, beaufschlagt. Die Fläche des Kolbens und der Buchse, die am Gehäuse anliegt, ist zusammen größer als die Stirnseite des Ventilschiebers. Dadurch und durch zusätzliche Federn wird der Ventilschieber in der Mittelstellung zentriert.

3.4.4 Anschlußarten der Wegeventile

Die Anschlußarten der Wegeventile, d.h. die Art und Weise wie das Ventil in dem hydraulischen System eingebaut wird, sind

- der Rohrleitungseinbau,
- der Plattenanschluß,
- die Einsteckausführung für Blockeinbau.

Beim Rohrleitungseinbau wird das Ventil direkt in die Rohrleitung eingebaut. Bei kleinen Nennweiten werden die Rohre über Rohrverschraubungen an den entsprechenden Anschlüssen P, A, T (Bild 3.53) angeschlossen, bei größeren Nennweiten werden die Rohre über Flansche angeschlossen.

Der Plattenanschluß, auch Aufflanschbauart genannt, hat sich wegen seiner Vorteile eindeutig durchgesetzt (Bild 3.54). Das Aufflanschventil 1 wird über die Anschlußplatte 2, in der die notwendigen Gewindeanschlüsse 4 vorhanden sind, an das Rohrleitungssystem hydraulisch angeschlossen und mit Befestigungsschrauben miteinander verschraubt. Durch die Dichtringe 3 wird der hydraulische Anschluß zwischen Gerät und Platte abgedichtet.

Die Vorteile dieser Anschlußart sind:

- Ein Auswechseln des Gerätes ohne Demontage der Rohranschlüsse ist möglich.
- Auf dieselbe Anschlußplatte können Ventile verschiedener Fabrikate montiert werden, da das Lochbild und die Abmessungen der Platte genormt sind.
- Eine Übersichtliche Anordnung der Geräte an Montagewänden ist möglich.

Die Nachteile sind

- teurere Ausführung als der Rohrleitungseinbau und eine
- zusätzliche Dichtfläche.

Als Wegeventile in Einsteckausführung (Bild 3.55) werden Steuerblöcke, in denen komplette Steuerungen eingebaut sind, verwendet. Die hydraulische Verbindung der einzelnen Geräte wird durch Verbindungsbohrungen oder -kanäle erreicht.

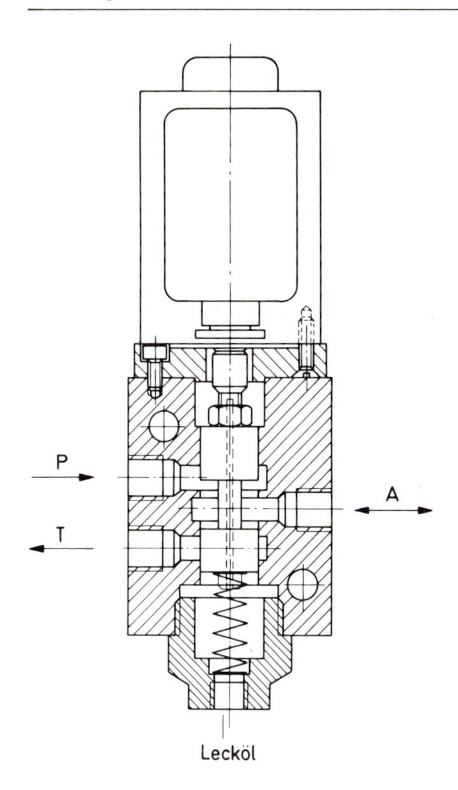

Bild 3.53 Wegeventil für Rohranschluß

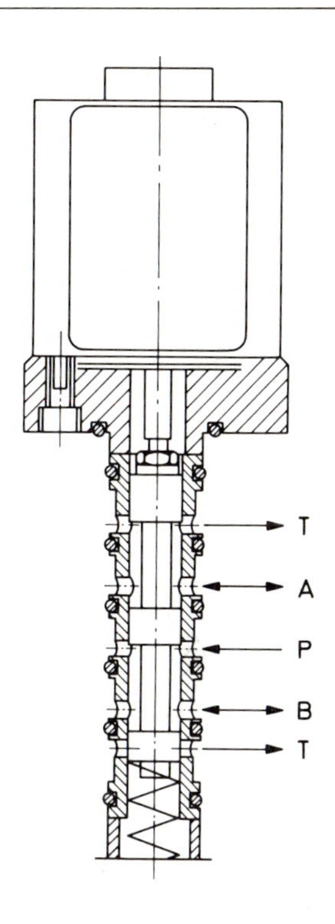

Bild 3.55 Wegeventil für Blockeinbau

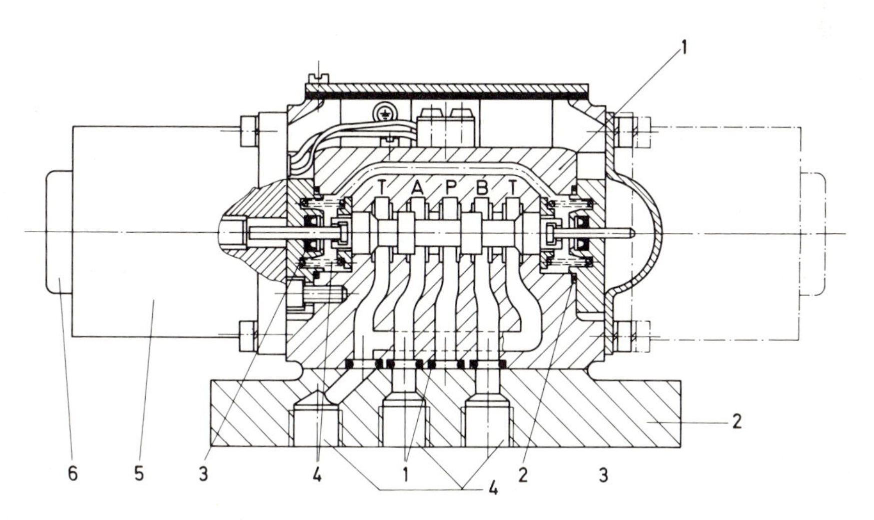

Bild 3.54 Wegeventil für Plattenanschluß

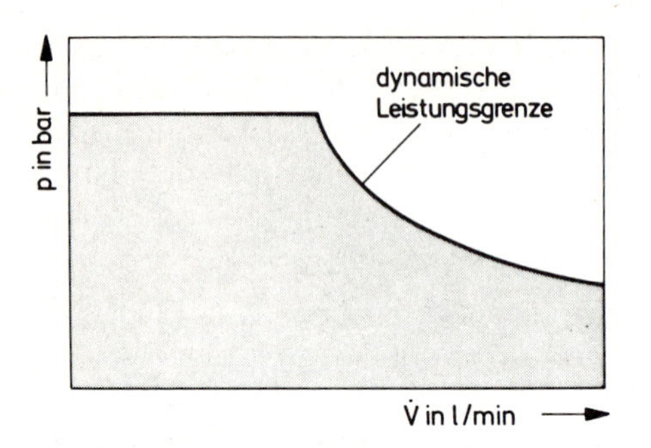

Bild 3.56 Dynamische Schaltleistungsgrenze eines Wegeventils

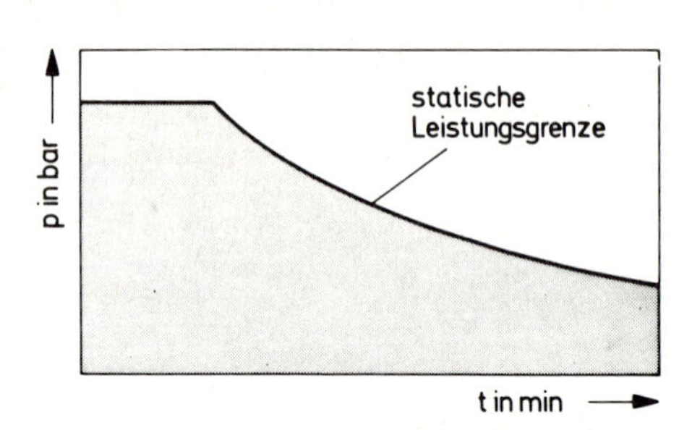

Bild 3.57 Statische Schaltleistungsgrenze eines Wegeventils

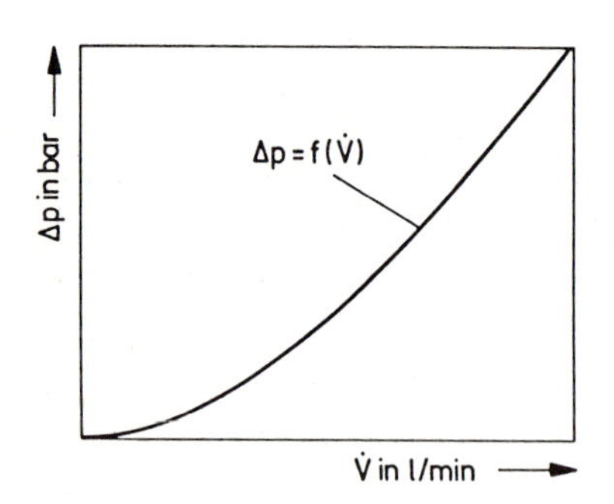

Bild 3.58

Durchflußwiderstand eines Wegeventils

3.4.5 Kenngrößen für die Auswahl der Wegeventile

Bei der Auswahl der Wegeventile sind außer den bereits dargestellten Kenngrößen Schaltzeit des Ventils, Abdichtung im Ventil, Schaltüberdeckung und Anschlußart noch die statische und dynamische Leistungsgrenze und der Durchflußwiderstand zu beachten.

- Die dynamische Leistungsgrenze gibt an bei welchem Druck p und welcher Durchflußmenge $\dot{V}$ das Ventil noch schaltet (Bild 3.56). Übersteigt der Druck bei einer bestimmten Durchflußmenge diese Grenze, kann das Ventil nicht mehr geschaltet werden. Dabei bezieht sich die jeweils angegebene Kurve auf das schwächste Betätigungselement bei verschiedenen Betätigungen am gleichen Ventil.
- Die statische Leistungsgrenze gibt an wie lange ein Wegeventil unter Druck, ohne daß ein Ölstrom fließt, stehen kann und noch schaltbar ist. Durch eine längere Druckeinwirkung treten bei Kolbenschieberventilen Haftkräfte auf, die vor allem bei direkt betätigten Ventilen zum Festsitzen des Kolbenschiebers und damit zur Funktionsun-

fähigkeit des Ventils führen. Die Haftkraft, die zeitabhängig ist, setzt sich aus der Klemm- und Klebekraft zusammen. Die Klemmkraft ergibt sich aus der Verformung des unter Druck stehenden Gehäuses und Kolbens. Bei Druckabfall geht die Klemmkraft zurück. Die Klebekraft entsteht durch das Lecköl, das durch den Dichtungsspalt strömt und dadurch Schmutzpartikel in den Spalt schwemmt. Dieser setzt sich immer mehr zu, d.h. die Klebekraft steigt mit der Zeit und dem Druck und bleibt auch nach Wegnahme des Drucks erhalten.

Die Kurve (Bild 3.57) zeigt, daß je größer der Druck ist, desto kürzer ist die Druckeinwirkungszeit, bei der das Ventil noch schaltet.

– Der Durchflußwiderstand eines Wegeventils ist identisch mit dem Druckabfall zwischen Ventileingang und -ausgang. Druckabfall bedeutet aber Leistungsverlust und damit Verschlechterung des Wirkungsgrades der Hydraulikanlage. Je kleiner der Druckabfall umso besser das Ventil. Die Kurve (Bild 3.58) zeigt, daß der Druckabfall von der Durchflußmenge abhängig ist.

3.5 Stromventile

Ein wesentlicher Vorteil ölhydraulischer Steuerungen ist die gute stufenlose Geschwindigkeitssteuerung der Hydrozylinder und Hydromotoren durch die Stromventile. Die Stromventile steuern oder regeln die Menge des Ölstromes. Man unterscheidet dabei zwei Baugruppen:

– *Drosselventile,* die den Ölstrom durch Verengen oder Erweitern des Durchflußquerschnittes beeinflussen. Der Durchflußstrom ist bei ihnen *abhängig* von der Druckdifferenz zwischen Ventilein- und Ventilausgang, d.h. bei gleichem Durchflußquerschnitt ändert sich der Durchflußstrom mit der Druckdifferenz.
– *Stromregelventile,* die den Ölstrom ebenfalls durch Verengen oder Erweitern des Durchflußquerschnittes beeinflussen, aber *unabhängig* von der Druckdifferenz zwischen Ventilein- und Ventilausgang, d.h. bei gleichem Durchflußquerschnitt bleibt der Durchflußstrom unabhängig von der Druckdifferenz konstant.

Die Abhängigkeit der Zylindergeschwindigkeit und der Drehzahl des Hydromotors vom Ölstrom zeigen folgende Regeln:

Zylindergeschwindigkeit $v = \frac{\dot{V}}{A_k}$ in cm/min

Drehzahl des Hydromotors $n = \frac{\dot{V}}{V}$ in min^{-1}

$\dot{V}$ Ölstrom in cm^3/min
A_k Kolbenfläche oder Zylinderquerschnitt in cm^2
V Schluckvolumen des Hydromotors in cm^3/U

Die Abhängigkeit der Druckdifferenz zwischen Ventilein- und Ventilausgang (Bild 3.61) und dem Ölstrom zeigt die Formel zur Berechnung des Durchflußstromes an Drosseln und Blenden:

Durchflußstrom $\dot{V} = \alpha \cdot A_o \sqrt{\frac{\Delta p \cdot 2}{\rho}}$

$\dot{V}$ Durchflußmenge
Δp Druckdifferenz $\Delta p = p_1 - p_2$
A_o Drosselquerschnitt (Bild 3.59)
α Durchflußkennzahl (je nach Drosselform 0,6 bis 0,9)
ρ Dichte der Hydraulikflüssigkeit

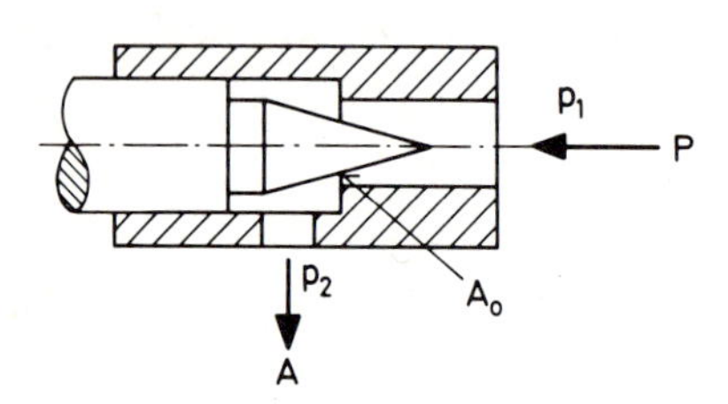

Bild 3.59

Drosselventil mit veränderlichem Drosselquerschnitt (prinzipielle Darstellung) mit Bildzeichen nach DIN ISO 1219

A Arbeitsanschluß P Druckanschluß
p_1 Eingangsdruck p_2 Ausgangsdruck
A_o Drosselquerschnitt

Die Durchflußkennzahl α ist abhängig von der Drosselform und der Viskosität, die wiederum von der Temperatur abhängt. Daraus folgt weiter eine Abhängigkeit des Ölstroms bei Stromventilen von der Temperatur der Hydraulikflüssigkeit bzw. von der Betriebstemperatur. Damit ist ein wesentlicher Nachteil hydraulischer Steuerungen, nämlich die Abhängigkeit von der Betriebstemperatur, zu erklären. Durch eine entsprechende Gestaltung der Form der Drosselstelle läßt sich der Viskositätseinfluß vermindern; auch das Zusetzverhalten und das Verhältnis Querschnittsänderung zum Drosselweg, das für die Auflösung wichtig ist. Unter dem Zusetzverhalten einer Drossel versteht man die Neigung einer Drosselstelle, Verunreinigungen der Hydraulikflüssigkeit anzusammeln, wobei sich der eingestellte Querschnitt zusetzt. Wichtig dafür und auch für den Viskositätseinfluß ist, daß der hydraulische Durchmesser der Drosselstelle $\left(d_H = \frac{4 \cdot A_o}{U}\right)$ möglichst groß bzw. das Verhältnis benetzter Umfang U zu Drosselquerschnitt A_o möglichst klein ist. In der Tabelle 3.6 sind 4 Querschnitte verglichen, dabei zeigt sich, daß der Kreisquerschnitt die günstigste Form ist, aber für veränderliche oder einstellbare Drosseln ungünstig, weil eine komplizierte Konstruktion, ähnlich der einer Fotoblende, notwendig wäre, um die Querschnittsform beizubehalten. Das ungünstigste Verhalten zeigt bei dem Vergleich der Kreisringquerschnitt. Aus konstruktiven Gründen läßt sich der Querschnitt eines gleichseitigen Dreiecks am leichtesten verwirklichen.

Betrachtet man dazu noch das Auflösungsvermögen der vorher verglichenen Querschnittsformen, so zeigt sich, daß man bei dreieckigem Drosselquerschnitt bei Öffnungsbeginn und damit bei kleinem Durchfluß feinfühlig einstellen kann. Der Ringspalt zeigt ein genau umgekehrtes Verhalten (Bild 3.60). Im folgenden sind einige Drosselformen unter den vorgenannten Gesichtspunkten und Kriterien beschrieben.

Tabelle 3.6 Gegenüberstellung verschiedener Querschnittsformen für Drosselstellen bei Stromventilen bezüglich U/A_0 bzw. des hydraulischen Querschnitts

Querschnittsform	$d/l/s$ in mm	A_0 in mm^2	U in mm	$U:A_0$ in mm^{-1}	d_H in mm
Kreis	4,51	16	14,2	0,89	4,5
Rechteck (Quadrat)	4,0	16	16	1,0	4,0
Gleichseitiges Dreieck	6,07	16	18,2	1,13	3,5
Kreisring (Ringspalt)	$d_1 = 3$ $d_2 = 5,4$	16	26,5	1,66	2,4

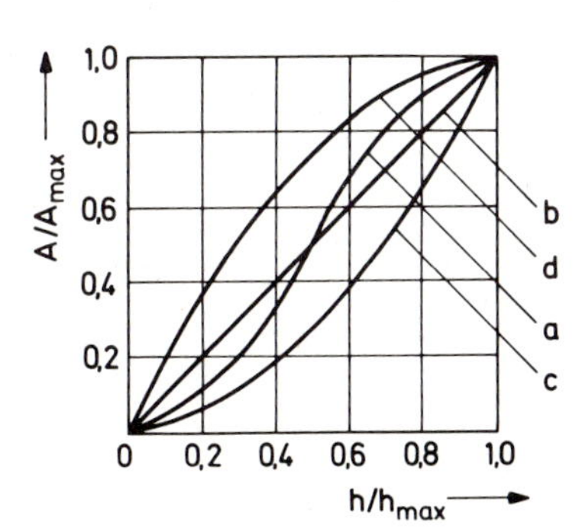

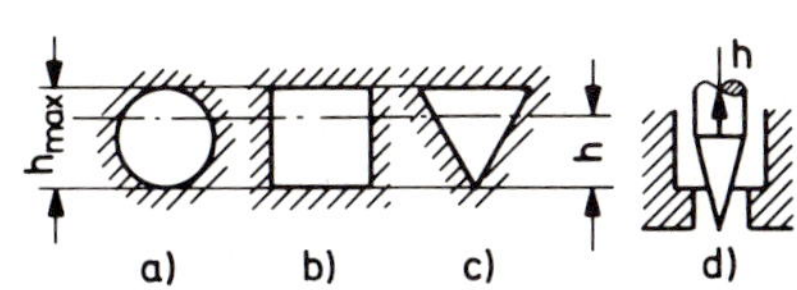

Bild 3.60
Auflösungsvermögen verschiedener Drosselquerschnitte

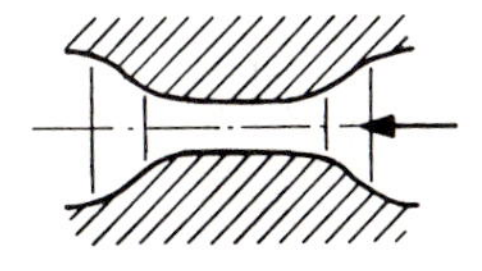

Bild 3.61
Konstantdrossel

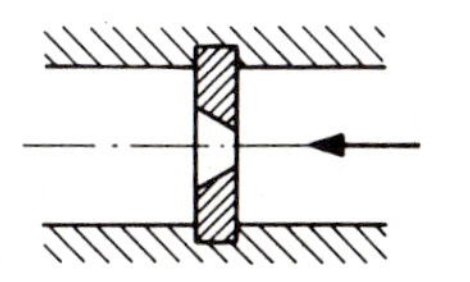

Bild 3.62
Blende

Konstante Drosseln:

- Drossel (Bild 3.61): Benetzter Umfang klein, aber viskositätsabhängig durch die lange Drosselstrecke.
- Blende (Bild 3.62): Benetzter Umfang klein; die Drosselstrecke annähernd Null und damit weitgehend viskositätsunabhängig.

Einstellbare Drosseln:

- Nadeldrossel (Bild 3.63): Benetzter Umfang klein und Viskositätseinfluß gering; kleiner hydraulischer Querschnitt und damit Gefahr des Zusetzens; schlechtes Auflösungsvermögen.
- Längskerbe mit Dreiecksquerschnitt (Bild 3.64): Kurze Drosselstrecke, kleiner benetzter Umfang und damit geringer Viskositätseinfluß; Gefahr des Zusetzens gering, gutes Auflösungsvermögen. Gut geeignet für kleine Ölströme.
- Längskerbe mit Rechteckquerschnitt (Bild 3.65): Eigenschaften wie bei der Längskerbe mit Dreiecksquerschnitt mit geringen Unterschieden.
- Spaltdrossel (Bild 3.66): Kurze Drosselstrecke, aber großer benetzter Umfang; Viskositätseinfluß noch verhältnismäßig gering; Gefahr des Zusetzens groß, daher nicht für kleine Ölströme; Auflösungsvermögen schlecht.
- Umfangsdrossel mit Dreiecksquerschnitt (Bild 3.67): Lange Drosselstrecke, dadurch viskositätsabhängig; Auflösungsvermögen nicht besonders gut durch den beschränkten Drehwinkel (in der Regel 90° bis 180°).

Die Bildzeichen für die Stromventile nach DIN ISO 1219 sind aus der Tabelle 3.7 zu entnehmen.

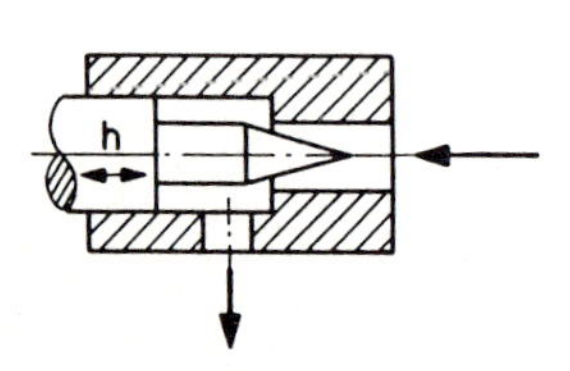

Bild 3.63 Nadeldrossel

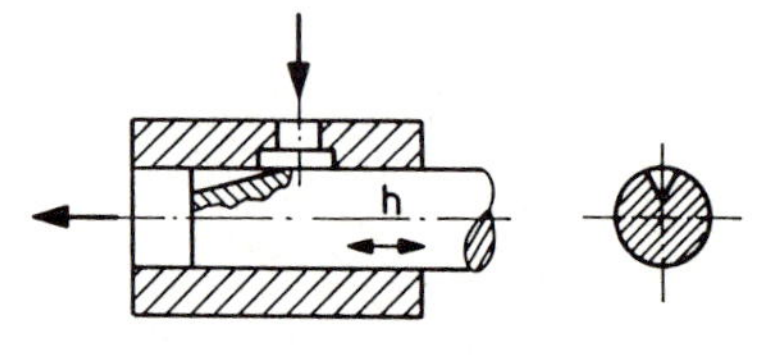

Bild 3.64 Längskerbe mit Dreiecksquerschnitt

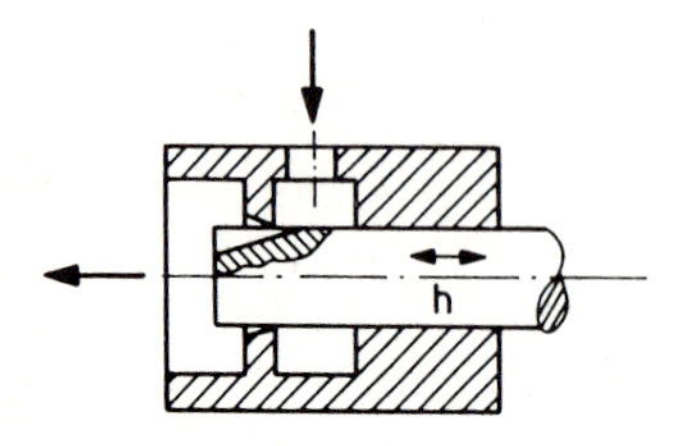

Bild 3.65 Längskerbe mit Rechteckquerschnitt

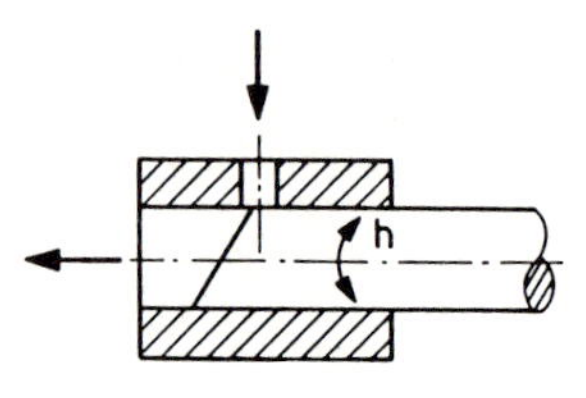

Bild 3.66 Spaltdrossel

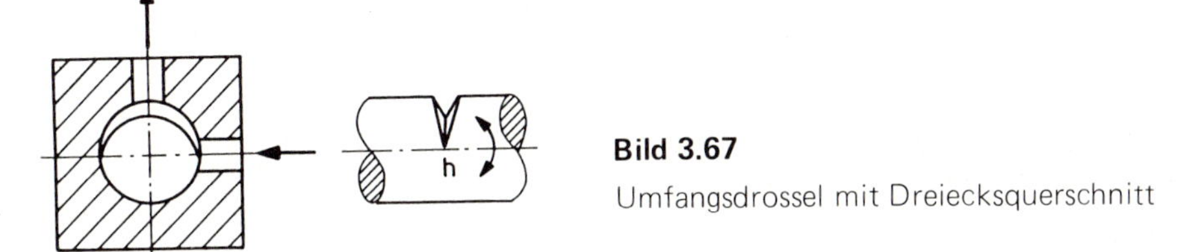

Bild 3.67
Umfangsdrossel mit Dreiecksquerschnitt

Tabelle 3.7 Stromventile – Schaltzeichen nach DIN ISO 1219

	Drosselventil mit Hand- bzw. mech. Betätigung (ausführliches Symbol)	
	Drosselventil (vereinfachte Darstellung)	
	Drosselventil einstellbar (vereinfachte Darstellung)	
ausführliches	vereinfachtes Bildzeichen	
		2-Wege-Stromregelventil mit konstantem Abfluß bei A
		2-Wege-Stromregelventil mit einstellbarem Abfluß bei A
		3-Wege-Stromregelventil mit konstantem Abfluß bei A
		3-Wege-Stromregelventil mit einstellbarem Abfluß bei A

3.5.1 Drosselventile

Drosselventile beeinflussen den Ölstrom durch Verengung oder Erweiterung des Durchflußquerschnittes *druckabhängig* von der Druckdifferenz zwischen Ventilein- und Ventilausgang (Bild 3.68). Aus dem Bild ist zu erkennen, daß mit zunehmender Druckdifferenz der Ölstrom $\dot{V}_D$ größer wird, also nachfolgende Zylinder eine höhere Geschwindigkeit und nachfolgende Motoren eine höhere Drehzahl erreichen.

In dem Arbeitsdiagramm einer hydraulischen Steuerung mit einem Drosselventil im Zulauf geschaltet (Bild 3.69) sind die Zusammenhänge zwischen dem Arbeitswiderstand F_w an der Kolbenstange, dem Druck vor dem Drosselventil p_1, dem Druck nach dem Drosselventil p_2 und dem Ölstrom $\dot{V}_D$, der durch die Drossel strömen kann, bzw. der Kolbengeschwindigkeit dargestellt.

- Der Druck p_1 vor dem Ventil ist konstant durch das vorgeschaltete Druckbegrenzungsventil.
- Der Druck p_2 ist abhängig vom Arbeitswiderstand F_w.

  $$p_2 = \frac{F_w}{A_K},$$

  dabei ist A_K die Kolbenfläche. Der Wirkungsgrad ist vernachlässigt. Ändert sich also F_w, dann ändert sich p_2 und damit die Druckdifferenz Δp.
- Die Kolbengeschwindigkeit, sinngemäß auch die Drehzahl des Hydromotors, ist wiederum abhängig von dem Ölstrom $\dot{V}_D$, der durch das Drosselventil strömt,

  $$v = \frac{\dot{V}_D}{A_K}$$

und der Ölstrom wiederum auch von der Druckdifferenz

$$\dot{V}_D = \alpha \cdot A_D \cdot \sqrt{\frac{\Delta p_{1\text{-}2}\, 2}{\rho}}.$$

Daraus folgt, daß die Kolbengeschwindigkeit bzw. Motordrehzahl vom Arbeitswiderstand abhängig ist.

Drosselventile werden deshalb in Steuerungen eingesetzt bei denen

- die Arbeitswiderstände konstant sind,
- eine konstante Vorschubgeschwindigkeit oder Drehzahl nicht verlangt wird (z.B. Hebebühne) und Stromregelventile zu aufwendig wären,
- aufgrund der Steuerungsart Stromregelventile nicht einsetzbar sind
- und bei denen der Vorschub abhängig sein soll vom Arbeitswiderstand (z.B. bei Kaltkreissägen), dabei ist der Vorschub bei großem Arbeitswiderstand klein und bei kleinem Arbeitswiderstand groß.

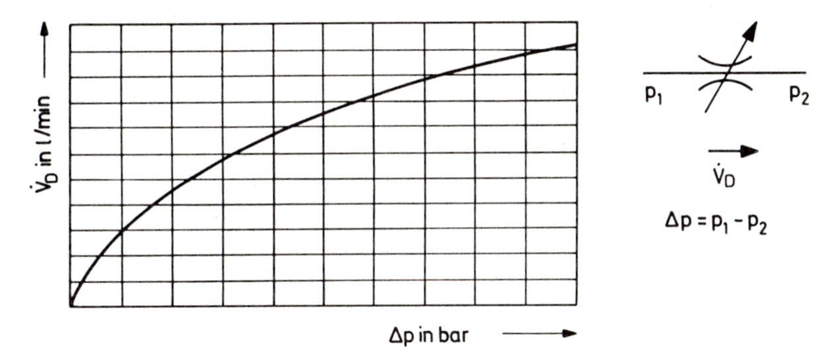

Bild 3.68 Durchflußmenge an der Drosselstelle als Funktion der Druckdifferenz

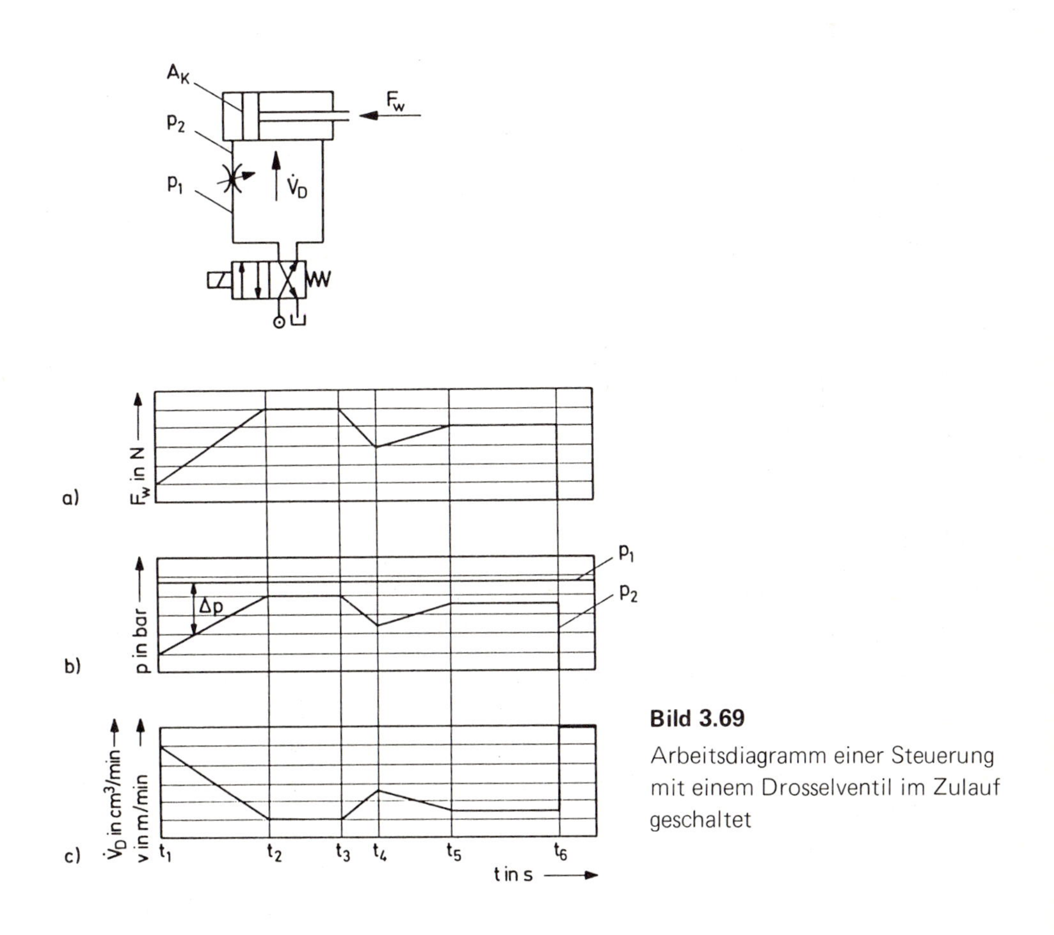

Bild 3.69

Arbeitsdiagramm einer Steuerung mit einem Drosselventil im Zulauf geschaltet

Ein weiterer entscheidender Vorteil des Drosselventils gegenüber dem Stromregelventil ist der Fortfall des Anfahrsprungs, der durch das Einregeln des Differenzdruckkolbens des Stromregelventils vorkommen kann, und zu einem ruckartig schnellen Anfahren des Zylinders führt.

Bei den Bauarten unterscheidet man nach verschiedenen Gesichtspunkten:

- Einstellbares oder festes Drosselventil bzw. Blendenventil (Bilder 3.70, 3.71 und 3.72); bei den einstellbaren wiederum ob die Betätigung von Hand (Drehknopf Bild 3.70), mit Hebel oder mechanisch (Rollenhebel Bild 3.71) erfolgt.
- Nach der Art der Befestigung bzw. des Einbaus; Flanschbefestigung (Bilder 3.70 und 3.71), Einbau direkt in die Rohrleitung (Bild 3.72).
- Nach der Art der Drosselstelle; Drossel mit Längskerben, Spaltdrossel, Umfangsdrossel usw.

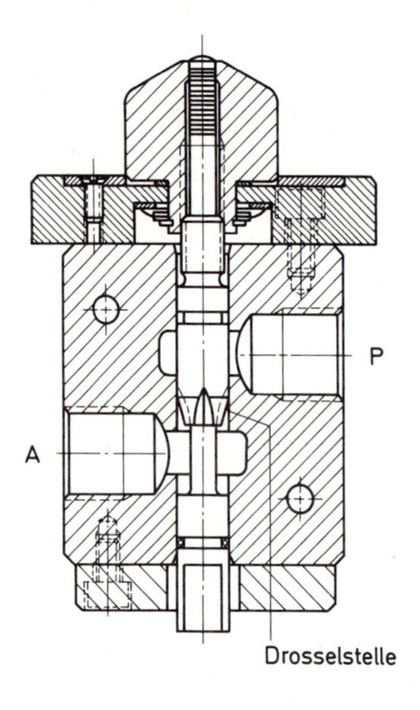

Bild 3.70 Drosselventil für Flanschbefestigung, einstellbar durch Drehknopf

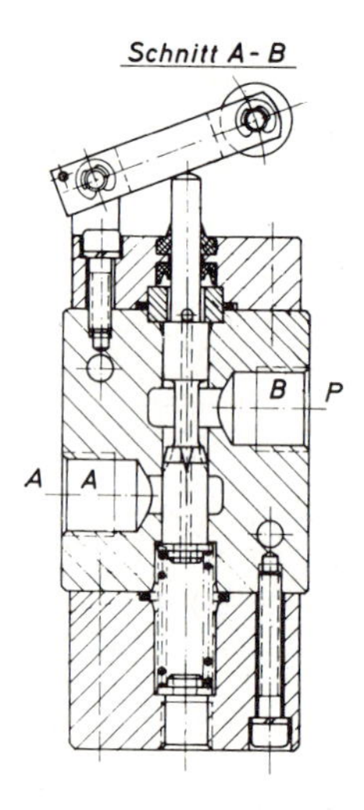

Bild 3.71 Drosselventil für Flanschbefestigung, betätigt durch einen Rollenhebel

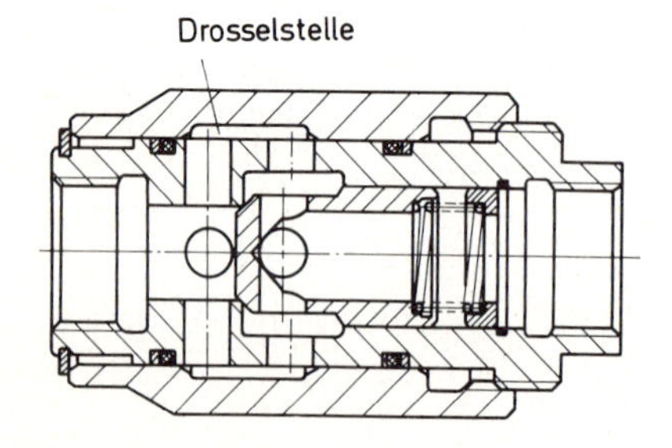

Bild 3.72

Drosselrückschlagventil für den direkten Einbau in die Rohrleitung, einstellbar durch eine Drehhülse mit Gewinde

3.5.2 Stromregelventile

Stromregelventile beeinflussen den Ölstrom durch Verengung oder Erweiterung des Durchflußquerschnittes *unabhängig* von Druckschwankungen vor bzw. nach dem Ventil nach zwei Verfahren:

- Neben der einstellbaren Drossel 1 (Meßdrossel) wird noch eine bewegliche 2 eingebaut, die als Regeldrossel – auch Differenzdruckregler oder Druckwaage genannt – arbeitet und die Druckdifferenz an der Meßdrossel 1 konstant hält; nach den Anschlüssen *2-Wege-Stromregelventil* (Bild 3.73) genannt.
- Die Regeldrossel 2 arbeitet parallel zur einstellbaren Drossel 1, der sog. Meßdrossel. Die Druckdifferenz an der Meßdrossel wird durch Teilung des zulaufenden Ölstromes mit Hilfe der Regeldrossel 2 erreicht, der Restölstrom fließt direkt in den Tank zurück; in der Praxis üblicherweise nach der Anzahl der Anschlüsse *3-Wege-Stromregelventil* (Bild 3.74), nach DIN ISO 1219 Stromregelventil mit Entlastungsöffnung zum Behälter genannt.

Bei den Stromregelventilen handelt es sich um selbsttätig arbeitende Regler mit den Elementen

– Meßeinrichtung	– Meßdrossel 1
– Vergleicher und	– federbelasteter Kolben der Regeldrossel 2
– Stellorgan	– Kolben der Regeldrossel 2.

An diesem Regler können folgende Störgrößen wirksam werden:

- Durch Temperatur- und damit Viskositätsänderungen ändern sich die Durchflußverhältnisse und damit die Druckdifferenz. Die Drosselstelle muß deshalb entsprechend gestaltet werden.
- Am Kolben der Regeldrossel ändert sich beim Kolbenhub die Federkraft, d.h. die Druckdifferenz. Durch eine kleine Federrate und kleinen Hub kann der Einfluß dieser Störgröße vernachlässigbar klein gehalten werden.
- Die Bewegung des Kolbens der Regeldrossel wird durch Strömungs- und Reibungskräfte beeinflußt. Durch entsprechende Gestaltung des Kolbens können diese Kräfte kompensiert und damit der Einfluß der Störgröße klein gehalten werden.

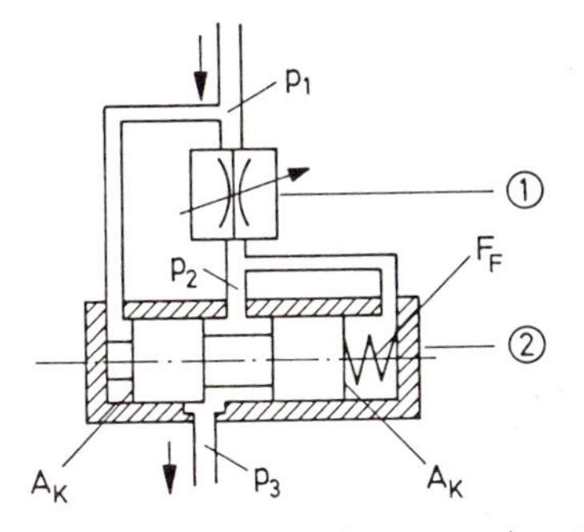

Bild 3.73 2-Wege-Stromregelventil mit vorgeschalteter Meßdrossel

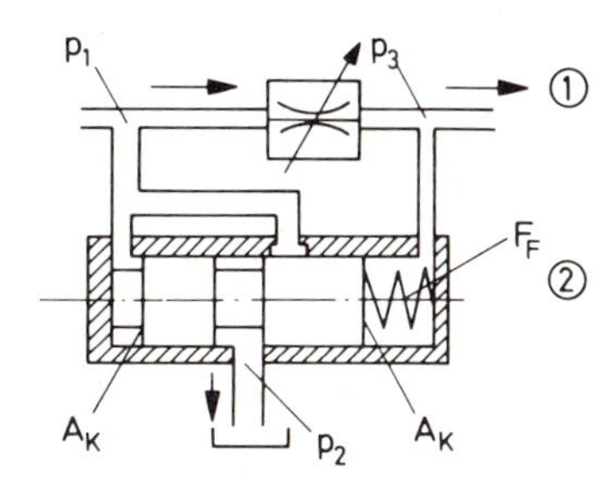

Bild 3.74 3-Wege-Stromregelventil

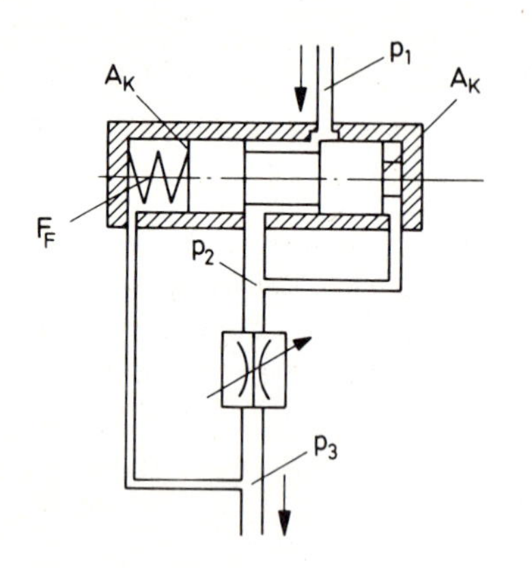

Bild 3.75

2-Wege-Stromregelventil mit nachgeschalteter Meßdrossel

Die Arbeitsweise der Stromregelventile ergibt sich aus der Aufgabe, den eingestellten Ölstrom unabhängig von der Druckdifferenz konstant zu halten. Dabei wird durch das Zusammenwirken der Meßdrossel 1 und der Regeldrossel 2 (Bilder 3.73, 3.74 und 3.75) die durch den veränderlichen Lastdruck p_3 variable Druckdifferenz $p_1 - p_3$ in zwei Zweige aufgeteilt in

- die *innere* und *konstante* Druckdifferenz $p_1 - p_2$ an der einstellbaren Meßdrossel, und
- die äußere und variable Druckdifferenz $p_1 - p_3$.

Anhand der Gleichgewichtsbedingungen der Kräfte an der Regeldrossel kann die konstante Druckdifferenz nachgewiesen werden.

I. 2-Wege-Stromregelventil mit nachgeschalteter Regeldrossel (Bild 3.73)

Gleichgewichtsbedingungen an der Regeldrossel:

$$p_1 \cdot A_k = p_2 \cdot A_k + F_F$$

$$p_1 - p_2 = \Delta p_{1\text{-}2} = \frac{F_F}{A_k} = \text{konstant}$$

Die Druckdifferenz wird bestimmt von der Fläche A_k des Differenzdruckkolbens der Regeldrossel und der Federkraft F_F. Da die Federkraft bei geringem Hub und kleiner Federrate als konstant angenommen werden kann, ist auch die Druckdifferenz und damit der Durchfluß konstant. Voraussetzung ist, daß

$$p_1 = p_{3\,max} + \Delta p_{1\text{-}2} \qquad \text{ist.}$$

II. 3-Wege-Stromregelventil mit parallel geschalteter Regeldrossel (Bild 3.74)

Gleichgewichtsbedingungen an der Regeldrossel:

$$p_1 \cdot A_k = p_3 \cdot A_k + F_F$$

$$p_1 - p_3 = \frac{F_F}{A_k} = \text{konstant}$$

$$p_1 = p_3 + \frac{F_F}{A_k}$$

Auch hier ist die Druckdifferenz an der Meßdrossel abhängig von der Fläche des Differenzdruckkolbens A_k und der Federkraft F_F, die als konstant angenommen werden können. Damit ist auch der eingestellte Durchflußstrom konstant. Weiter ist aus dieser Beziehung zu ersehen, daß die Pumpe nur gegen den jeweiligen Lastdruck $\left(p_3 + \frac{F_F}{A_k}\right)$ arbeiten muß. Ist der Lastdruck z.B. durch geringe Belastung des Zylinders niedrig, dann wird auch der Pumpendruck entsprechend niedrig. Der Wirkungsgrad der Anlage wird gegenüber dem 2-Wege-Stromregelventil besser. Allerdings können 3-Wege-Stromregelventile nur auf der Zulaufseite also bei Primärsteuerungen eines Zylinders eingesetzt werden.

Auch mit den folgenden Arbeitsbeispielen kann die Funktion der Stromregelventile dargestellt und erläutert werden.

I. **2-Wege-Stromregelventil** (Bild 3.76)

Der Hydrozylinder wird durch die Kraft F_W, die auf die Kolbenstange wirkt, belastet. Die Größe der Kraft ist im Diagramm a dargestellt. Die Kolbengeschwindigkeit (Vorschubgeschwindigkeit) wird durch das 2-Wege-Stromregelventil, das in die Zuleitung zum Zylinder (primär) geschaltet ist, bestimmt und ist zusammen mit der Durchflußmenge $\dot{V}$ im Diagramm c dargestellt. Im Diagramm b sind die Druckverhältnisse dargestellt. Der Pumpendruck p_1, der durch das Druckbegrenzungsventil konstant gehalten

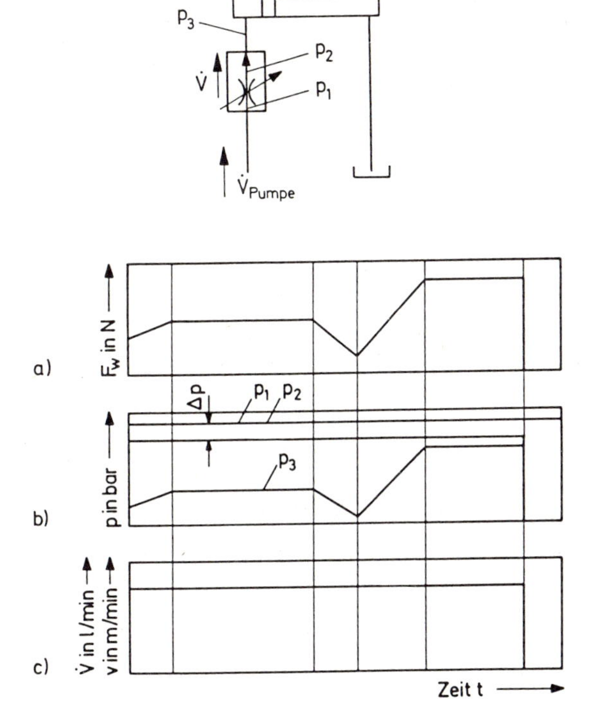

Bild 3.76
Arbeitsbeispiel mit Mengenregelung durch ein 2-Wege-Stromregelventil

wird, steht vor dem Stromregelventil an. Der Druck p_3, der nach dem Stromregelventil wirksam wird, ergibt sich aus dem Verhältnis der Kraft F_W zur Kolbenfläche A_k $p_3 = \frac{F_W}{A_k}$. Da die Kraft F_W veränderlich, die Kolbenfläche A_k aber konstant ist, verändert sich p_3 proportional zu F_W. Der Zwischendruck p_2 wird durch die Regeldrossel konstant gehalten. Dadurch bleibt der Durchflußstrom und damit auch die Kolbengeschwindigkeit konstant. Der überschüssige Pumpenförderstrom $\dot{V}_{Pumpe} - \dot{V}$ strömt über das Druckbegrenzungsventil in den Tank zurück. Dabei ist es für die Funktion im Prinzip gleichgültig, ob die Meßdrossel der Regeldrossel vor- (Bild 3.73) oder nachgeschaltet (Bild 3.75) ist.

II. 3-Wege-Stromregelventil (Bild 3.77)

An diesem Arbeitsbeispiel ist der Unterschied zum 2-Wege-Stromregelventil zu erkennen. Der Druck nach dem Stromregelventil ergibt sich wie zuvor aus der Beziehung $p_3 = \frac{F_W}{A_k}$ und ist im Diagramm b dargestellt. Der Pumpendruck p_1, der vor dem 3-Wege-Stromregelventil ansteht, verändert sich mit dem Druck p_3, also auch proportional zur Kolbenkraft F_W (Diagramm a und b). Die zur Funktion notwendige konstante Druckdifferenz $\Delta p = p_1 - p_3$ wird durch die Regeldrossel (Differenzdruckregler) erreicht. Die Pumpe arbeitet also immer nur gegen den Lastdruck und die Druckdifferenz des 3-Wege-Stromregelventils. Der nicht benötigte Pumpenförderstrom wird über den 3. Weg des 3-Wege-Stromregelventils in den Tank zurückgeführt. Das Druckbegrenzungsventil hat nur die Funktion als Sicherheitsventil. Aus der Abhängigkeit der Druckdifferenz von Arbeits- und Pumpendruck ist auch der ausschließliche Einsatz des 3-Wege-Stromregelventils im Zulauf zu erklären.

Gegenüberstellung der drei Bauarten der Stromregelventile:

- 2-Wege-Stromregelventil, Regeldrossel der Meßdrossel vorgeschaltet – Primärregler (Bild 3.78).

  Vom Anschluß P strömt die Hydraulikflüssigkeit über die Regeldrossel K und durch die Meßdrossel D zum Anschluß A.

- 2-Wege-Stromregelventil, Regeldrossel der Meßdrossel nachgeschaltet – Sekundärregler (Bild 3.79).

  Vom Anschluß P strömt die Druckflüssigkeit über die Meßdrossel D und die Regeldrossel K zum Anschluß A.

- 3-Wege-Stromregelventil, Regeldrossel der Meßdrossel parallelgeschaltet (Bild 3.80).

  Vom Anschluß P strömt die Druckflüssigkeit über die Regeldrossel K und durch die Meßdrossel D zum Anschluß A. Durch Druckänderungen vor der Meßdrossel D Raum D (wechselnder Betriebsdruck) ändert sich der Druck im Raum 0, bei Druckänderungen nach der Meßdrossel D ändert sich der Druck im Raum U (wechselnder Arbeitswiderstand). Wird der Druck vor der Meßdrossel im Raum 0 zu groß, öffnet die Regeldrossel K gegen die Federkraft der Feder F und läßt Druckflüssigkeit über den Anschluß T in den Tank abströmen. Dadurch wird die Druckdifferenz an der Meßdrossel D konstant gehalten.

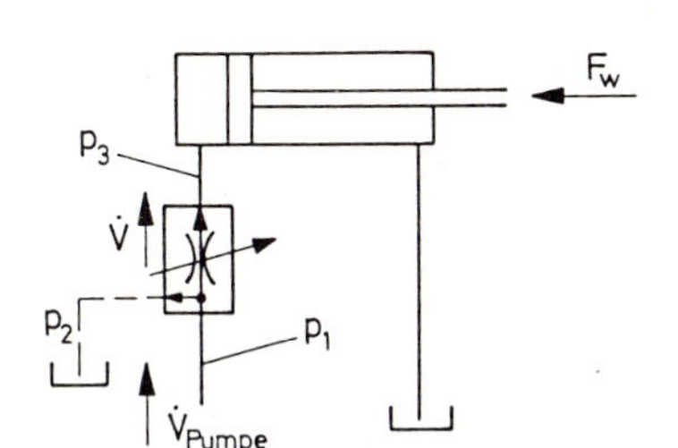

Bild 3.77

Arbeitsbeispiel mit Mengenregelung durch ein 3-Wege-Stromregelventil

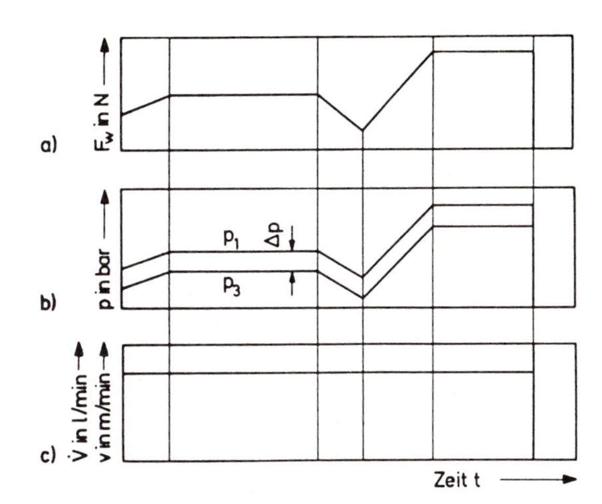

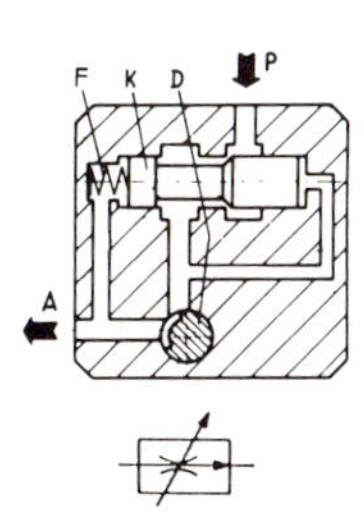

Bild 3.78 2-Wege-Stromregelventil, Regeldrossel oder Differenzdruckregler der Meßdrossel in Reihe vorgeschaltet (Primärregler)

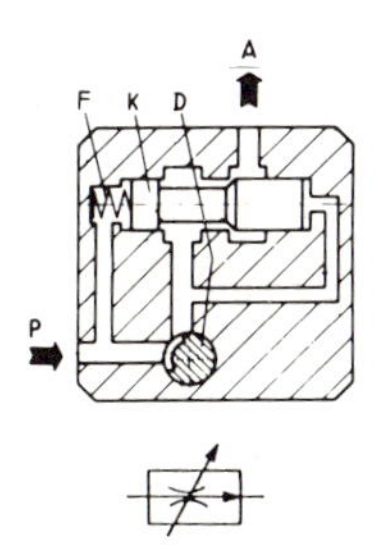

Bild 3.79 2-Wege-Stromregelventil, Regeldrossel oder Differenzdruckregler der Meßdrossel in Reihe nachgeschaltet (Sekundärregler)

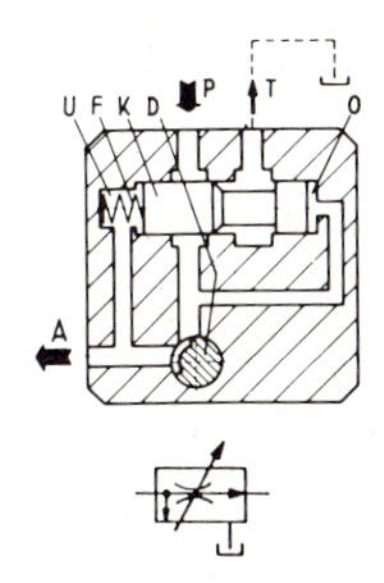

Bild 3.80 3-Wege-Stromregelventil, Regeldrossel oder Differenzdruckregler zur Meßdrossel parallel geschaltet

Aufbau eines 2-Wege-Stromregelventils mit einstellbarer Meßdrossel handbetätigt (Bild 3.81)

Der Durchflußstrom wird über den Drehgriff 1, der über den Stift 3 den Drosselkolben 4 gegen die Feder 5 verschiebt, eingestellt. Die Steuerkante 19 bestimmt zusammen mit den Dreieckskerben 8 den Drosselquerschnitt der Meßdrossel. Der Meßdrossel ist die Regeldrossel 6 in Reihe vorgeschaltet. Der Differenzdruckkolben 6 wird auf der Fläche 21 über den Kanal 20 mit dem Eingangsdruck der Meßdrossel und auf der Fläche 22 über Kanal 12 und 14 mit dem Ausgangsdruck der Meßdrossel und der Feder 7 belastet. Durch entsprechende Abstimmung zwischen Feder 7 und den Flächen 21 und 22 wird der Differenzdruck an der Meßdrossel konstant gehalten.

Die Druckflüssigkeit strömt über den Anschluß P, die Regeldrosselkante 9, Kanal 10, Ringkanal 11, Meßdrosselstelle 8 und Kanal 12 zum Anschluß A. In umgekehrter Richtung fließt die Druckflüssigkeit ungedrosselt über das Rückschlagventil 18 und Kanal 17 zum Anschluß P.

Der Anfahrsprung beim 2-Wege-Stromregelventil

Wird ein 2-Wege-Stromregelventil nicht durchströmt, dann ist der Differenzdruckkolben (Bilder 3.73 und 3.74) druckausgeglichen. Das bedeutet, daß er durch die Feder vollständig geöffnet wird. Beim Umschalten einer Steuerung von einer auf eine andere Arbeitsbewegung (s. unter 5.4.3) wird das Stromregelventil im Verlauf der Zylinderbewegung zugeschaltet, d.h. der Differenzdruckkolben muß sich erst einregeln. In dieser, wenn auch kurzen Einregelzeit ist die Druckdifferenz an der Meßdrossel größer und es fließt für kurze Zeit eine größere Druckflüssigkeitsmenge als vorgesehen. Dadurch kann der Zylinder einen Sprung von 1 ... 2 mm machen. In Fällen, bei denen sich ein Werkzeug im Schnitt befindet, z.B. beim Umschalten von Lang- auf Plandrehen, würde das Werkzeug zu Bruch gehen.

In Bild 3.82 ist der Anfahrvorgang eines Zylinders, dessen Geschwindigkeit durch ein 2-Wege-Stromregelventil gesteuert wird, dargestellt. Dabei ist der Anfahrsprung in dem s-t-Diagramm Fall a) deutlich zu erkennen, ebenso wie die Anfahrverzögerung beim sprungfreien Verhalten Fall b). Dieser Anfahrsprung wird vermieden, wenn der Differenzdruckkolben im nicht durchströmten Zustand geschlossen ist und erst nach dem Schalten aufgesteuert wird. Dies kann durch konstruktive Veränderung im Stromregelventil selbst oder durch eine entsprechende Schaltung erreicht werden (s. unter 5.4.3).

3.5.3 Stromteilventile

Das Stromteilventil hat die Aufgabe, einen zufließenden Ölstrom in zwei Ölströme, die verschieden groß sein können, in aller Regel aber gleich groß sind, aufzuteilen. Im wesentlichen werden drei Bauarten verwendet:

- Einfach wirkendes Stromteilventil, das nur in einer Richtung durchströmt werden kann (Bild 3.83).

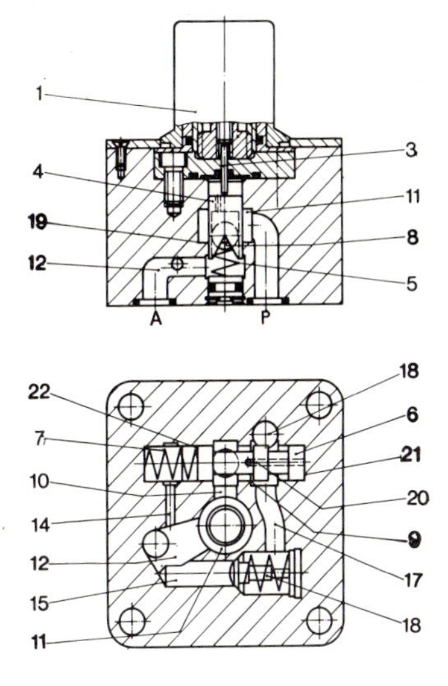

Bild 3.81 Aufbau eines 2-Wege-Stromregelventils mit einstellbarer Meßdrossel, betätigt von Hand

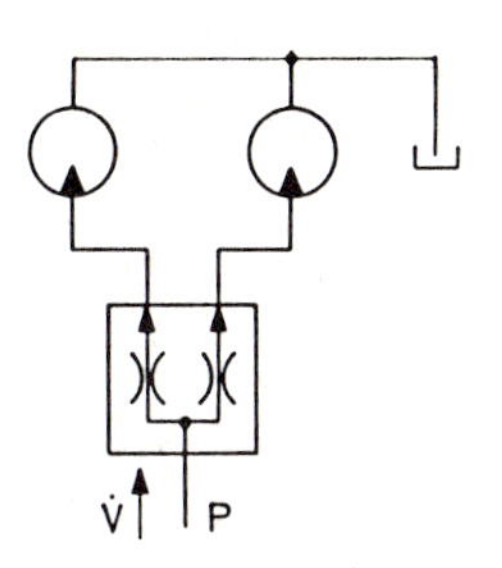

Bild 3.83 Stromteilventil einfach wirkend

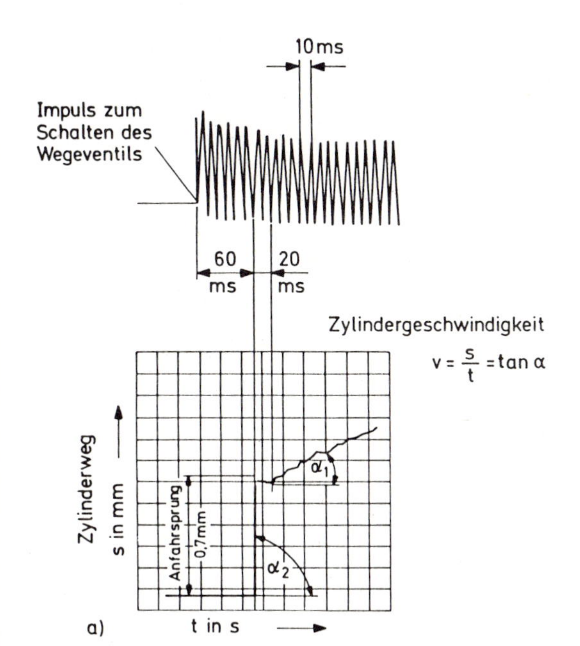

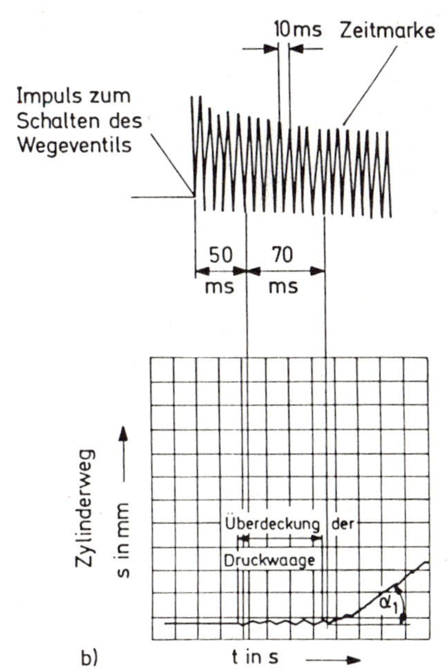

Bild 3.82 Anfahrsprung beim 2-Wege-Stromregelventil

a) mit Anfahrsprung

b) mit Anfahrverzögerung und ohne Anfahrsprung

- Einfach wirkendes Stromteilventil, das in einer Richtung den Ölstrom teilt und in der Gegenrichtung durch eingebaute Rückschlagventile ungeregelt durchströmt werden kann (Bild 3.84).
- Doppelt wirkendes Stromteilventil, das in einer Richtung teilend und in der Gegenrichtung addierend wirkt (Bild 3.85).

Funktionsbeschreibung eines einfach wirkenden Stromteilventils (Bild 3.86)

Der zu teilende Ölstrom fließt vom Anschluß P über die Regeldrosseln M und N und über die Festdrosseln C und D zu den beiden Anschlüssen A und B. Dabei sind die Verbindungsräume G und H nach den Regeldrosseln jeweils mit den entgegengesetzten Kolbenflächen E und F des Regelkolbens L verbunden.

Sind die Arbeitswiderstände – also der Druck – an den Anschlüssen A und B gleich groß, so sind die Kräfte bei E und F ebenfalls gleich groß, der Regelkolben befindet sich im Kräftegleichgewicht und bleibt in der Mittelstellung. Steigt nun z. B. am Anschluß A der Arbeitswiderstand und damit der Druck, so wird der Ölstrom durch die kleinere Druckdifferenz an der Festdrossel C, der Ölstrom am Anschluß A kleiner als am Anschluß B. Gleichzeitig entsteht aber zwischen E und F eine Druckdifferenz, durch die der Regelkolben so verschoben wird, bis die Druckdifferenz durch Verkleinern des Querschnitts an der Drossel N wieder gleich groß ist. Es fließen dann bei A und B wieder die gleichen Ölströme.

Beim Einsatz von Stromteilventilen in hydraulischen Steuerungen ist es besonders wichtig, die Betriebsverhältnisse, bei denen die Stromteilventile arbeiten müssen, genau zu kennen. Bei richtiger Kenntnis der Stromteilventile lassen sich einfache hydraulische Systeme erstellen, bei denen noch häufig mit mehreren Pumpenströmen gearbeitet wird.

Folgende Merkmale sind beim Einsatz von Stromteilventilen wesentlich und sollten besonders beachtet werden:

Druckverlust

In Bild 3.87 ist die Abhängigkeit des Druckverlustes im Stromteilventil von der Durchflußmenge $\dot{V}$ und der Baugröße (A, B, C) dargestellt.

Für eine Durchflußmenge von 60 l/min kann nach diesem Diagramm das Gerät B oder C verwendet werden. Beim Gerät B liegt der Druckverlust bei 5,2 bar, beim Gerät C nur bei 3,2 bar; das ist eine um 70 % höhere Verlustleistung. Daraus ist ersichtlich, daß die richtige Dimensionierung des Stromteilventils wesentlich ist.

Teilgenauigkeit

Die Teilgenauigkeit der Stromteilventile in Abhängigkeit vom Druchflußstrom verläuft wie in Bild 3.88 dargestellt. Je kleiner der Durchflußstrom bei einem bestimmten Stromteilventil ist um so größer ist die Abweichung der Stromteilung. Deshalb ist bei der Auswahl des Stromteilventils darauf zu achten, daß er in seinem günstigen Bereich eingesetzt wird.

Anfahrsprung

In Ruhestellung, d.h. wenn das Stromteilventil nicht durchströmt wird, befindet sich der Regelkolben (Druckwaage) in einer beliebigen Stellung. Beim Anfahren muß nun der

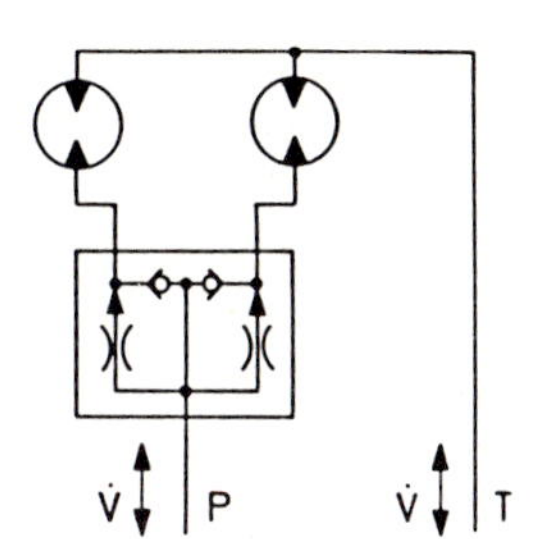

Bild 3.84
Stromteilventil, einfach wirkend mit Rückschlagventilen

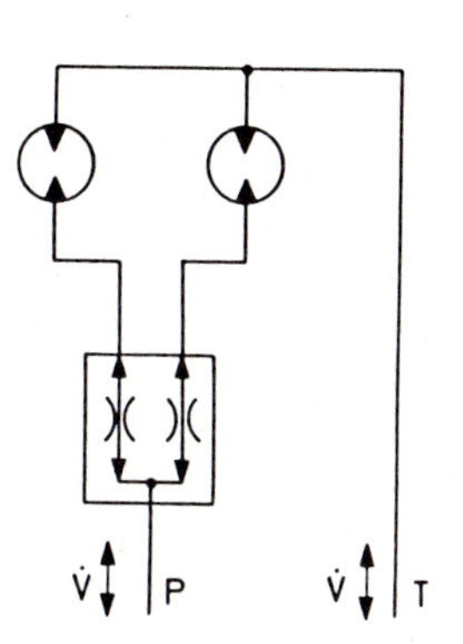

Bild 3.85 Stromteilventil doppelt wirkend

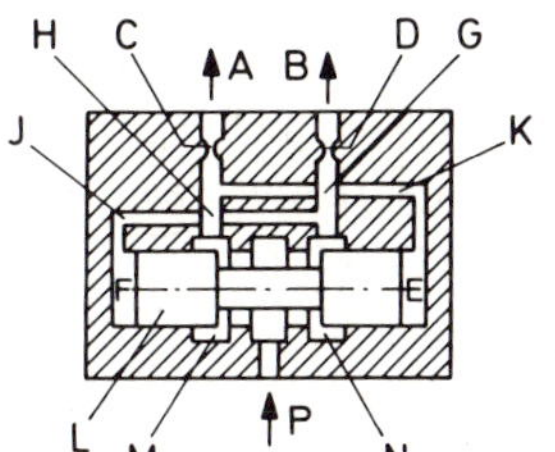

Bild 3.86
Aufbau eines einfach wirkenden Stromteilventils

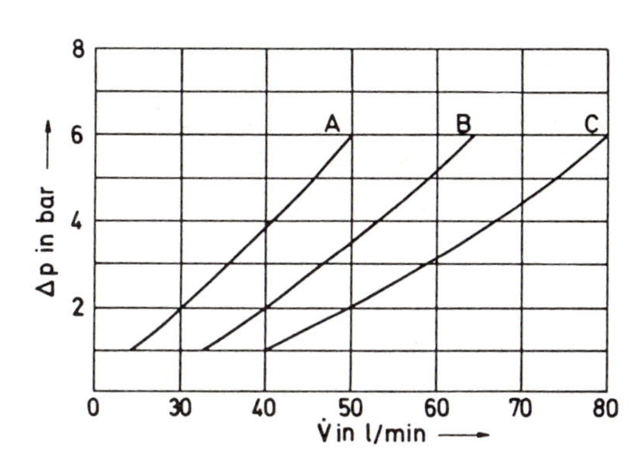

Bild 3.87
Druckverlust im Stromteilventil abhängig vom Durchflußstrom und von der Baugröße (A, B, C)

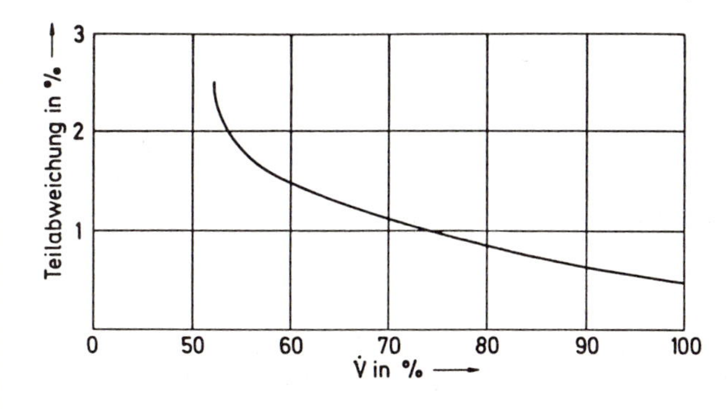

Bild 3.88
Teilgenauigkeit bzw. Abweichung in % eines Stromteilventils in Abhängigkeit vom Durchflußstrom

Regelkolben entsprechend den herrschenden Druckverhältnissen sich einregeln. Während dieser Einregelzeit sind die beiden Teilströme ungeregelt und deshalb fehlerhaft. In Bild 3.89 sind beispielhaft zwei Teilströme $\dot{V}_1$ und $\dot{V}_2$ in Abhängigkeit von der Einregelzeit dargestellt. Bei diesem Fall beträgt die Einregelzeit 150 ms, d.h. $\dot{V}_1$ und $\dot{V}_2$ schwanken stark. Daraus resultiert, daß Stromteiler für kurze Einschaltzeiten nicht eingesetzt werden sollten; als groben Richtwert für die minimale Einschaltdauer kann man 5 s annehmen.

Einregelsprung

Durch stark schwankende Druckverhältnisse bei einem der beiden Verbraucher treten die gleichen Teilungsfehler, die schon beim Anfahrsprung beschrieben wurden, auf. Auch hier muß der Regelkolben (Druckwaage) die auftretenden Druckschwankungen ausregeln. Im Bild 3.90 ist der Einregelsprung für einen bestimmten Stromteiler dargestellt und zwar im Fall a) mit 10 ms Änderungszeit und im Fall b) mit 25 ms Änderungszeit. Dabei zeigt sich, daß bei a) der Durchflußstrom $\dot{V}_A$ sich um 20 %, bei b) nur um 8 % ändert. Diese Werte sind natürlich von der Bauart abhängig, aber als Faustregel kann gesagt werden, daß Druckschwankungen bis 50 % die Teilgenauigkeit nicht beeinträchtigen.

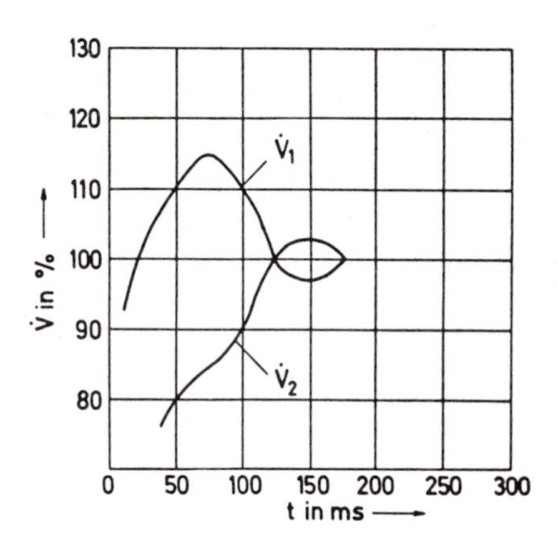

Bild 3.89

Anfahrsprung eines Stromteilventils

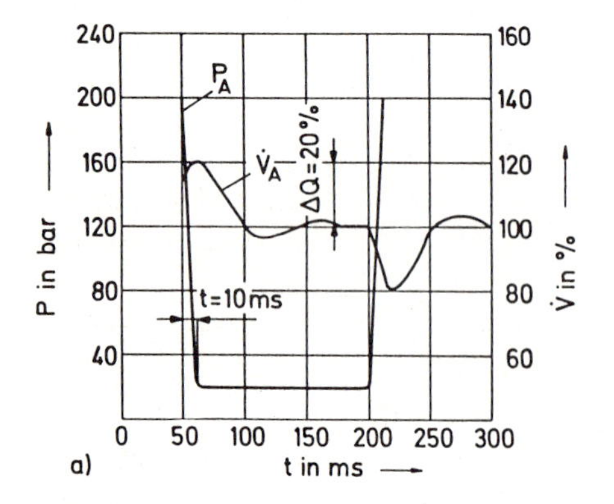

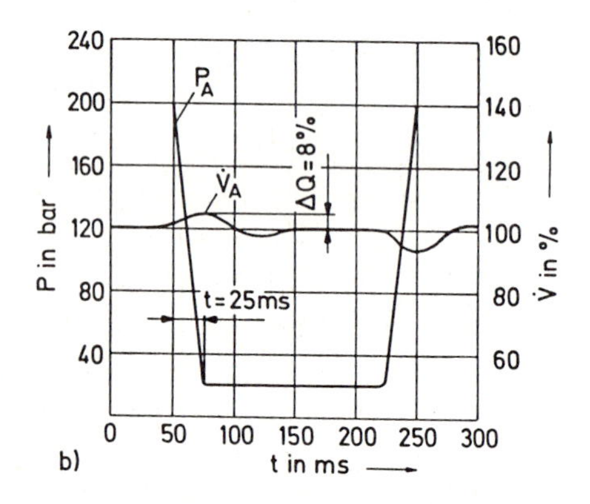

Bild 3.90 Einregelsprung eines Stromteilventils bei Änderung des Eingangsdruckes p_A

a) Änderungszeit t = 10 ms, b) Änderungszeit t = 25 ms

Leistungsverhalten

Da sich der Druck im Hydrauliksystem im Zulauf zum Stromteilventil immer entsprechend des höher belasteten Verbrauchers einstellt, ist darauf zu achten, daß beide nachgeschalteten Verbraucher möglichst mit gleichem Druck betrieben werden können. Ist dies nicht der Fall, dann entsteht entsprechend dem Druckunterschied ein größeres Druckgefälle an der Regeldrossel, das sich als Verlustleistung bzw. Ölerwärmung niederschlägt.

Teilverhältnis

Theoretisch können Stromteilventile für jedes Teilverhältnis ausgelegt werden. Da sich aber der Teilungsfehler des kleineren Ölstromes mit dem Teilverhältnis multipliziert, ist ein Teilverhältnis 4 : 1 noch vertretbar.

Außerdem ist noch auf ein möglichst kleines eingespanntes Ölvolumen zwischen Stromteilventil und Verbraucher zu achten. Als Leitungen sollen nur steife Rohrleitungen und keine Schläuche benutzt werden.

3.6 Rückschlagventile

Rückschlagventile steuern die Richtung des Druckflüssigkeitsstromes, indem sie den Durchfluß vorzugsweise in einer Richtung sperren und ihn in der entgegengesetzten Richtung freigeben. Bei den Rückschlagventilen unterscheidet man:

- Rückschlagventile federbelastet, die sperren, wenn der Ausgangsdruck größer oder gleich Eingangsdruck ist;
- Rückschlagventile unbelastet, die sperren, wenn der Ausgangsdruck größer als der Eingangsdruck ist (seltenere Ausführung);
- vorgesteuerte Rückschlagventile, bei dem durch Vorsteuerung es möglich ist das Schließen oder das Öffnen des Ventils zu verhindern.
- Wechselventile mit zwei sperrbaren Zuflüssen und einem Abfluß.

Die Bildzeichen der genannten Rückschlagventile sind in der Tabelle 3.8 zusammengefaßt.

Um ihre Funktionen in einer hydraulischen Steuerung voll zu erfüllen, müssen Rückschlagventile dichtschließend sein (kein Lecköl). Sie sind deshalb grundsätzlich als Sitzventile ausgeführt. Dabei finden folgende Schließglieder Verwendung:

- *Kugel* (Bild 3.91a). Die Kugel ist das billigste Schließelement, kann sich aber einlaufen, und da sie nicht immer die gleiche Lage einnimmt, ist dann eine hermetische Abdichtung nicht mehr gewährleistet. Durch Einsatz geeigneter Werkstoffe für Kugel und Sitz kann dieser Nachteil weitgehend behoben werden.
- *Kegel ohne Führung* (Bild 3.91b). Diese Ausführung ist mit der Kugel vergleichbar, beim Einlaufen auf den Sitz aber etwas unempfindlicher.
- *Teller* (Bild 3.91c). Das Tellerelement erlaubt eine sehr kleine Bauweise und hat gut Durchflußwerte bei guter Abdichtung. Wichtig ist dabei, daß der Tellerwerkstoff wesentlich härter sein muß als der Werkstoff des Sitzes, damit er nicht eingeschlagen wird.

– *Kegel mit Führung* (Bild 3.91d). Durch seine Führung nimmt der Kegel immer dieselbe Lage zum Sitz ein. Nach kurzer Betriebszeit ist der Kegel eingelaufen und absolut dicht. Der Aufwand und damit der Preis ist höher als bei den beiden erstgenannten, trotzdem wird dieses Element am häufigsten verwendet.

Tabelle 3.8 Rückschlagventile – Bildzeichen nach DIN ISO 1219

Bildzeichen	Benennung
	Rückschlagventil unbelastet
	Rückschlagventil federbelastet
B, Z, A	Vorgesteuertes Rückschlagventil, durch Vorsteuerung wird das Öffnen des Ventils verhindert
B, A, Z	Vorgesteuertes Rückschlagventil, durch Vorsteuerung wird das Schließen des Ventils verhindert
	Wechselventil
C, D, A, B	Entsperrbares Doppelrückschlagventil (Sperrblock)
	Rückschlagventil mit Drosselung einstellbar

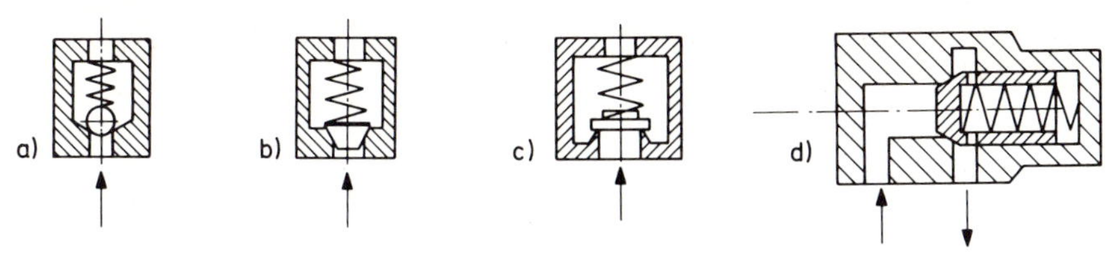

Bild 3.91 Schließelemente der Rückschlagventile

3.6.1 Unbelastete und federbelastete Rückschlagventile

Die einfachen Rückschlagventile werden in fast jeder hydraulischen Anlage eingesetzt. Sie erfüllen dabei verschiedene Funktionen wie

- leckölfreie Absperrung einer Leitung in einer Richtung,
- Umgehung eines anderen Ventile, z. B. Drosselrückschlagventil,
- Trennung verschiedener Hydraulikkreise,
- Sicherung der Ölsäule gegen Rücklaufen,
- Sicherung eines eingespannten Ölvolumens u. a.

Die einzelnen Ausführungen der Rückschlagventile sind neben der verschiedenartigen Ausführung der Schließglieder noch nach ihrer Anschlußart und ihrer Kombination mit anderen Hydroventilen zu unterscheiden.

- Rückschlagventil für Rohrleitungseinbau mit Gewindeanschluß (Bild 3.92).
- Rückschlagventile für Rohrleitungseinbau direkt über die Rohrverschraubung.
- Rückschlagventil in Einsteckausführung zum Einbau in Hydrosteuerblöcke.
- Rückschlagventil in Aufflanschausführung oder für Plattenanschluß (Bild 3.93).

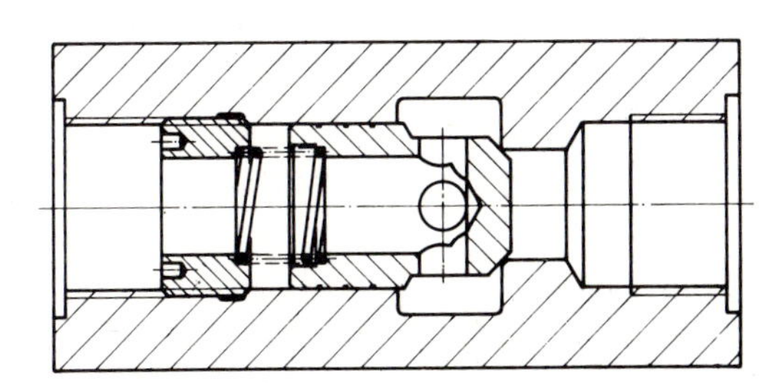

Bild 3.92 Rückschlagventil mit Gewindeanschluß für den Rohrleitungseinbau

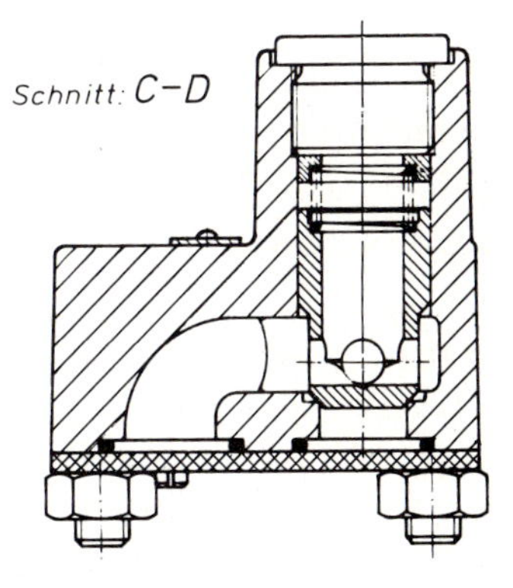

Bild 3.93 Rückschlagventil in Aufflanschausführung

- In Kombination mit einem Drossel- oder Stromregelventil z.B. als Rückschlagventil mit Drosselung (Bild 3.94).
- Wechselventil oder Doppelrückschlagventil, das die logische Funktion des „ODER"-Glieds hat (Bild 3.95).

3.6.2 Vorgesteuerte Rückschlagventile

Bei den vorgesteuerten Rückschlagventilen, auch noch gesteuerte oder entsperrbare Rückschlagventile genannt, kann das Schließen oder das Öffnen des Sperrelements durch Aufsteuern verhindert oder aufgehoben werden. Da vorwiegend Ventile, bei denen durch Vorsteuerung das Schließen verhindert bzw. die durch Vorsteuerung geöffnet oder entsperrt werden können, in Hydrosteuerungen eingesetzt werden, sind nur diese Ventile Gegenstand dieses Abschnitts. Eingesetzt werden sie für verschiedene Aufgaben wie:

- Zur hermetischen Sperrung von Hydrozylindern und -motoren bei Schieberventilen mit Lecköl (z.B. Absinken einer Last, wenn ein Schieberventil, das immer Lecköl hat, als Stellglied verwendet wird).
- Zur Druckvorspannung eines Kreislaufs.

Das Aufsteuern des Schließelements erfolgt über einen Stößel, der durch einen hydraulisch betätigten Steuerkolben bewegt wird. Man unterscheidet dabei zwei Arten, Ventile ohne und mit Voröffnung.

- Bei den Ventilen ohne Voröffnung (Bild 3.96) wird der Stößel 3 über den Steuerkolben 1 angetrieben und öffnet den Schließkegel 4. Die vorher gesperrte Richtung B – A wird freigegeben.
- Bei den Ventilen mit Voröffnung (Bilder 3.97 und 3.98) wird vom Stößel 3, der hydraulisch über den Steuerkolben 1 angetrieben wird, zuerst der Kegel 5 von seinem Sitz abgehoben und das Öl kann aus dem Federraum abfließen. Da die Drosselbohrung 6 im Hauptkolben 4 kleiner ist als der vom Kegel 5 freigegebene Querschnitt, fließt in den Federraum weniger Öl nach. Der Hauptkolben wird dadurch druckentlastet und kann mit kleinem Steuerdruck geöffnet werden. Die vorher gesperrte Richtung B – A wird freigegeben.

Beide Ventile wirken in Strömungsrichtung A – B wie einfache Rückschlagventile. Ein Vergleich beider Bauarten zeigt die Vorteile, die das eine gegenüber dem anderen Ventil hat.

- Der Steuerdruck liegt beim Ventil ohne Voröffnung wesentlich höher, da der Hauptkolben gegen den bei A anstehenden Druck geöffnet werden muß. Dadurch erfolgt das Öffnen sehr schnell und die Folge davon sind Entspannungsschläge, vor allem, wenn größere Volumen unter hohem Druck entspannt werden. Entspannungsschläge verursachen nicht nur Lärm, sondern beanspruchen auch Verschraubungen und bewegliche Teile anderer Ventile. Beim Ventil mit Voröffnung ist der Hauptkolben druckentlastet und kann dadurch mit kleinem Steuerdruck weich und gedämpft geöffnet werden. Der notwendige Steuerdruck ist vom Verhältnis der Voröffnungsfläche zur

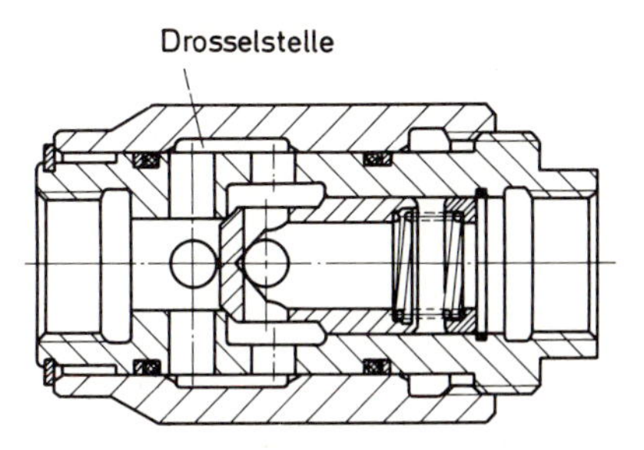

Bild 3.94 Rückschlagventil mit Drosselung mit Gewindeanschluß für den Rohrleitungseinbau

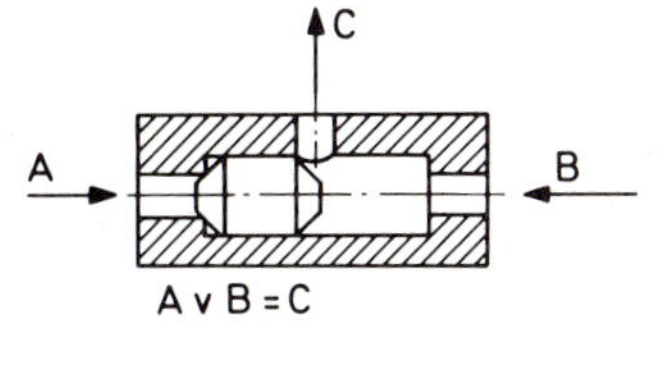

Bild 3.95 Wechselventil

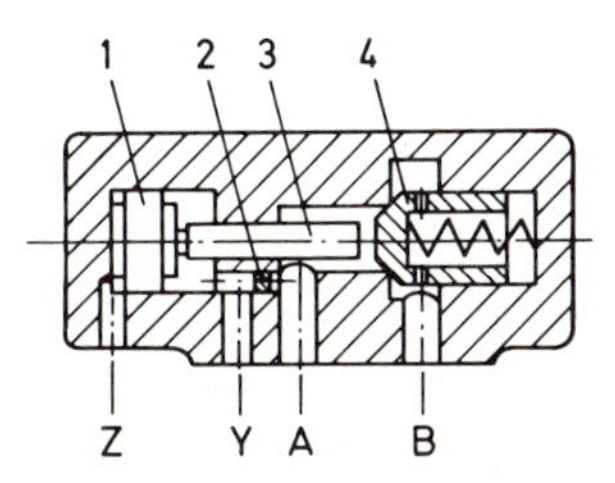

Bild 3.96 Vorgesteuertes Rückschlagventil ohne Voröffnung

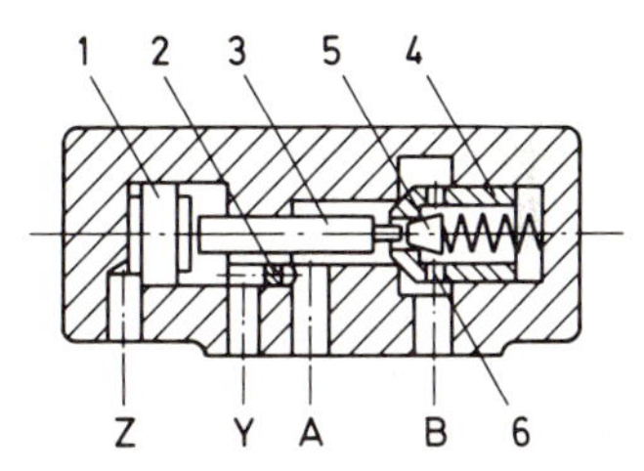

Bild 3.97 Vorgesteuertes Rückschlagventil mit Voröffnung

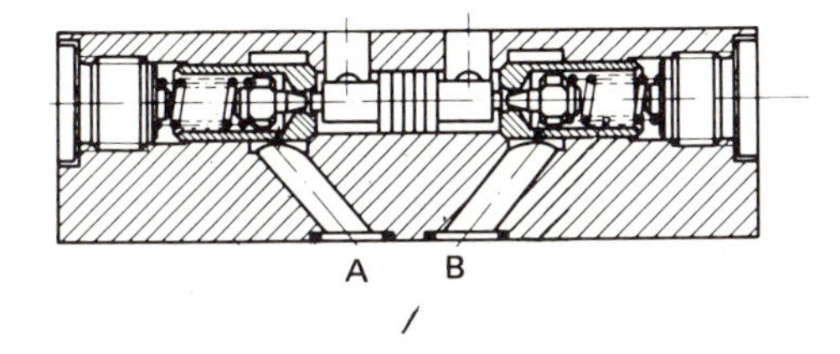

Bild 3.98

Vorgesteuertes Doppelrückschlagventil mit Voröffnung in Zwischenplattenausführung

Betätigungsfläche am Steuerkolben abhängig. Vorgesteuerte Rückschlagventile ohne Voröffnung schließen schneller als die mit Voröffnung, da sich der Druck zum Schliessen nicht erst über die Drosselbohrungen aufbauen muß.

Das Lecköl, das am Stößel und am Steuerkolben 1 (Bilder 3.96 und 3.97) auftritt kann extern oder intern abgeführt werden. Bei der externen Leckölabfuhr wird die Querbohrung durch den Stopfen 2 verschlossen und das Lecköl über den Anschluß Y abgeführt; bei der internen der Stopfen 2 entfernt und der Anschluß Y verschlossen. Bei externer Abfuhr unterstützt der Druck im Anschluß A den Steuerdruck, während bei interner Ableitung der Druck bei A den Steuerdruck vergrößert.

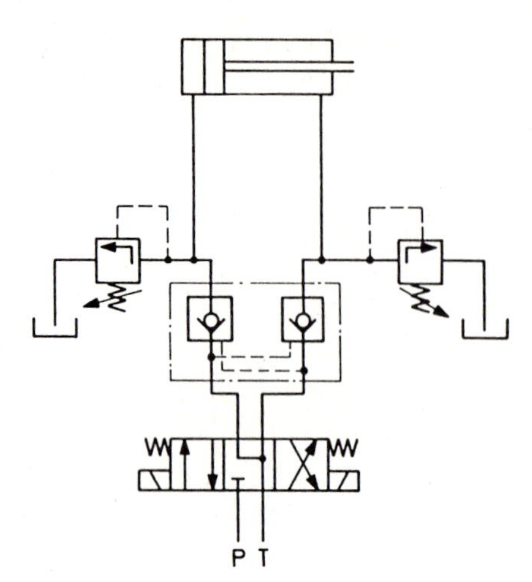

Bild 3.99
Hydraulische Steuerung mit vorgesteuertem Doppelrückschlagventil

Das Bild 3.98 zeigt im Schnitt ein vorgesteuertes Doppelrückschlagventil mit Voröffnung, auch Sperrblock genannt, als Zwischenplatte ausgeführt. Dieses Ventil läßt sich einfach zwischen das Wegeventil und die Anschlußplatte einbauen und hat die Aufgabe den Kolben eines Hydrozylinders bei Mittelstellung des Wegeventils absolut festzuhalten. Eine hydraulische Steuerung mit einem solchen vorgesteuerten Doppelrückschlagventil ist im Bild 3.99 dargestellt. Bei dieser Steuerungsart ist darauf zu achten, daß die Arbeitsleitungen A und B gegen Überlastung durch zusätzliche Druckbegrenzungsventile abgesichert werden müssen.

3.7 Druckventile

Druckventile haben die Aufgabe in einem Hydrosystem oder einem Teil dieses Systems den Druck nach vorgegebenen Werten zu beeinflussen. Sie arbeiten nach dem Drosselungsprinzip, d.h. der Druck im System wird durch Veränderung des Volumenstromes gesteuert bzw. geregelt.

Entsprechend der Funktion der Druckventile unterscheidet man:

- Druckbegrenzungsventile, die den in einem System herrschenden Druck nach oben begrenzen (Sicherheitsventil, Überlastschutz).
- Druckregelventile oder Druckreduzierventile (Druckminderventile), die den Druck in einem nachgeschalteten Hydraulikkreis nach oben konstant halten, unabhängig vom höheren Druck im Hauptkreis.
- Folgeventile (Druckschaltventile), die Schaltfunktionen erfüllen, diese Ventile geben druckabhängig den Ölstrom frei oder sperren ihn (Start-Stopp-Funktion). Dazu gehören vor allem die Druckzuschaltventile, die bei einem bestimmten Einstelldruck

im eigenen Hydraulikkreis weitere Kreise oder Verbraucher zuschalten und die Druckabschaltventile, die nach Erreichen des Einstelldruckes den Ablauf zum Tank schalten.

Dargestellt wird die Funktion der Druckventile mit Bildzeichen nach DIN ISO 1219 (Tabelle 3.9) in nur einem Feld, wobei immer die Nullstellung – es sind neben zwei Endstellungen (geschlossen-offen) beliebig viele Zwischenstellungen möglich – gezeigt wird.

Tabelle 3.9 Hydrodruckventile – Bildzeichen nach DIN ISO 1219

Bildzeichen	Bedeutung
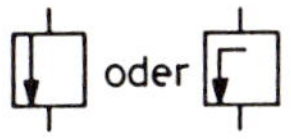 oder	Allgemeines Bildzeichen für Druckventile – mit geschlossener Ausgangs- oder Ruhestellung und einem gedrosselten Durchfluß
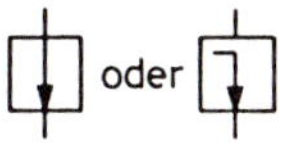 oder	– mit offener Ausgangsstellung und einem gedrosselten Durchfluß
	– mit geschlossener Ausgangsstellung und zwei gedrosselten Durchflußmöglichkeiten
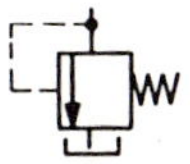	Druckbegrenzungsventil fest eingestellt öffnet gegen Federkraft (Rückstellkraft)
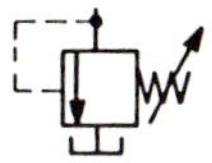	Druckbegrenzungsventil einstellbar
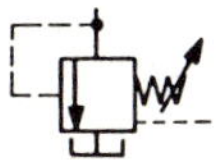	Druckbegrenzungsventil einstellbar und fremdgesteuert, die Fremdsteuerung vermindert die Federrückstellkraft
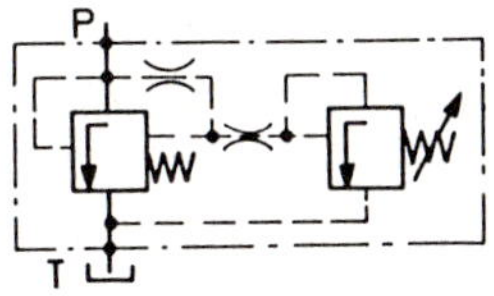 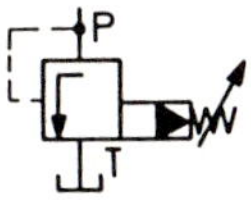 P, T	Indirekt oder vorgesteuertes Druckbegrenzungsventil einstellbar mit interner Leckölabfuhr ausführliches Bildzeichen
P, T	vereinfachtes Bildzeichen

Tabelle 3.9 Fortsetzung

Symbol	Bezeichnung
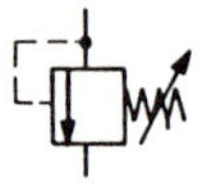	Folgeventil (Druckschaltventil) einstellbar
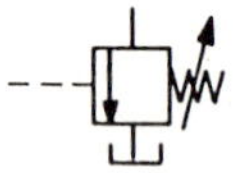	Druckabschaltventil einstellbar
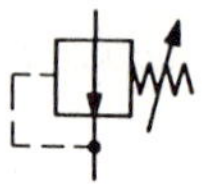	Druckregelventil (Druckminderventil) einstellbar, ohne Abflußöffnung (2-Wege-Druckregelventil), Lecköl-abfuhr extern
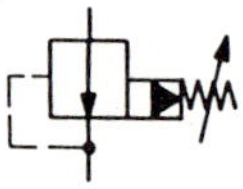	Druckregelventil indirekt oder vorgesteuert, einstellbar, ohne Abflußöffnung, Leckölabfuhr extern
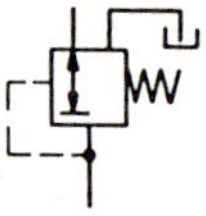	Druckregelventil, fest eingestellt mit Abflußöffnung (3-Wege-Druckregelventil), Leckölabfuhr extern

3.7.1 Steuerung der Druckventile

Druckventile werden entweder direktgesteuert oder vorgesteuert (indirektgesteuert). Bild 3.100 zeigt die beiden Steuerungsarten in schematischer Darstellung (bei beiden Skizzen soll in erster Linie der Unterschied der beiden Steuerungsarten gezeigt werden, eine praktische Ausführung nach dieser Darstellung ist nur beschränkt möglich).

Die Stellkraft für das direktgesteuerte Ventil wird allein von der Feder, die für das vorgesteuerte von einer Feder und einer gesteuerten hydraulischen Kraft aufgebracht. Ausgehend von der Aufgabe, daß am Anschluß A_V und A_D, d. h. im Ventilraum R_2 (Bild 3.100 a und b) der Druck durch Regelung des Durchflußstromes von A_D nach B_D bzw. A_V nach B_V konstant gehalten werden soll, kann die Wirkungsweise der beiden Steuerungsarten der Druckventile erläutert werden.

Der Hauptregelkolben K wird bei beiden Ventilen im Ruhezustand von der Feder F_D bzw. F_V auf den Sitz S gedrückt und schließt damit die Verbindung der beiden Anschlüsse A_V und B_V bzw. A_D und B_D.

Beim *direktgesteuerten Ventil* (Bild 3.100a) erfolgt die Einstellung des Druckes durch Vorspannen der Feder F_D. Erreicht die Druckkraft, die sich aus dem Öldruck und den Teilflächen des Regelkolbens K in den Kammern R_2 und R_4 – Kammer R_1 ist beim direktgesteuerten Ventil drucklos – ergibt, die eingestellte Vorspannkraft der Feder, so

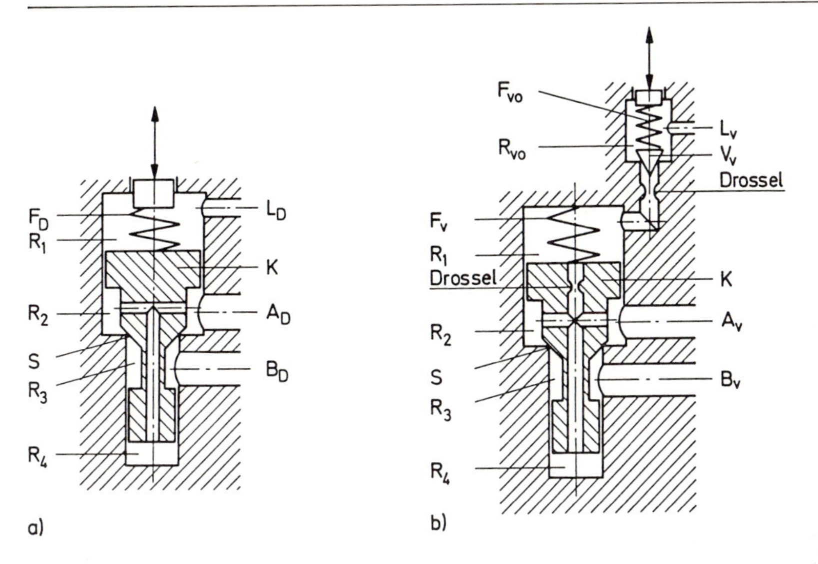

Bild 3.100 Steuerung der Druckventile
a) direktgesteuertes Druckventil b) vorgesteuertes Druckventil

hebt der Regelkolben von seinem Sitz ab und läßt die den Druckanstieg bewirkende Ölmenge über B_D abströmen. Der Druck, bei dem sich Federkraft und hydraulische Druckkraft im Gleichgewicht befinden, wird als Öffnungsdruck bezeichnet. Der Hub des Regelkolbens ist vom Druck bei A_D und von der Rückstellkraft der Feder abhängig. Der Druck, der den maximalen Hub des Regelkolbens bewirkt, liegt, da die Feder eine bestimmte Charakteristik aufweist, je nach Federrate und Federkennlinie mehr oder weniger über dem Öffnungsdruck. Entsteht der Druckanstieg im System durch die Förderung der Pumpe (Konstantpumpe) ohne Verbrauch durch die Arbeitsglieder (Zylinder, Motor), so stellt sich der Druck abhängig vom Flüssigkeitsstrom ein. Je flacher die Kennlinie der Feder, d. h. je weicher die Feder ist, um so geringer ist der Druckanstieg. Gleichzeitig ist aber die Stellkraft abhängig vom Systemdruck – hoher Druck große Stellkraft. Die Forderung, große Stellkraft kleine Federrate, läßt sich mit üblichen elastischen Federn nicht erreichen. Der Anwendungsbereich der direktgesteuerten Druckventile ist deshalb begrenzt auf keine allzu hohen Systemdrücke und keine besonderen Anforderungen an das p-$\dot{V}$-Verhalten, das den Druckanstieg als Funktion des Durchflußstromes angibt (Bild 3.118).

Beim *indirektgesteuerten Ventil* werden große Stellkräfte am Regelkolben bei niedriger Federrate und kleinen Baumaßen durch eine elastische Schraubenfeder mit kleiner Federrate für das Vorsteuerventil V_V (Bild 3.100b) und eine gesteuerte „Ölfeder" im Raum R_1 erreicht. Die hydraulische Kraft auf den Regelkolben K wird durch das Vorsteuerventil, das ein direktgesteuertes Druckventil für sehr kleine Durchflußmengen ist, über die Vorspannung der Feder F_{V0} erreicht. Der am Anschluß A_V herrschende Druck – der zu regelnde Druck – steht auch in den Kammern R_1, R_2 und R_4 an, also auch vor dem Vorsteuerventil V_V.

Die hydraulischen Kräfte auf den Regelkolben K sind bei geschlossenem Vorsteuerventil in jeder Hublage ausgeglichen. Die elastische Feder F_V hat lediglich die Aufgabe, den hydraulisch ausgeglichenen Regelkolben auf dem Ventilsitz S in jeder Einbaulage des Ventils zu halten, bzw. das geöffnete Hauptventil nach erfolgtem Druckausgleich zu schließen. Die Vorspannkraft der Feder F_V bei geschlossenem Regelkolben ist ein Maß für kleinsten Einstelldruck des Ventils (Bild 3.116), also für die Funktion des Ventils.

Die Einstellung des Systemdrucks am Anschluß A_V und somit in den Kammern R_1, R_2 und R_4 des Ventils erfolgt über die elastische Feder des Vorsteuerventils F_{V0}. Erreicht der Systemdruck und die daraus resultierende Druckkraft am Vorsteuerventilkegel V_V die eingestellte Federvorspannkraft, dann öffnet das Vorsteuerventil und es fließt ein Steuerölstrom über die beiden Drosseln zum Anschluß L_V. Durch die Drossel im Hauptregelkolben würde ein hoher Druckabfall eintreten, denn es kann nicht genügend Steueröl von Kammer R_2 in die Kammer R_1 nachströmen. Die in der Kammer R_4 wirkende hydraulische Kraft bewirkt ein Öffnen des Regelkolbens und einen Durchfluß von A_V nach B_V.

Das durch das Vorsteuerventil strömende Steueröl liegt in der Größenordnung 1 l/min und bewirkt dadurch am Vorsteuerventil Hübe von wenigen Zehntelmillimetern. Durch den kleinen Querschnitt des Vorsteuersitzes werden auch bei hohen Drücken nur kleine Federvorspannkräfte notwendig. Deshalb können auch die Baumaße für die Feder klein gehalten werden. Wegen der Pulsation im Ölstrom, die bei der Feder Resonanz erzeugen kann, sollte die Federrate auch bei der Feder des Vorsteuerventils nicht unter 50 N/mm liegen.

Die Regelkraft beim vorgesteuerten Druckventil wird also hydraulisch erzeugt, die Grössenverhältnisse der Federn, der Kolbenflächen am Hauptregelkolben und am Vorsteuerventil sowie die Drosselquerschnitte der Steuerdrosseln ergeben zusammen die Ventilcharakteristik. Die Drossel am Regelkolben bestimmt die Schließzeit, die vor dem Vorsteuerventil die Öffnungszeit; die flache Federkennlinie ergibt auch eine flache Δp-$\dot{V}$-Kennlinie des Ventils und eine genaue, feinfühlige Einstellbarkeit des Ventils (s. auch hydraulische Kenngrößen der Druckventile Kap. 3.74).

Das Bauvolumen des Ventils, das bei direktgesteuerten Ventilen ungefähr linear mit der Leistung ansteigt, ist bei vorgesteuerten Ventilen keine lineare Funktion zur Leistung (Bild 3.101). Bei kleiner Leistung ist das direktgesteuerte kleiner, bei großer Leistung das vorgesteuerte.

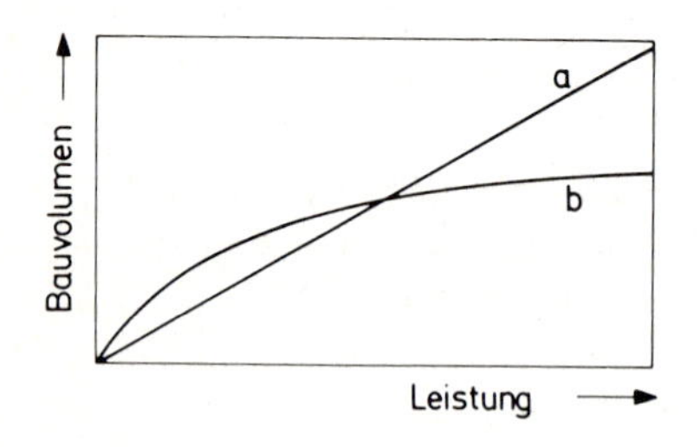

Bild 3.101

Bauvolumen eines Druckventils in Abhängigkeit von der Leistung

a) direktgesteuertes Druckventil

b) vorgesteuertes Druckventil

3.7.2 Druckbegrenzungsventile

Diese Ventile begrenzen den Druck in einer Hydraulikanlage oder in einem Teil davon auf einen vorgegebenen, eingestellten Wert. Ist dieser Druck erreicht, strömt die Druckflüssigkeit über das Druckbegrenzungsventil 1 (Bild 3.102) drucklos über den Anschluß T in den Tank ab, wobei der Druck in der Anlage, also am Anschluß P erhalten bleibt. Das Druckbegrenzungsventil ist immer im Nebenstrom (bypass) geschaltet und hat die Funktion eines Überlastschutzes der Anlage oder von Teilen davon. In Ruhestellung ist das Ventil geschlossen, der Steuerdruck wird vom Zulauf entnommen und das Lecköl kann intern oder extern abgeführt werden.

Bei der konstruktiven Ausführung unterscheidet man zwischen Sitzventile (Bild 3.103) und Kolbenschieberventilen (Bild 3.104). Beim direktgesteuerten Sitzventil (Bild 3.103)

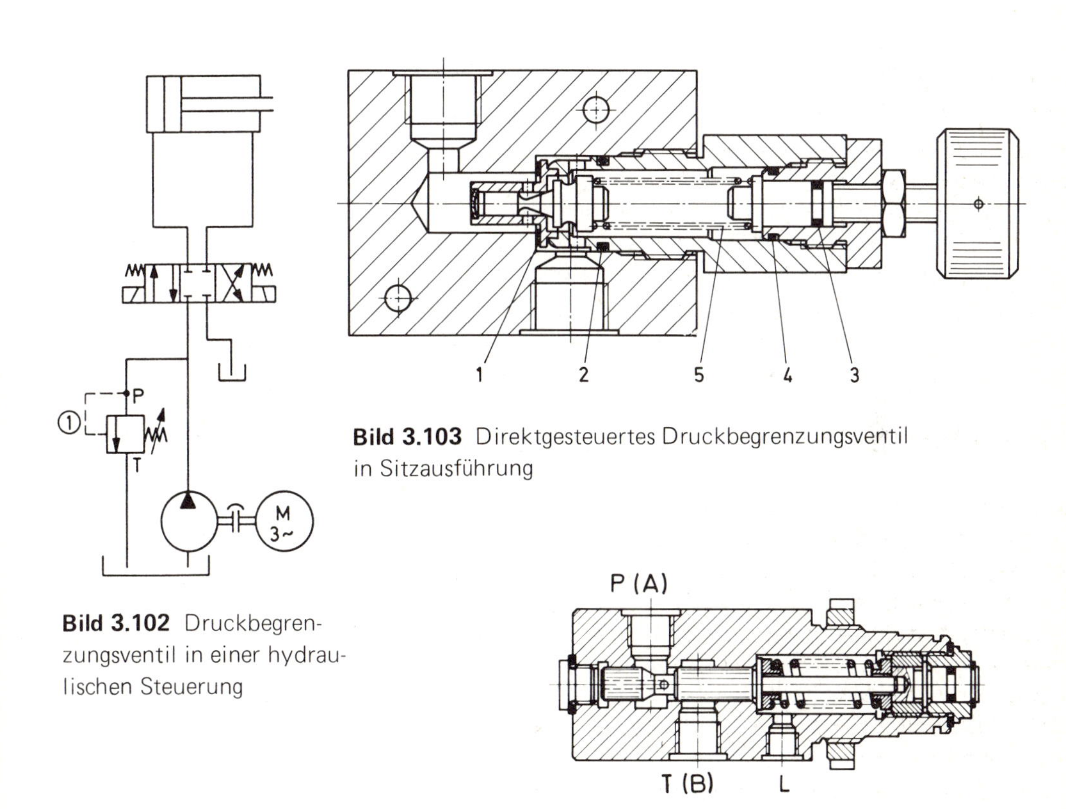

Bild 3.103 Direktgesteuertes Druckbegrenzungsventil in Sitzausführung

Bild 3.102 Druckbegrenzungsventil in einer hydraulischen Steuerung

Bild 3.104 Direktgesteuertes Druckbegrenzungsventil in Kolbenschieberausführung

gelangt die Druckflüssigkeit über Querbohrungen und Ringspalt zwischen Dämpfungskolben und Bohrung auf dessen Stirnseite. Ist der Einstelldruck erreicht, verschiebt die Kolbenkraft des Dämpfungskolbens den Ventilkegel gegen die Druckfeder, die Druckflüssigkeit kann über den Anschluß T drucklos in den Tank abströmen. Die Drosselwirkung im Ringspalt zwischen Dämpfungskolben und Bohrung verhindert bei pulsierendem Ölstrom ein „Schnarren" des Ventils.

Beim direktgesteuerten Kolbenschieberventil (Bild 3.104) gelangt die Druckflüssigkeit vom Anschluß P (A) über Quer- und Längsbohrung im Kolbenschieber auf dessen Stirnfläche und verschiebt ihn bei Erreichen des Einstelldruckes gegen die Druckfeder, der Kolbenschieber fährt aus seiner Überdeckung heraus und die Druckflüssigkeit kann über T (B) drucklos in den Tank zurückfließen.

Sitzventile haben den Vorteil, daß sie dicht schließen, also kein Lecköl im statischen Zustand auftritt, und daß sie schneller öffnen als die Kolbenschieberventile, die zuerst aus der Überdeckung herausfahren müssen. Außerdem fließt beim Kolbenschieberventil an der Überdeckung immer ein geringer Leckölstrom. Vorteilhaft an dieser Ventilbauart ist, daß der Druck bei kleinem Ölstrom über Fasen und Kerben an der Steuerkante gut geregelt werden kann.

Das indirekt gesteuerte Druckbegrenzungsventil wurde in seiner Wirkungsweise und seinem Aufbau schon im Zusammenhang mit den Steuerungen der Druckventile (s. 3.7.1, Bild 3.100a) besprochen. Auch hier unterscheidet man vom konstruktiven Aufbau her zwischen Sitz- und Kolbenschieberventilen. Das Ventil ist in der Regel aus zwei Einzelventilen, dem Hauptventil und dem Vorsteuerventil, aufgebaut (Bild 3.105). Dabei ist das Vorsteuerventil als Sitzventil, das Hauptsteuerventil als Sitz- oder Kolbenschieberventil ausgeführt. Die Steuerölabfuhr erfolgt intern über den Anschluß T (Bild 3.105); befindet sich aber in der Rückleitung ein Kühler, Filter oder ein anderer Widerstand, der zu einem Druckaufbau in der Rückleitung führt, dann muß die Steuerölabfuhr extern erfolgen. Der sich aufbauende Druck unterstützt die Schließkraft der Druckfeder im Vorsteuerventil und führt damit zur Funktionsstörung des Ventils.

3.7.3 Druckregelventile (Druckminderventile)

Zur Minderung des Druckes in einem Teil einer hydraulischen Steuerung (Bild 3.106) werden Druckregelventile eingesetzt. Sie halten den Ausgangsdruck (bei B) auch bei verändertem aber höheren Eingangsdruck (bei A) konstant. In Ruhestellung ist das Druckregelventil 1 geöffnet und schließt erst, wenn der Druck auf der Ausgangsseite (Sekundärdruck) den eingestellten Wert erreicht hat. Der Druck auf der Eingangsseite (Primärdruck) wird durch das Druckbegrenzungsventil 2 nach oben begrenzt und muß, wie schon erwähnt, größer als der Sekundärdruck sein. Die wesentlichsten Unterschiede in der Funktion beider Ventile sind:

- Der Regelkolben ist im Ruhezustand beim Druckregelventil geöffnet, beim Druckbegrenzungsventil geschlossen.
- Das Steueröl wird beim Druckregelventil auf der Sekundär- beim Druckbegrenzungsventil auf der Primärseite abgenommen.

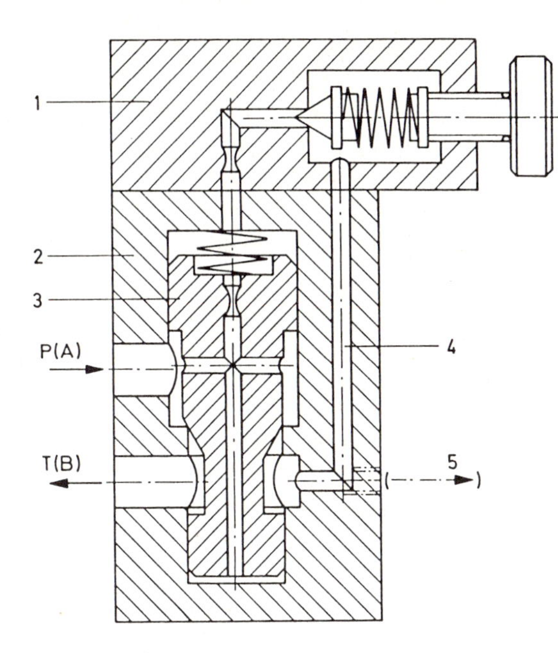

Bild 3.105

Indirektgesteuertes Druckbegrenzungsventil, beide Ventilstufen in Sitzbauweise, Steuerölabfuhr intern

1 Vorsteuerventil aufgeflanscht
2 Hauptventil
3 Hauptregelkolben
4 Steuerölabfluß intern
5 Anschluß für externen Steuerölabfluß (alternativ)

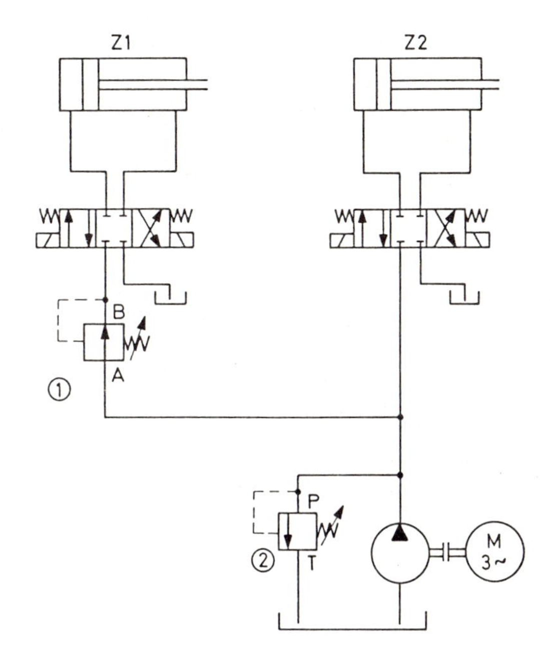

Bild 3.106

Steuerung mit Druckregelventil

1 Druckregel- oder Druckminderventil
2 Druckbegrenzungsventil

Die Funktion der Druckreduzierung beim Druckregelventil beruht ebenfalls auf der Drosselwirkung mit der die Druckdifferenz erreicht wird.

Druckregelventile können aufgrund ihrer Funktion und Bauweise im Gegensatz zu den Druckbegrenzungsventilen in beiden Richtungen, also auch von B nach A entgegen der Richtung der Druckregelfunktion durchströmt werden. Dabei muß aber der Staudruck im Anschluß B immer kleiner als der eingestellte Druck sein, da sonst das Ventil schließt. Bei zweifelhaften Fällen ist es immer besser, den Rückstrom über ein parallel geschaltetes Rückschlagventil zu führen.

Die Steuerung der Druckregelventile erfolgt ebenfalls direkt oder indirekt. Außerdem unterscheidet man noch grundsätzlich zwischen den 2- und 3-Wege-Druckregelventilen, bzw. ohne und mit Entlastungsöffnung (DIN ISO 1219). Dabei werden die Hauptanschlüsse mit voller Nenngröße angesprochen wie im Beispiel Bild 3.107 das drei Hauptanschlüsse A, B und T mit gleicher Nenngröße hat. Das 2-Wege-Druckregelventil hat nur zwei Anschlüsse mit voller Nenngröße nämlich A und B. Grundsätzlich haben aber beide Ausführungen noch einen Leckölanschluß L, da das Lecköl immer extrem abgeführt werden muß, damit im Federraum kein Staudruck entstehen kann, der die Funktion des Ventils in Frage stellt.

Auch beim indirekt gesteuerten Druckregelventil unterscheidet man zwischen dem 2-Wege-Druckregelventil (Bild 3.108) und dem 3-Wege-Druckregelventil, das über eine Rücklaufleitung Übersteuerungen ausgleicht. Es arbeitet sinngemäß wie das direktgesteuerte 3-Wegeventil.

Um einen Staudruck im Federraum des indirekt gesteuerten Druckregelventils zu vermeiden, muß wie beim direkt gesteuerten Ventil das Lecköl extern abgeführt werden.

Die Funktion der Steuerung wurde bereits unter 3.7.1 beschrieben, d. h. in diesem Punkt besteht zwischen den Druckventilen kein Unterschied.

3.7.4 Folgeventile (Druckschaltventile)

Bei diesen Ventilen unterscheidet man zwischen

- Druckzuschaltventilen,
- Druckabschaltventilen und
- Speicherladeventilen, die von der Funktion her den Druckabschaltventilen gleich sind.

Die Funktion des Druckzuschaltventils – auch nur Zuschaltventil genannt – ist eine zweite Steuerkette zuzuschalten, aber erst wenn der Druck in der ersten Steuerkette auf eine bestimmte einstellbare Größe angestiegen ist und bei unterschreiten dieses Druckes wieder abzuschalten. Der ersten Steuerkette wird damit Vorrang eingeräumt, daher wird dieses Ventil auch als Vorrangventil bezeichnet. Eine solche Steuerung ist im Schaltplan in Bild 3.109 dargestellt. Das Zuschaltventil hat also neben der Schaltfunktion auch eine Regelfunktion zu erfüllen und entspricht in seiner Funktion dem Druckbegrenzungsventil mit dem Unterschied, daß der Steuerdruck von einem separaten Steuerkreis kommt und das Lecköl extern abgeführt werden muß. Die externe Abführung ist notwendig, da an den Anschlüssen A und B Druck ansteht. Das Druckabschaltventil unterscheidet sich vom Zu-

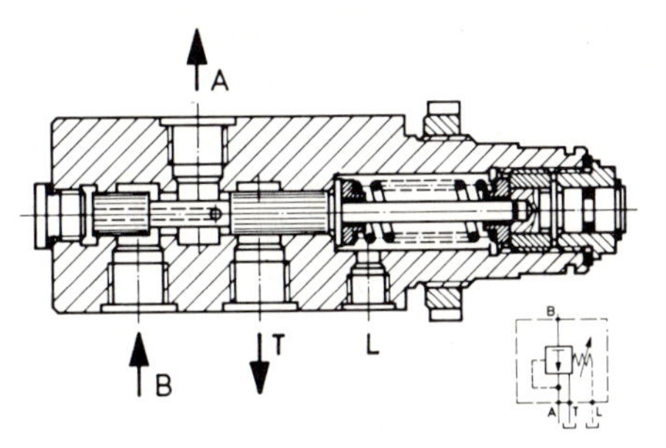

Bild 3.107 Direktgesteuertes 3-Wege-Druckregelventil

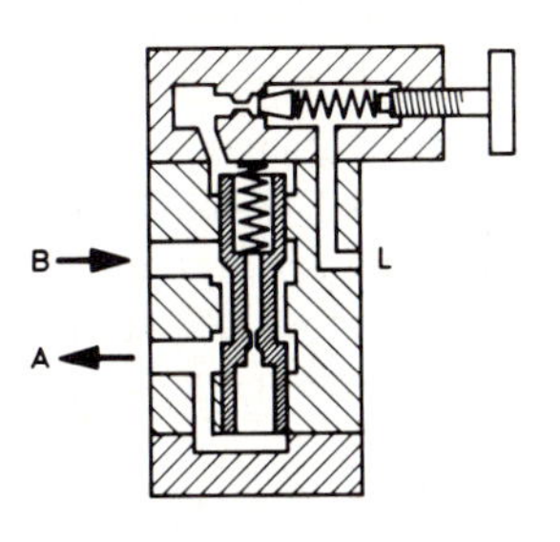

Bild 3.108 Indirektgesteuertes 2-Wege-Druckregelventil

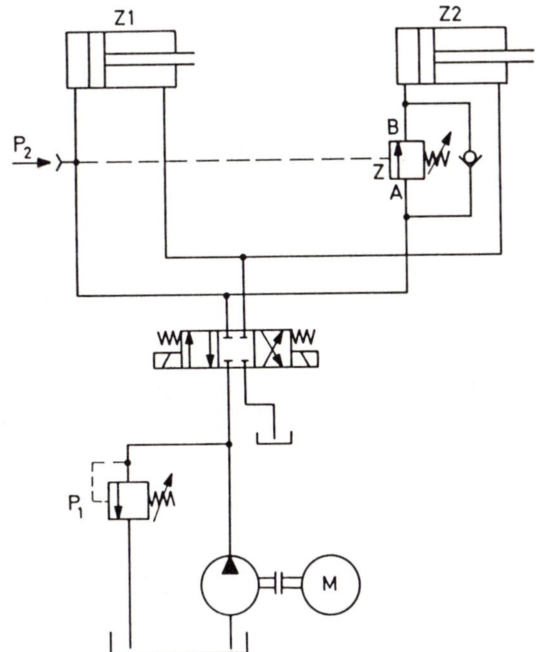

◀ **Bild 3.109**

Hydraulische Steuerung mit Druckzuschaltventil

p_1 Maximaler Arbeitsdruck im System

p_2 Schaltdruck des Zuschaltventils $p_1 > p_2$

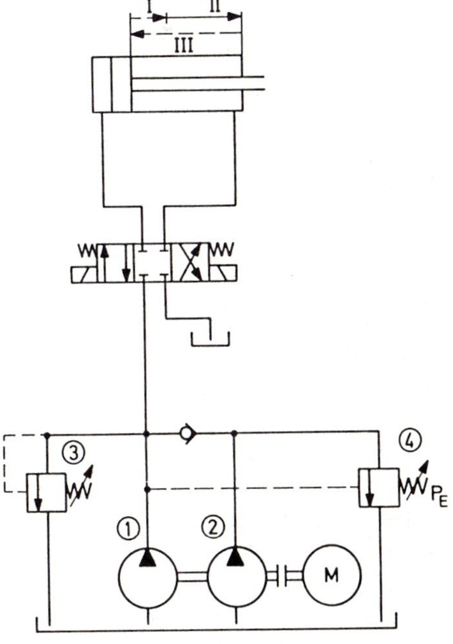

Bild 3.110

Hydraulische Steuerung mit Druckabschaltventil

I Eilvorlauf II Arbeitsvorschub III Eilrücklauf

1 Arbeitspumpe 2 Eilgangpumpe

3 Druckbegrenzungsventil

4 Druckabschaltventil

schaltventil im wesentlichen dadurch, daß es keine Regelfunktion hat, sondern nur eine Schaltfunktion. Es hat deshalb nur zwei Schaltstellungen; geschlossen oder offen und keine Zwischenstellungen. Der abzuschaltende Ölstrom wird direkt in den Behälter abgeführt (Bild 3.110), deshalb kann das Lecköl intern abgeführt werden. Wie in der Steuerung (Bild 3.110) gezeigt, werden die Druckabschaltventile zum Abschalten von Pumpenförderströmen, die bei Erreichen eines bestimmten Druckes im Hydrauliksystem nicht mehr benötigt werden (Eilgangpumpen), eingesetzt.

Wie unter 3.7.1 beschrieben, werden auch die Druckschaltventile direkt oder indirekt gesteuert (Bilder 3.111, 3.112 und 3.113). Das Speicherladeventil (Bild 3.114) hat die Aufgabe, die Pumpe 1, die den Hydrospeicher 4 auflädt, auf drucklosen bzw. neutralen Umlauf zu schalten, wenn der Ladedruck für den Speicher erreicht ist, und sie wieder zuzuschalten, wenn der Speicher sich bis zu einem bestimmten Druck wieder entleert hat. Das in Bild 3.115 dargestellte Speicherladeventil ist indirekt gesteuert und ist in Kompaktbauweise aus 3 Einzelventilen zusammengestellt. Auf das Hauptventil 1 sind das Vorsteuerventil 2 und die Zwischenplatte 9, in die das zur Funktion notwendige Rückschlagventil 3 eingebaut ist, aufgeflanscht. Der Pumpenförderstrom wird über den Anschluß P, das Rückschlagventil 3 und den Anschluß S zum Speicher geführt und lädt diesen auf. Ist der am Handrad 10 einstellbare maximale Speicherdruck erreicht, wird das Vorsteuerventil geöffnet und der Hauptkolben 8 wird vom Staudruck, der durch die Düse 4 entsteht, gegen die Feder 7 geöffnet. Das Ventil ist auf drucklosen bzw. neutralen Umlauf geschaltet, der Pumpenförderstrom wird in den Tank geführt, das Rückschlagventil wird durch den Speicherdruck geschlossen. Ist durch Entnahme von Druckflüssigkeit der Druck im Speicher auf einen bestimmten Druck, den minimalen Speicherdruck abgefallen, so schließt das Vorsteuerventil wieder und der Speicher wird aufgeladen. Die Druckdifferenz zwischen dem maximalen und minimalen Speicherdruck ist bei dieser Bauart von der Baugröße der Vorsteuerkolben 5 und 6 abhängig und damit nicht veränderbar, also hat das Ventil einen festen Differenzdruck.

3.7.5 Hydraulische Kenngrößen der Druckventile

Für die Auswahl der Druckventile sind einige Kenngrößen entscheidend.

Kenngrößen der Druckbegrenzungsventile:

– Minimaler Einstelldruck $p_{e\,min} = f(\dot{V})$ (Bild 3.116)

  Der minimale Einstelldruck wird von der Federkennlinie und dem Durchflußstrom bestimmt.

  Beim direkt gesteuerten Druckbegrenzungsventil wird der Abschnitt A–B (Bild 3.116) von der Feder bestimmt; von B bis C ist der Steuerkolben völlig geöffnet, der Druckanstieg wird vom Ventilquerschnitt bestimmt. Dieses Gerät sollte nur bis B eingesetzt werden.

  Für das vorgesteuerte Ventil gilt sinngemäß dasselbe wie oben beschrieben; Einflußbereich der Feder D–E, ab E bis F Hauptsteuerkolben vollständig geöffnet. Allerdings

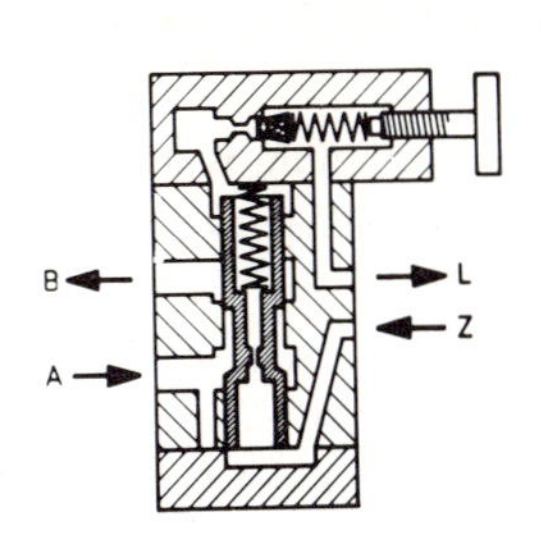

Bild 3.111 Indirekt gesteuertes Zuschaltventil

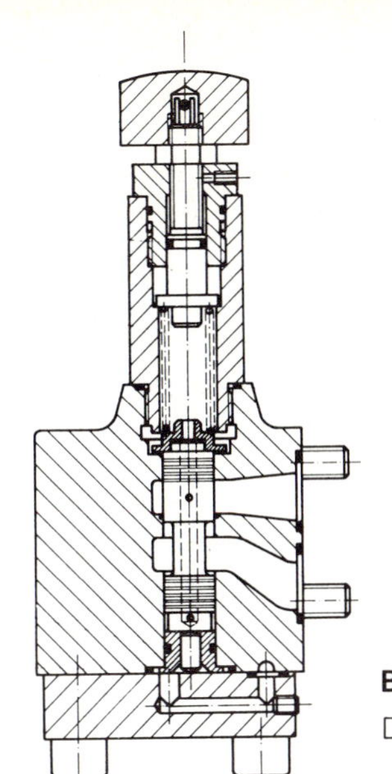

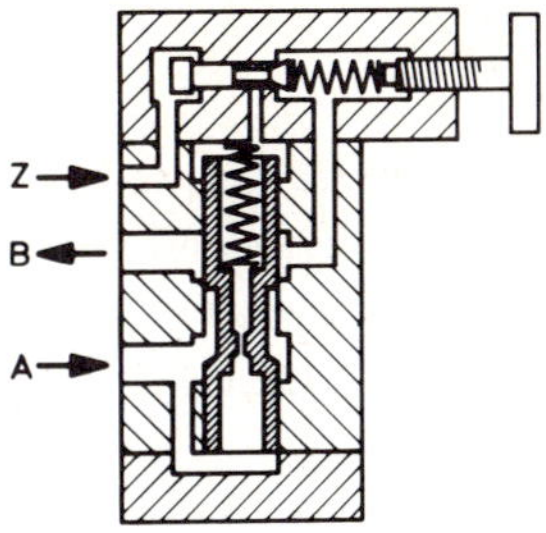

Bild 3.112
Direktgesteuertes Abschaltventil

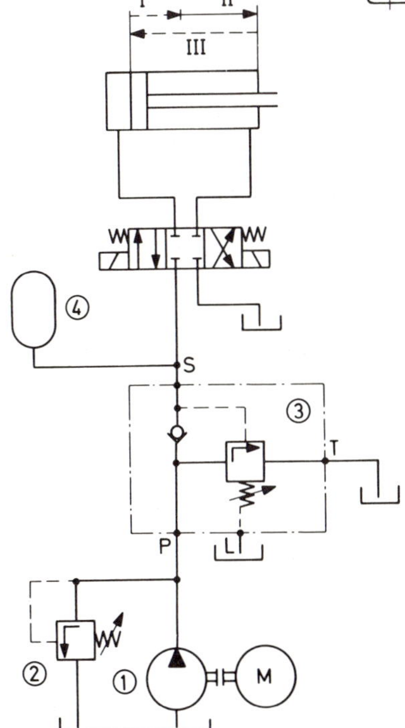

Bild 3.114 Schaltung eines Speicherladeventils in einer hydraulischen Vorschubsteuerung

I Eilvorlauf II Arbeitsvorschub
III Eilrücklauf

1 Pumpe 2 Druckbegrenzungsventil
3 Speicherladeventil 4 Speicher

Bild 3.113 Indirekt gesteuertes Abschaltventil

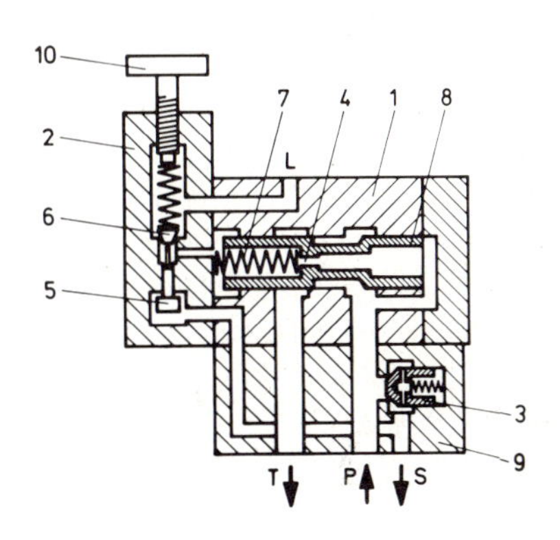

Bild 3.115 Speicherladeventil

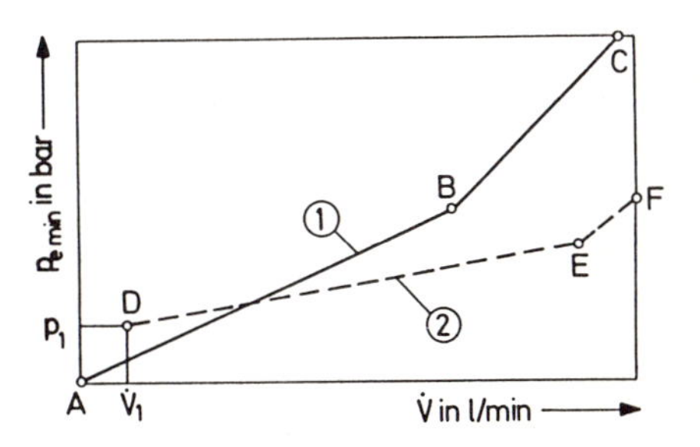

Bild 3.116 Minimaler Einstelldruck eines Druckbegrenzungsventils

1 direkt gesteuert 2 indirekt gesteuert

verläuft die Kennlinie nicht durch den Nullpunkt. Der für das Ansprechen notwendige Druck p_1 wird von der Schließfeder bzw. der Steuerdüse des Hauptkolbens bestimmt, $\dot{V}_1$ ist der notwendige Steuerölstrom, damit die Hauptstufe anspricht.

- Minimal regelbare Menge $\dot{V}_{min} = f(p)$ (Bild 3.117)

  Der minimal regelbare Ölstrom ist beim direktgesteuerten Ventil wesentlich kleiner, da kein Steuerölstrom notwendig ist. $\dot{V}_1$ und p_1 werden beim vorgesteuerten Ventil vom Steuerölstrom bestimmt.

- p-$\dot{V}$-Verhalten $p_e = f(\dot{V})$ (Bild 3.118)

  Beim direktgesteuerten Druckbegrenzungsventil zeigt die steilere Gerade, daß bei grossen Durchflußmengen ein wesentlich höherer Druck notwendig ist, d.h. das indirekt gesteuerte Ventil zeigt ein günstigeres p-$\dot{V}$-Verhalten.

- Hysterese der Druckbegrenzungsventile (Bild 3.119)

  Sie entsteht durch die Hysterese der elastischen Feder, die mechanische Reibung des Steuerkolbens und durch Strömungskräfte. Wenn das Ventil bei 100 bar Druck öffnet (Beispiel im Bild 3.119) muß der Druck bis auf 90 bar absinken, damit das Ventil wieder schließt. Die Kennlinie 1 gibt das theoretische oder ideale Verhalten an, die Kennlinie 2 zeigt die Hysterese des Druckbegrenzungsventils. Es ist dabei keine absolute Wertigkeit, sondern nur die Tendenz im Ventilverhalten angegeben.

Kenngrößen der Druckregelventile:

- Minimaler Einstelldruck (Sekundärseite) $p_{emin} = f(\dot{V})$ (Bild 3.120)

  Im Gegensatz zum Druckbegrenzungsventil, bei dem die p_e-$\dot{V}$-Kennlinie ansteigt, fällt sie beim Druckregelventil ab. Die Ursache liegt in der Funktion des Ventils, das bei kleinem Einstelldruck einen größeren Durchfluß hat, da die Feder entspannt wird (Bilder 3.107 und 3.108). Die Steigung ist abhängig von der Federkennlinie und ist aus vorgenanntem Grund fallend.

- Kleinster Durchflußstrom:

  Ist das Druckregelventil betätigt oder voll ausgesteuert, d. h. der Druck auf der Sekundärseite ist gleich oder größer dem Einstelldruck, fließt immer noch ein bestimmter Ölstrom, und zwar

  beim indirektgesteuerten: $\dot{V}_{Lecköl} + \dot{V}_{Steueröl}$,

  beim direktgesteuerten: $\dot{V}_{Lecköl}$.

  Diese Werte sind für Anlagen, die mit Hydrospeichern betrieben werden wichtig, da über das Druckregelventil Druckflüssigkeit aus dem Speicher verloren geht und bei der Dimensionierung berücksichtigt werden muß.

- Einstelldruck bei veränderlichem Durchflußstrom beim Druckregelventil mit Ausgleich bei Übersteuerung (3-Wege-Druckregelventil) $p_{v(B)} = f(\dot{V})$ (Bild 3.121)

  Der Kennlinienast zeigt den p-$\dot{V}$-Verlauf bei der Druckregelfunktion des Ventils mit Durchfluß von A nach B. Der Verlauf der Kennlinie ist fallend entsprechend der Federkennlinie, da die Feder bei 0% Durchfluß, also bei geschlossenem Ventil, die größte Vorspannung hat.

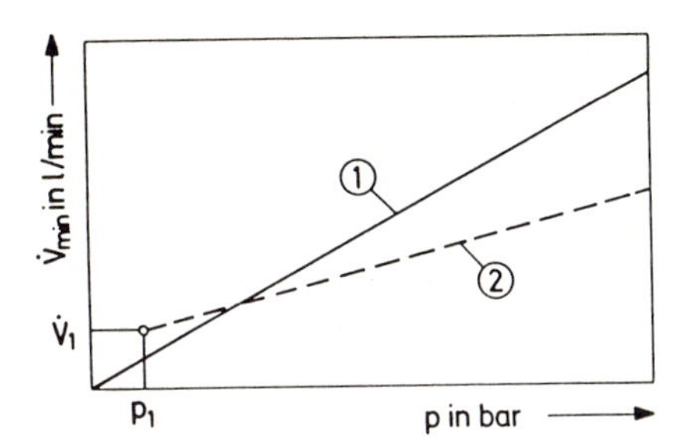

Bild 3.117 Minimaler regelbarer Ölstrom eines Druckbegrenzungsventils
1 direkt gesteuert 2 indirekt gesteuert

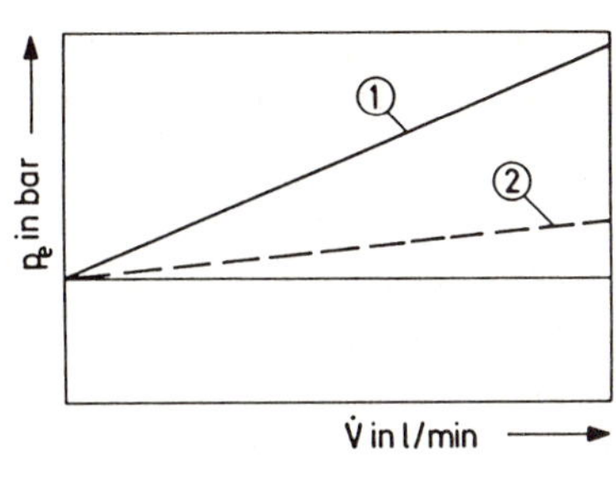

Bild 3.118 p-$\dot{V}$-Verhalten eines Druckbegrenzungsventils
1 direkt gesteuert
2 indirekt gesteuert

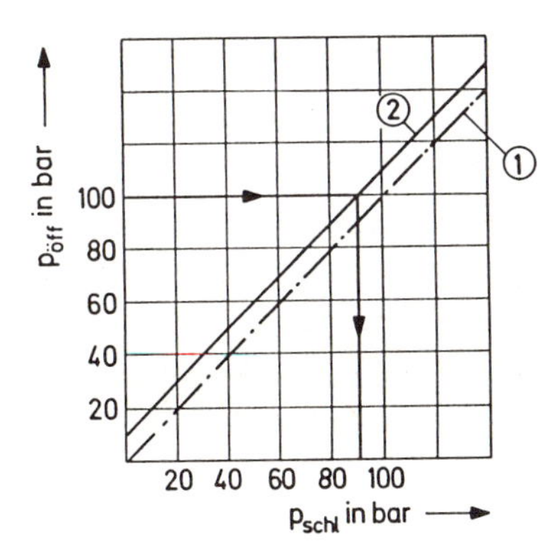

Bild 3.119 Hysterese eines Druckbegrenzungsventils

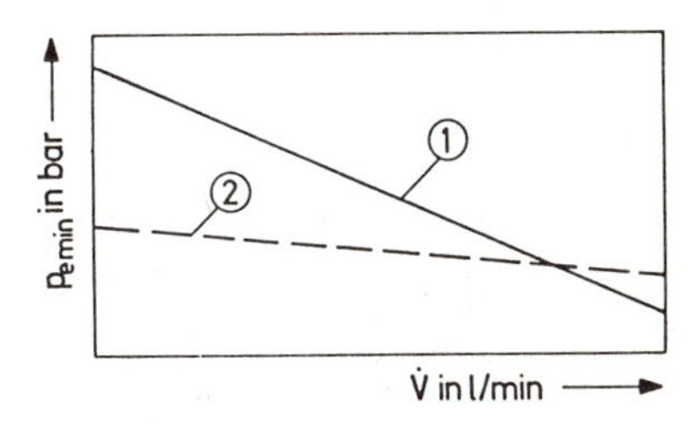

Bild 3.120 Minimaler Einstelldruck auf Sekundärseite des Druckregelventils
1 direkt gesteuert
2 indirekt gesteuert

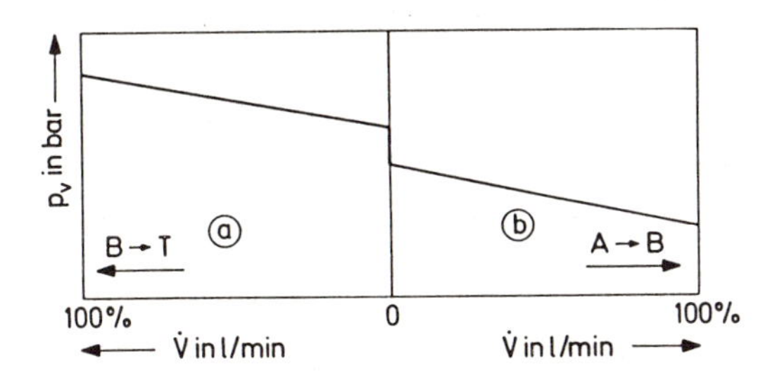

Bild 3.121
Einstelldruck bei veränderlichem Durchflußstrom eines 3-Wege-Druckregelventils
a) Druckbegrenzungsfunktion bzw. Ausgleich bei Übersteuerung
b) Druckregelfunktion

Der Kennlinienast a zeigt den p-$\dot{V}$-Verlauf bei der Druckbegrenzungsfunktion bzw. beim Ausgleich der Übersteuerung. Der Verlauf ist steigend entsprechend der Federkennlinie. Der Sprung im Nulldruchgang wird von der Kolbenüberdeckung der beiden Steuerkanten bestimmt.

3.7.6 Betätigungsarten der indirekt gesteuerten Druckventile

Das Prinzip der indirekten Steuerung eignet sich zur räumlich getrennten Anordnung von Vorsteuerventil und Hauptventil. Das Vorsteuerventil kann leichter zugänglich, z. B. in eine Schalttafel eingebaut werden.

Im Bild 3.122 sind die Möglichkeiten des Einsatzes der Vorsteuerventile dargestellt. Die Einstellung des Drucks erfolgt manuell. Mit dieser Ventilbauart sind drei Variationen möglich.

a) Das Vorsteuerventil wird direkt auf das Hauptventil aufgeflanscht und bildet mit diesem eine Einheit.
b) Das Vorsteuerventil ist in eine Schalttafel eingebaut und über Rohrleitungen mit dem Hauptventil verbunden (Fernsteuerung) oder
c) das Vorsteuerventil ist zum Einbau in einen Steuerblock geeignet. Die Verbindung zum Hauptventil wird über Rohrleitungen oder über Steuerbohrungen im Block – wenn das Hauptventil ebenfalls in den Block eingebaut ist – hergestellt.

Das Bild 3.123 zeigt ein Ventil, bei dem drei von Hand einstellbare Drücke (a, 0, b) elektrisch über ein eingebautes Wegeventil ansteuerbar sind. Es besteht bei dieser Ausführung die Möglichkeit, den Hydraulikkreis schnell auf andere Drücke umzuschalten.

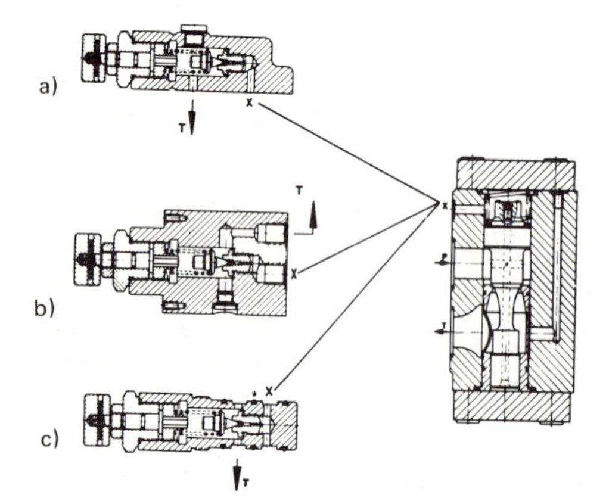

Bild 3.122
Möglichkeiten des Einsatzes der Vorsteuer- oder Pilotventile
a) Pilotventil zum Aufflanschen
b) Pilotventil mit Gewindeanschlüssen für Schalttafeleinbau
c) Pilotventil in Einsteckausführung

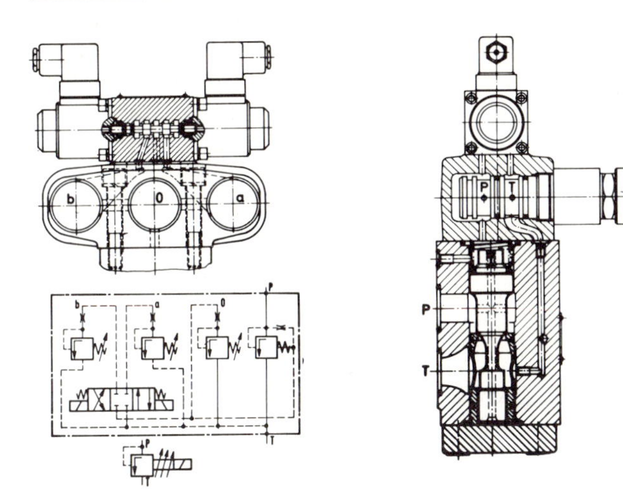

Bild 3.123

Druckbegrenzungsventil für drei ansteuerbare, voreingestellte Drücke

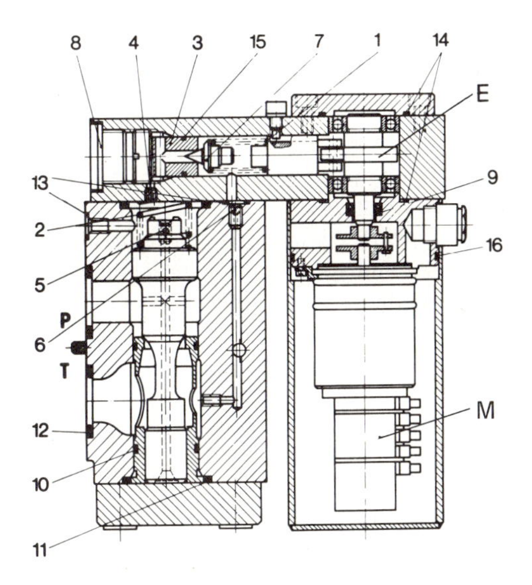

Bild 3.124

Elektromotorisch betätigtes, indirekt gesteuertes Druckbegrenzungsventil für beliebig ansteuerbare Drücke innerhalb eines Druckbereiches

Mit einem elektromotorisch betätigten, indirekt gesteuerten Druckventil (Bild 3.124) können innerhalb bestimmter Grenzen beliebig viele Drücke angesteuert werden. Der Elektrogetriebemotor M spannt die Druckfeder 1 im Vorsteuerventil, die den Vorsteuerventilkegel 7 belastet, über den Exzenter E vor. Der gewünschte Druck wird an einem Sollwertgeber eingestellt; über einen Regler wird der Stellmotor M auf die entsprechende Exzenterstellung gefahren. Die Betätigung erfolgt entweder von Hand mittelbar über den Sollwertgeber oder über ein Programm (Lochstreifen o.a.) und Sollwertgeber.

3.7.7 Anschlußarten der Druckventile

Rohrleitungseinbau (Bild 3.125)

Diese Geräte werden über Gewindeanschlüsse und Rohrverschraubungen direkt in die Rohrleitung eingebaut.

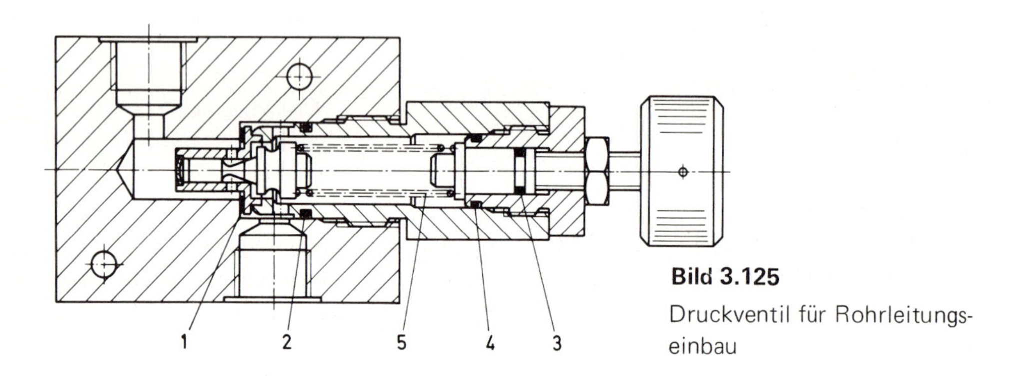

Bild 3.125
Druckventil für Rohrleitungseinbau

Einsteckausführung (Bild 3.126)

In Steuerblöcken mit kompletten integrierten Schaltungen werden Geräte eingeschraubt bzw. eingesteckt. Dabei ist das eigentliche Ventil dasselbe, das auch für den Rohrleitungseinbau und für das Aufflanschgerät verwendet wird. Die hydraulische Verknüpfung wird durch Verbindungsbohrungen im Steuerblock hergestellt.

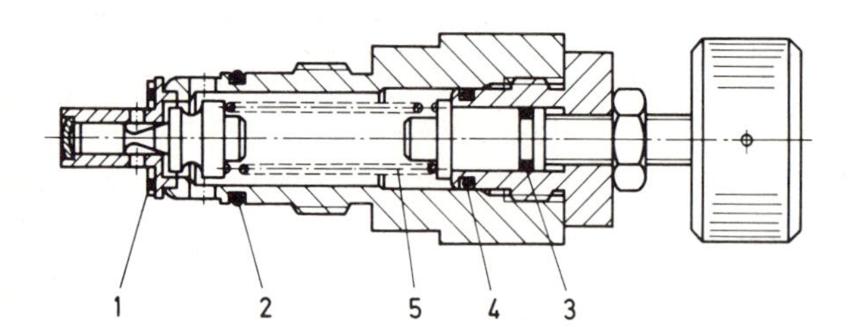

Bild 3.126
Druckventil in Einsteckausführung für Blockeinbau

Aufflanschbauweise (Bild 3.127)

Der hydraulische Anschluß wird bei diesen Geräten über die Anschlußplatte, in der die notwendigen Gewindeanschlüsse und Befestigungsbohrungen vorhanden sind, vorgenommen. Abgedichtet wird das Gerät gegen die Anschlußplatte durch eingelegte Dichtringe. Diese Bauweise ermöglicht ein schnelles und einfaches Auswechseln der Geräte.

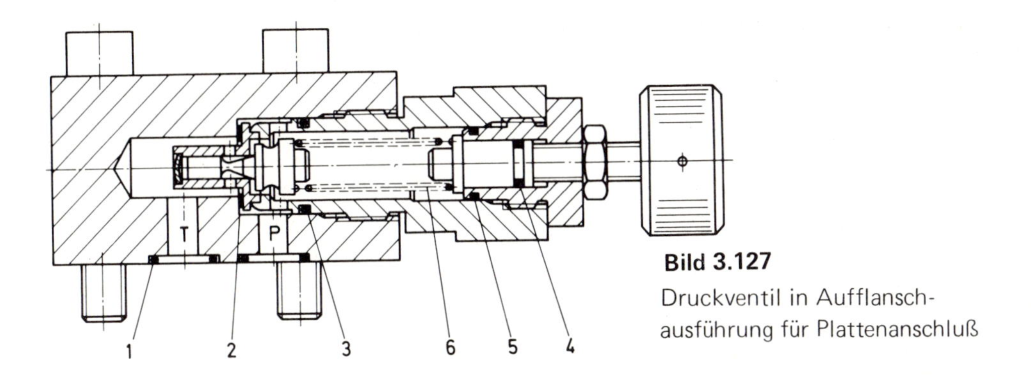

Bild 3.127
Druckventil in Aufflanschausführung für Plattenanschluß

Zwischenplattenbauweise (Bild 3.128)

Druckventile in Zwischenplattenbauweise werden zwischen das Wegeventil und die Anschlußplatte oder einen Steuerblock mit dem Lochbild des Wegeventils eingebaut. Diese Bauweise ist platzsparend und durch den Wegfall der Rohrleitungen und Verschraubungen auch billig.

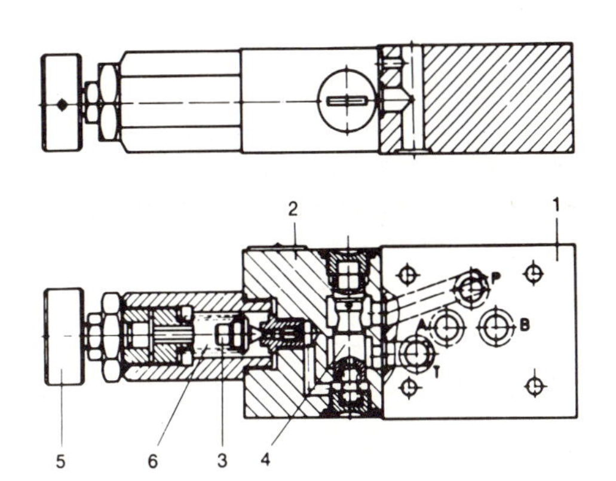

Bild 3.128
Druckventil in Zwischenplattenbauweise für verkettete Steuerblöcke

3.8 Proportionalventile

Bei den Wegeventilen unterscheidet man nach DIN ISO 1219 zwischen nichtdrosselnden und drosselnden Ventilen. In der Praxis spricht man vielfach auch von Schaltventilen und Stetigventilen. Zu den drosselnden Wegeventilen oder Stetigventilen gehören die Servoventile und die Wege-Proportionalventile. Im Gegensatz zu den Schaltventilen (Kap. 3.4) arbeiten die Stetigventile analog, d.h. ein analoges elektrisches Eingangssignal erzeugt ein ähnliches analoges oder proportionales, fluidisches Ausgangssignal. Neben den Schaltventilen wurden zunächst vorwiegend für den Einsatz in der Flughydraulik die Servoventile entwickelt. Mit der Servohydraulik werden, wie in der Servotechnik allgemein, mit Eingangssignalen kleiner Leistung Ausgangssignale großer Leistung analog angesteuert. Da die Servoventile aber sehr teuer und auch empfindlich sind, werden sie in der Industriehydraulik fast ausschließlich in elektrohydraulischen Regelkreisen, z.B. in Lage- und Geschwindigkeitsregelkreisen, eingesetzt. Für analog arbeitende elektrohydraulische Steuerungen werden dagegen Proportionalventile, die wesentlich billiger sind und technisch betrachtet eine Zwischenstufe vom Schaltventil zum Servoventil darstellen, eingesetzt. Bei den Proportionalventilen verhält sich die Ausgangsgröße Volumenstrom oder Druck proportional zu der elektrischen Eingangsgröße. Dadurch werden in hydraulischen Steuerungen komplexe Steuerungsvorgänge bzw. Programmabläufe möglich.

Im allgemeinen unterscheidet man bei den Proportionalventilen zwischen

- Proportional-Wegeventilen und
- Proportional-Druckventilen.

3.8.1 Proportional-Wegeventile

Mit Proportional-Wegeventilen können in einem hydraulischen Steuerkreis mit einem Steuerbefehl sowohl die Bewegungsrichtung als auch die Geschwindigkeit eines Hydrozylinders oder -motors gesteuert werden. Dabei ist die Geschwindigkeit oder genauer gesagt der Volumenstrom am Ventilausgang proportional dem elektrischen Strom des Eingangssignals. Daraus ergibt sich, daß mit der Änderung des Eingangsstromes I der Volumenstrom $\dot{V}$ am Ausgang sich proportional ändert. Es können also während des Hubes eines Hydrozylinders programmgemäß Beschleunigungs- und Verzögerungsvorgänge durchgeführt werden, dasselbe gilt sinngemäß auch für die Drehzahl eines Hydromotors.

Die Darstellung der Proportional-Wegeventile erfolgt nach der Norm DIN ISO 1219 (drosselnde Wegeventile), wobei für die Darstellung der Durchflußwege, der Anschlüsse und der Betätigungsarten der Aufbau und die Systematik der Schaltzeichen für die Wegeventile (Kap. 3.4) entsprechend gilt. Da die Proportional-Wegeventile außer den beiden äußeren Endstellungen und der zentralen oder neutralen Stellung (Nullstellung) eine unendliche Anzahl Zwischenstellungen mit veränderlicher Drosselwirkung einnehmen können, werden nur die genannten Schaltstellungen in aneinander gereihten Quadraten dargestellt. Zur Unterscheidung zu den Schaltventilen haben sämtliche Symbole über die Länge der Kästchen Parallellinien (Bild 3.129).

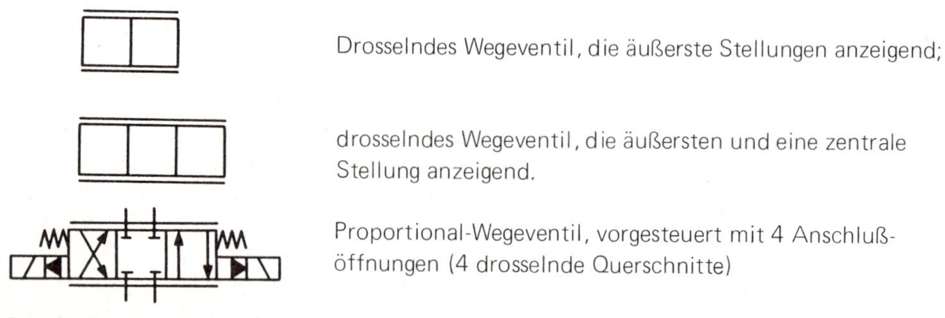

Bild 3.129 Schaltzeichen nach DIN ISO 1219

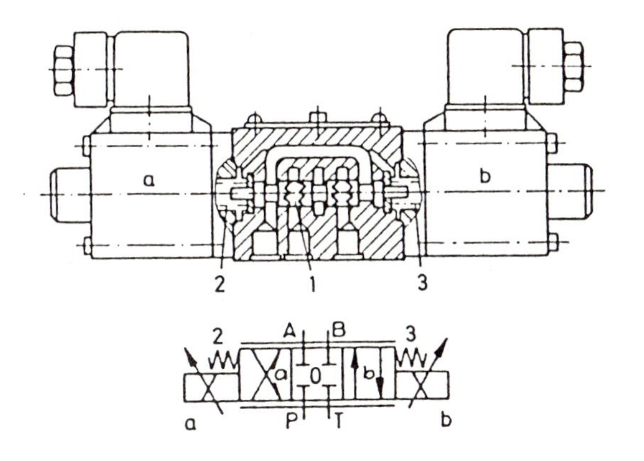

Bild 3.130

Direktgesteuertes Proportional-Wegeventil
a und b Proportionalmagnete,
1 Kolben, 2 und 3 Federn

Die in der Industriehydraulik eingesetzten Proportional-Wegeventile sind überwiegend 4-Wegeventile mit zentraler Stellung (Nullstellung). Von der Betätigung dieser Ventile her unterscheidet man

– direktgesteuerte und
– indirekt- oder vorgesteuerte Proportional-Wegeventile.

Beim direktgesteuerten Ventil (Bild 3.130) wirkt je nach Ansteuerung der Proportionalmagnet a oder b direkt auf den Steuerkolben 1 und verschiebt ihn gegen die Federn 3 oder 2 soweit bis die Feder- und Magnetkraft im Gleichgewicht sind. Die Durchflußöffnung wird von der Steuerkante des Gehäuses und den Drosselkerben des Steuerkolbens gebildet. Der Drosselquerschnitt der Durchflußöffnung ergibt sich aus der Größe der Magnetkraft und damit aus der Größe des Erregerstromes für den Proportionalmagneten. Bei Wegnahme des Erregerstromes wird der Kolben 1 durch die Federn 2 und 3 in der Mittellage zentriert.

Beim indirekt- oder vorgesteuerten Proportional-Wegeventil wird die Hauptstufe mit dem Stuerkolben über Vorsteuerventile, die auf die Hauptstufe geflanscht sind, angesteuert. Dabei unterscheidet man zwischen der

– Druckbegrenzungsvorsteuerung (Bild 3.131) und der
– Druckmindervorsteuerung (Bild 3.132).

Wie beim direktgesteuerten Ventil wird auch bei den vorgesteuerten Ventilen bei Wegnahme des Erregerstromes für die Proportionalmagnete der Vorsteuerstufen 1 und 2 der Steuerkolben 1 von den Federn 3 und 4 in Mittelstellung zentriert (Bild 3.131 und 3.132), betätigt wird er hydraulisch.

Der Steuerölstrom wird bei der Druckbegrenzungsvorsteuerung (Bild 3.131) über ein eingebautes Stromregelventil 5 konstant gehalten und über die Düsen 6 und 7 in den Steuerraum a oder b geführt. Über die Vorsteuerventile 1 oder 2 wird nun wechselseitig der Steuerdruck aufgebaut, d.h. nur ein Steuerraum ist bei Betätigung mit Druck beaufschlagt, der andere ist druckentlastet. Die Höhe des Steuerdrucks und damit die Betätigungskraft für den Steuerkolben wird durch die durch die Magnetkraft des Proportionalmagneten, die auf den Ventilkegel des Vorsteuerventils wirkt, bestimmt. Die Betätigungskraft, die

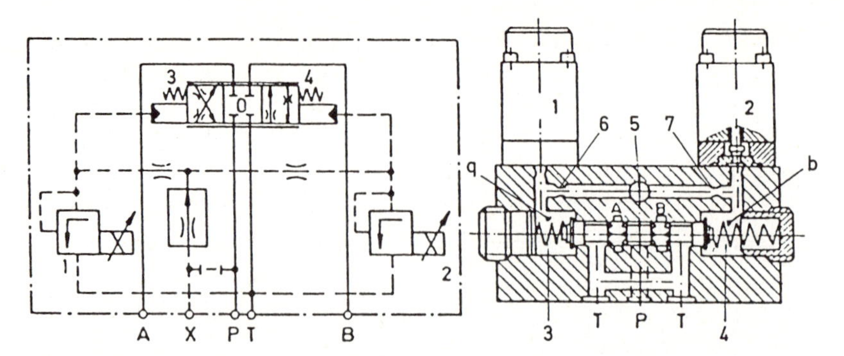

Bild 3.131 Indirektgesteuertes Proportional-Wegeventil mit Druckbegrenzungsvorsteuerung

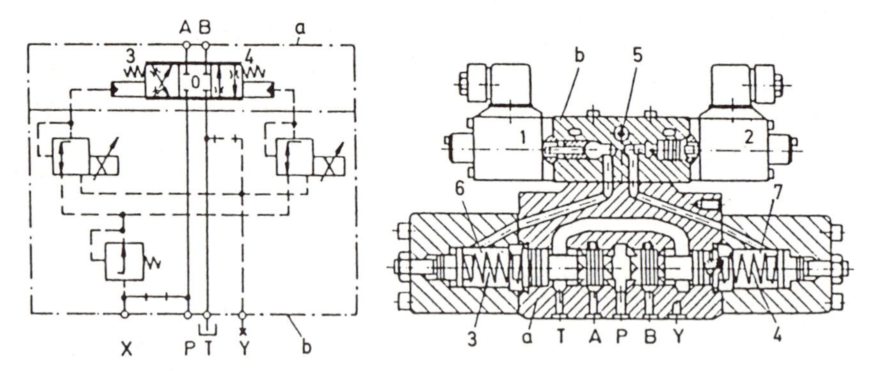

Bild 3.132 Indirektgesteuertes Proportional-Wegeventil mit Druckmindervorsteuerung
a Hauptstufe, b Vorsteuerstufe, 3 und 4 Federn

gegen die Federkraft wirkt, bestimmt den Hub des Steuerkolbens und damit die Größe des Drosselquerschnitts. Daraus ergibt sich abhängig vom Erregerstrom des Magneten (Eingangssignal) ein bestimmter Volumenstrom (Ausgangssignal).

Der Steuerölzufluß kann extern oder intern erfolgen, der Rückfluß kann intern geführt werden.

Auch beim Proportional-Wegeventil mit Druckmindervorsteuerung (Bild 3.132) wird der Steuerkolben der Hauptstufe a hydraulisch betätigt und in Ruhestellung durch die Federn 3 und 4 in Mittellage zentriert. Der Unterschied zur Druckbegrenzungsvorsteuerung liegt in Drucksteuerung des Steuerölstromes. Der Steuerölstrom, der intern oder extern abgenommen werden kann, wird vom Druckminderventil 5 auf etwa 25 bar Steuerdruck begrenzt. Von der Sekundärseite dieses Ventils wird der Steuerölstrom über die Proportional-Druckminderventile 1 oder 2 in die Steuerräume 6 oder 7 geführt. In Ruhestellung des Ventils sind diese über die Vorsteuerventile zum Anschluß Y entlastet. Bei Erregung einer der beiden Proportionalmagnete der Vorsteuerstufe wird über eines der beiden Vorsteuerventile im entsprechenden Steuerraum der Steuerdruck proportional dem Erregerstrom aufgebaut und der Steuerkolben wird verschoben bis Druck- und Federkraft im Gleichgewicht sind. Damit ergibt sich auch bei dieser Ausführung ein vom Erregerstrom (Eingangssignal) abhängiger Volumenstrom (Ausgangssignal).

Beim Vergleich der beiden Bauarten ergeben sich wesentliche Unterscheidungsmerkmale.

Die Druckmindervorsteuerung ist aufwendiger und empfindlicher gegen Verschmutzung hat aber keinen Steuerölverlust.

Die Druckbegrenzungsvorsteuerung ist einfacher im Aufbau, unempfindlich gegen Verschmutzung hat aber einen Steuerölverbrauch von etwa 1 l/min.

Die Proportional-Wegeventile können auch mit einer Druckwaage, die im Prinzip dem Differenzdruckregler oder der Druckwaage des Stromregelventils (Kap. 3.5.2) entspricht, ausgerüstet werden. Damit erreicht man einen vom Differenzdruck unabhängigen Ölstrom an den Drosselstellen des Proportional-Wegeventils. Die Druckwaage wird in einer Zwischenplatte unter dem Hauptventil (Bild 3.133) angeordnet und kann im Zulauf als 2- oder 3-Wege-Stromregelung oder im Ablauf als 2-Wege-Stromregelung eingesetzt werden.

Die Ansteuerung der Proportionalmagnete erfolgt in der Regel über einen elektrischen Verstärker.

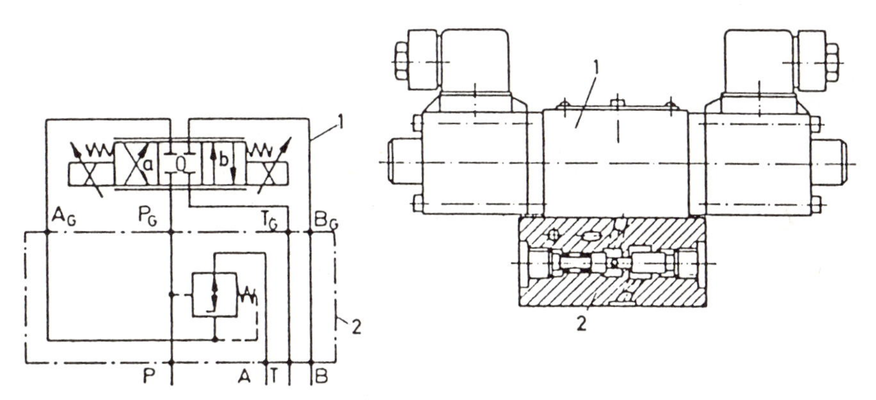

Bild 3.133 Direktgesteuertes Proportional-Wegeventil mit Druckwaage

3.8.2 Proportional-Druckventile

Mit Proportional-Druckventilen wird der Druck in einem hydraulischen System durch elektrische Ansteuerung eingestellt. Einer Änderung des Steuerstroms (Eingangssignal) folgt proportional eine Änderung des Druckes (Ausgangssignal). Proportional-Druckventile sind im Aufbau und in der Funktion identisch mit den allgemeinen Druckventilen (Kap. 3.7) mit Ausnahme der Betätigung, die nicht mehr manuell durch Vorspannen von Federn erfolgt, sondern über einen elektrisch angesteuerten Proportionalmagneten.

Man unterscheidet also von der Funktion her zwischen

- Proportional-Druckbegrenzungsventilen und
- Proportional-Druckregelventilen in 2- und 3-Wege-Ausführung, bzw. ohne und mit Entlastungsöffnung.

Beide Bauarten sind in der Regel vorgesteuerte bzw. indirekt gesteuerte Ventile (Bild 3.134) bedingt durch die begrenzte Kraft des Proportionalmagneten. Für kleine Drücke und Volumenströme werden aber auch direktgesteuerte Ventile eingesetzt. Als Antriebe werden kraftgesteuerte Proportionalmagnete und hubgesteuerte Proportionalmagnete mit Lageregelung (Bild 3.135 und 3.136) eingesetzt.

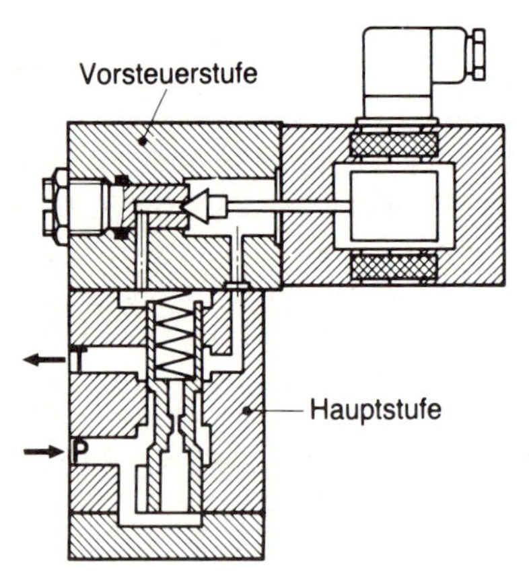

Bild 3.134 Vorgesteuertes Proportional-Druckbegrenzungsventil

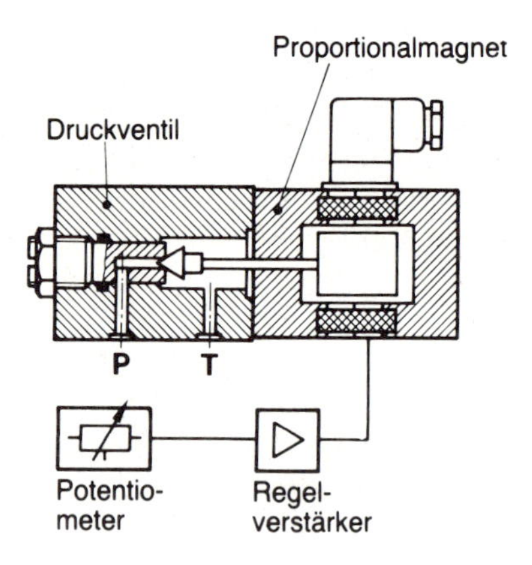

Bild 3.135 Direktgesteuertes Proportional-Druckbegrenzungsventil mit kraftgesteuertem Proportionalmagnet

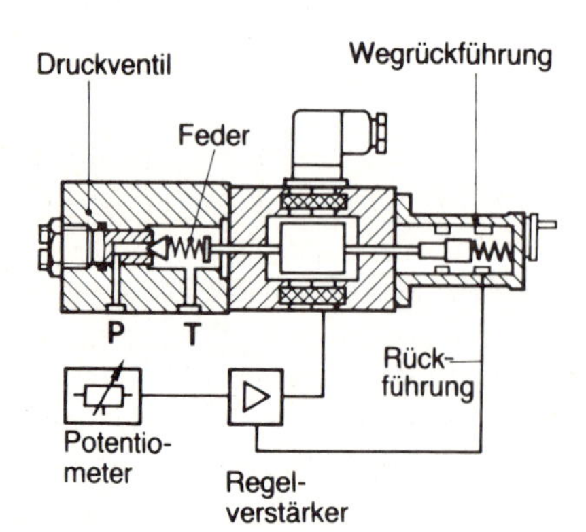

Bild 3.136
Direktgesteuertes Proportional-Druckbegrenzungsventil mit hubgesteuertem Proportionalmagnet und Wegrückführung

3.9 Hydraulikspeicher (Hydrospeicher)

Die Hauptaufgabe der Hydraulikspeicher besteht vorwiegend in der Speicherung hydraulischer Energie, um diese dann bei Bedarf dem System wieder zuzuführen. Üblich sind hydro-pneumatisch arbeitende Speicher, bei denen die Zusammendrückbarkeit eines Gases zum Speichern einer praktisch inkompressiblen Druckflüssigkeit ausgenützt wird. Diese sogenannten hydropneumatischen Akkumulatoren eröffnen uns in der Hydraulik eine Vielzahl von Anwendungsmöglichkeiten.

Man unterscheidet generell:

- Speicher ohne Trennwand
- Speicher mit Trennwand

3.9.1 Speicher ohne Trennwand

Bei den trennwandlosen Druckluftspeichern wird in der Regel normale Luft als Arbeitsgas verwendet. Das Betriebsmedium Öl steht direkt mit dem Gas in Berührung, so daß der Speicher absolut trägheitsfrei arbeitet und für hohe Arbeitsfrequenzen gut geeignet ist. Der Nachteil ist, daß ständig ein Teil der Luft von der Flüssigkeit aufgenommen wird. Diese Luft löst sich bei hohen Ölgeschwindigkeiten wieder, führt zu Luftpolstern im System und Funktionsstörungen. Weiterhin negativ ist bei hohen Druckverhältnissen und schneller Verdichtung die Gefahr der Selbstentzündung des Öles an der erhitzten Luft. Verbunden mit dem hohen Wartungsaufwand der trennwandlosen Druckluftspeicher ist die Bedeutung dieser Speicher für die Praxis sehr gering.

3.9.2 Speicher mit Trennwand

Bei der zweiten Gruppe, den Speichern mit Trennwand, unterscheidet man folgende Bauarten:

- Blasenspeicher
- Membranspeicher
- Kolbenspeicher

Hervorzuheben ist die gute, servicefreundliche Konstruktion und der damit verbundene leichte Austausch der Speicherblase. Blasenspeicher übersteigen in der Praxis selten das Nennvolumen von 100 l.

Membranspeicher (Bild 3.137)

Diese Speicherkonstruktion wird vorrangig für Nennvolumen bis 5 l verwendet. Überwiegend findet man geschweißte Konstruktionen bei denen ein Austausch der Membran nicht möglich ist. Da es sich jedoch allgemein um preisgünstige Geräte handelt, ist der

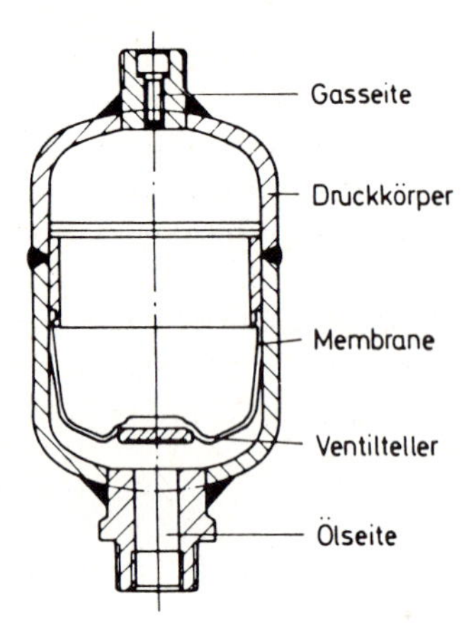

Bild 3.137 Membranspeicher

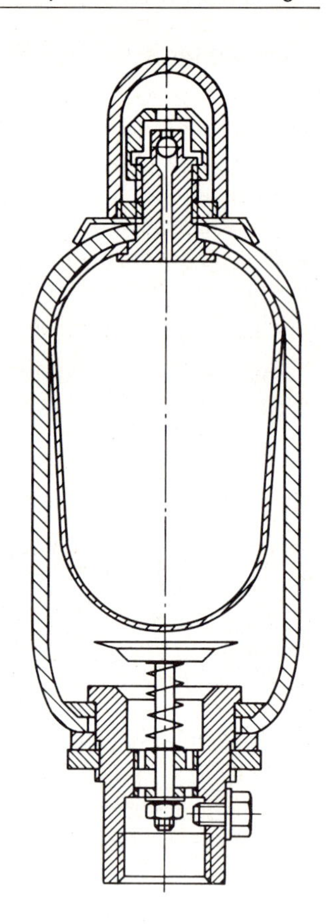

Bild 3.138 Blasenspeicher

Austausch von Membranen sekundär. Die Membranspeicher erlauben ein Druckverhältnis bis 10 : 1. Sie haben meist kein zusätzliches Ölventil, oft jedoch einen in die Gummimembrane eingeknöpften Kunststoffknopf, der verhindert, daß die Membran an den scharfen Kanten der Bohrung auf der Ölseite verletzt wird.

Blasenspeicher (Bild 3.138)

Hierbei wird als Trennwand zwischen Gas- und Ölvolumen eine Gummiblase (Werkstoff Perbunan oder Butyl) verwendet. Die Vorteile des Blasenspeichers liegen in seinem guten volumetrischen und mechanischen Wirkungsgrad, da die Blase praktisch keinen Verformwiderstand bietet. Bedingt durch diese Eigenschaften ergibt sich ein weitgehendst verzögerungsfreies Ansprechverhalten. Der Gasverlust ist gering, er ist abhängig vom Werkstoff der Speicherblase, der Druckdifferenz (Gasvorspanndruck minus mittlerer Arbeitsdruck) und der Zeit. Weniger günstig ist das Druckverhältnis vom maximalen Arbeitsdruck zum minimalen Arbeitsdruck. Empfohlen wird ein Druckverhältnis von max. 4 : 1 in Sonderfällen 8 : 1. Hierbei muß beachtet werden, daß die Lebensdauer der Speicherblase mit steigendem Druckverhältnis stark vermindert wird.

Kolbenspeicher (Bild 3.139)

Das Trennelement zwischen Gas- und Ölraum ist ein mit Dichtungselementen versehener beweglicher Kolben. Bedingt durch die Konstruktion treten Kolbenreibung, Stickstoffverluste und Ölleckagen auf. Durch die relativ hohen Reibungsverluste kann das Reaktionsverhalten nicht als optimal bezeichnet werden. Der Vorteil des Kolbenspeichers liegt in der Anwendung großer Druckverhältnisse und der relativ hohen Unempfindlichkeit. Extrem kleine Entnahmeströme können, bedingt durch Reibungsunterschiede im Übergangsbereich von Haft- zur Gleitreibung zu "Stick-slip"-Erscheinungen führen. Zu große Entnahmeströme, und damit hohe Kolbengeschwindigkeiten, können zur Überbeanspruchung von Kolbendichtungen führen. Grenzwerte liegen etwa bei 0,01 ... 2 m/s Kolbengeschwindigkeit.

3.9.3 Wirkungsweise der Hydraulikspeicher

Die Wirkungsweise eines Blasenspeichers zeigt Bild 3.140. Der Hydrospeicher besteht aus einem Flüssigkeits- und einem Gasteil mit dem elastischen Trennelement der Blase bzw. Membrane. Da die Hydraulikflüssigkeit als praktisch inkompressibel anzusehen ist, erfolgt die Speicherung der Energie durch Verdichten des Gasvolumens.

Dieses Gasvolumen erhält vor Inbetriebnahme des Speichers einen Vorspanndruck, der Flüssigkeitsteil steht mit dem Hydrokreislauf in Verbindung, so daß beim Fördern der Hydraulikpumpe Druckflüssigkeit in den Speicher gelangt, sobald der Gasvorspanndruck überstiegen wird. Das Gasvolumen wird bei gleichzeitigem Druckanstieg verkleinert. Beim Erreichen des maximalen Arbeitsdruckes ist das Gasvolumen auf das kleinste Volumen verdichtet. Bei der Ölentnahme aus dem Speicher expandiert das verdichtete Gasvolumen und drängt hierbei Öl in den Hydrokreislauf zurück. Aus Sicherheitsgründen und um Korrosion zu vermeiden wird als Füllgas Stickstoff verwendet.

3.9.4 Bestimmung der Größe eines Hydraulikspeichers

Den Verdichtungs- und Entspannungsvorgängen liegen die Gasgesetze von Boyle-Mariotte zugrunde. Dauert der Entspannungs- und Verdichtungsvorgang längere Zeit, so daß ein vollkommener Wärmeaustausch erfolgen kann, so spricht man von der isothermischen Zustandsänderung, hierfür gilt:

$$p_1 \; V_1 = p_2 \; V_2 = p_3 \; V_3 \qquad (1)$$

Basierend auf dieser Formel können entsprechende Leistungskennlinien erstellt werden, die bei einer Speichernenngröße in Litern das verfügbare (gespeicherte) Flüssigkeitsvolumen angeben. In der Praxis ist die isothermische Zustandsänderung selten, die Entspannungs- und Verdichtungsvorgänge sind meist schnell, so daß für Speicherdimensionierungen besser die adiabatische Zustandsänderung angenommen werden sollte.

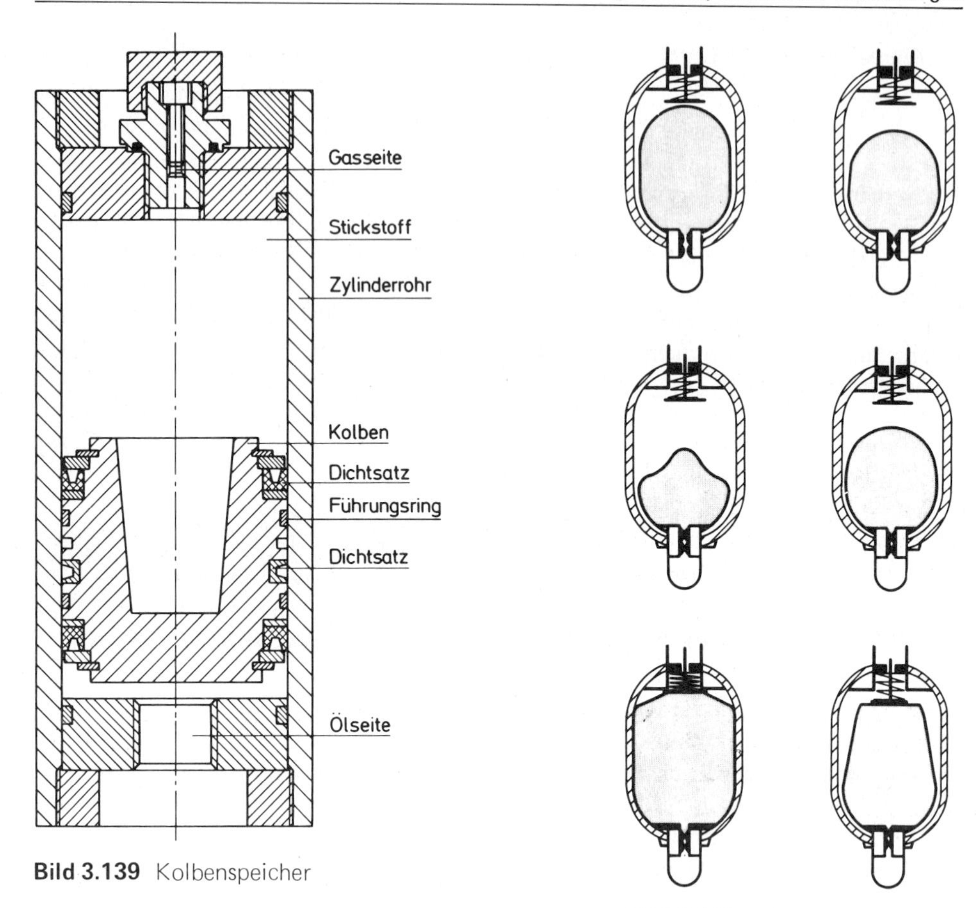

Bild 3.139 Kolbenspeicher

Bild 3.140 Wirkungsweise eines Blasenspeichers

Unter adiabatischer Zustandsänderung versteht man eine Zustandsänderung, bei der die Vorgänge des Verdichtens und Entspannens schnell verlaufen, also hohe Füll- und Entnahmegeschwindigkeiten auftreten und somit bei der Verdichtung und Entspannung des Stickstoffs kein Wärmetausch zwischen dem Stickstoffvolumen und seiner Umgebung stattfindet. Hierfür gilt:

$$p_1 \; V_1^x = p_2 \; V_2^x = p_3 \; V_3^x \tag{2}$$

Das Leistungsdiagramm zeigt einen flacheren Verlauf als bei der isothermischen Zustandsänderung und ergibt bei gleichen Druckverhältnissen und gleicher Speichernenngröße ein kleineres verfügbares Flüssigkeitsvolumen.

Die Leistungsdiagramme für die Zustandsänderungen nach (1) und (2) werden von den Herstellern für die Benutzung der Speicher zur Verfügung gestellt.

In diesem Zusammenhang sei noch einmal darauf hingewiesen, daß als Gasfüllung nur Stickstoff Verwendung finden sollte. Sauerstoff darf nicht verwendet werden, da Sauerstoff bei höheren Temperaturen und bei Druck mit Öl zusammengebracht zur Selbstentzündung neigt (sogenannter Diesel-Effekt).

Bei der Projektierung einer Anlage ist der Mindestarbeitsdruck p_2 meist gegeben. Der Gasvorspanndruck p_1 soll etwa $0{,}9 \cdot p_2$ betragen, damit die Speicherblase nicht bei jedem Belastungswechsel das Ölventil auf der Flüssigkeitsseite schließt. Hierbei würde die Speicherblase einem höheren Verschleiß unterliegen, was dann zur verkürzten Lebensdauer führt. Der Höchstarbeitsdruck sollte den 4-fachen Wert des Mindestarbeitsdruckes bei Blasenspeichern und den 10-fachen Wert bei Membranspeichern nicht übersteigen. Bei zu großen Druckverhältnissen und extrem rascher Kompression steigen die Temperaturen im Gasraum zu hoch an und die Speicherblase wird neben einer starken Verformung auch noch thermischen Belastungen ausgesetzt, so daß ebenfalls mit verkürzter Lebensdauer zu rechnen ist. Somit soll angestrebt werden

$$p_1 \approx 0{,}9\, p_2 \quad \begin{cases} p_3 \leqslant 4\, p_2 & \text{bei Blasenspeicher} \\ p_3 \leqslant 10\, p_2 & \text{bei Membranspeicher} \end{cases}$$

p_1 Gas-Vorspanndruck
p_2 Mindestarbeitsdruck
p_3 Höchstarbeitsdruck

Berechnung des Druckabfalles bei Hydrospeichern infolge der Gasdurchlässigkeit der elastischen Trennwand

Es hat sich gezeigt, daß ein gewisser Gasverlust und damit Absinken des Gasvorspanndruckes nicht zu vermeiden ist, da das Gas durch die Blasen oder Membranen diffundiert. Der Durchgang eines Gases durch eine Festprobe, die sogenannte Permeation, vollzieht sich in drei Schritten

- Lösung des Gases in der Probe
- Diffusion des gelösten Gases durch die Probe
- Verdampfung des Gases aus der Probe

Die kennzeichnende Konstante für diesen Vorgang ist der Permeations-Koeffizient. Dieser gibt an, welches Gasvolumen bei gegebener Druckdifferenz in einer bestimmten Zeit durch eine bekannte Probe mit bekannter Fläche und Dicke hindurch tritt. Hieraus ergibt sich nach DIN 53 536 die Gleichung für das diffundierte Gasvolumen im stationären Zustand.

$$V = Q \frac{A}{a} (p_1 - p_2)\, z$$

V diffundiertes Gasvolumen in cm^3
Q Permeations-Koeffizient in $cm^2\, s^{-1}\, bar^{-1}$
A Oberfläche der Probe in cm^2
a Dicke der Probe in cm
p_1 Gasdruck auf der Eingangsseite in bar
p_2 Gasdruck auf der Ausgangsseite in bar
z Zeitdauer in s

Das diffundierte Gasvolumen ist also direkt proportional mit dem Zeitkoeffizienten z.

3.9.5 Montage und Wartung von Hydrospeichern

Die Bedienung und Wartung von Druckbehältern darf nur geeigneten und zuverlässigen Personen übertragen werden. Die mit der Bedienung und Wartung von Druckbehältern beauftragten Personen sind verpflichtet, die hierfür maßgebenden Vorschriften und die vom Unternehmen erteilten Betriebsanweisungen zu beachten. Vor jeder Inbetriebnahme eines Druckbehälters muß sichergestellt sein, daß alle Absperr- und Sicherheitseinrichtungen wirksam und frei mit den Druckräumen verbunden sind. An einer bereits betriebsbereiten Speicheranlage darf keine Verschraubung gelöst oder nachgezogen werden, ohne daß der Speicher drucklos bzw. entleert worden ist.

Wenn der Speicher ausgebaut werden soll, so muß der mit dem Speicher in Verbindung stehende Teil der Hydroanlage abgesperrt werden. Der Ölraum des Speichers wird mit dem Ablaßhahn entleert. Fehlt dieser, dann muß durch Zuschalten der Verbraucher (Arbeitszylinder und Hydromotoren) mit der Nothandbetätigung der Wegeventile der Speicher entleert werden.

Speicher sollen zur Reparatur stets an das Herstellerwerk eingeschickt werden. Beim Wiedereinbau des Speichers in die Anlage ist zu beachten, daß sich kein Öl im Speicher befindet. Das Öl könnte gealtert sein, oder von einer anderen Qualität sein, als das Öl der Hydroanlage, in den er eingebaut wird. Bei Speichern mit Ölventil (Blasenspeicher) muß durch betätigen des Gasventileinsatzes (ähnlich einem Fahrradreifenventils) der in der Blase befindliche Stickstoff abgelassen werden. Wenn die Speicherblase drucklos ist, wird durch die Feder im Ölventil der Ventilteller aufgedrückt. Nun kann eventuell vorhandenes altes Öl ablaufen. Anschließend wird der Speicher seitlich gelegt und mit 0,1 ... 0,5 l Öl je nach Speichergröße mit Öl aus der Hydroanlage gefüllt, dann senkrecht gestellt, so daß das überschüssige Öl wieder abläuft. Vor dem Einbau des Druckspeichers sollte man sich überzeugen, ob Ablaßhahn, Manometer und Sicherheitsventil in Ordnung und richtig eingestellt sind.

Der Speicher kann liegend oder stehend mit dem Gasventil nach oben eingebaut werden. Die Befestigung erfolgt mit Haltebügeln. An dem Speicher selbst dürfen keine mechanische Bearbeitung, Schweiß- oder Lötarbeiten vorgenommen werden.

Zum Füllen der Speicherblase darf nur Stickstoff verwendet werden. Zum Füllen gibt es besondere Füllvorrichtungen. Der vorgeschriebene Fülldruck kann entweder vom Typenschild der Speicher oder aus der Betriebsanleitung entsprechend der Anlage entnommen werden. In Zweifelsfällen muß beim Gerätehersteller nachgefragt werden. Beim Füllen ist zu beachten, daß nach Erreichen des erforderlichen Fülldruckes das Absperrventil an der Stickstoffflasche geschlossen wird, jetzt 10 ... 15 Minuten warten bis der Temperaturausgleich stattgefunden hat, dann nochmals den Fülldruck prüfen, wenn nötig korrigieren.

Weiterhin sollte eine erste Überprüfung des Gasdruckes nach einer Reparatur nach ca. 7 Tagen erfolgen. Eine zweite Überprüfung nach ca. 3 Monaten. Treten jeweils keine Anstände auf, so sollte eine halbjährliche Überprüfung des Gasdruckes die Regel sein.

Amtliche Vorschriften

Druckölspeicher unterliegen der Unfallverhütungsvorschrift (UVV) des Hauptverbandes der gewerblichen Berufsgenossenschaften über „Druckbehälter".

Die Druckbehälter werden zur Abgrenzung der Prüfpflicht und des Prüfumfanges durch den Technischen Überwachungs-Verein (TÜV) in verschiedene Gruppen eingeteilt. Alle Druckspeicher, ob TÜV-Abnahmepflichtig oder nicht unterliegen den UVV für Druckbehälter.

„Auszüge aus der UVV-Druckbehälter"

Einteilung der Druckbehälter in Prüfgruppen

Gruppe A: a) Druckbehälter mit einem zulässigen Betriebsüberdruck p von nicht mehr als 0,5 bar und einem Inhalt des Druckraumes I von nicht mehr als 2000 Litern ($p \leqslant 0{,}5$ bar und $I \leqslant 2000$ l).

b) Druckbehälter mit einem zulässigen Betriebsüberdruck p von mehr als 0,5 bar, bei denen das Druckliterprodukt $p \cdot I$ die Zahl 200 nicht übersteigt ($p > 0{,}5$ bar und $p \cdot I \leqslant 200$).

Gruppe B: Druckbehälter mit einem zulässigen Betriebsüberdruck p von nicht mehr als 0,5 bar und einem Inhalt des Druckraumes von mehr als 2000 Litern ($p \leqslant 0{,}5$ bar und $I > 2000$ l).

Gruppe C: Druckbehälter mit einem zulässigen Betriebsüberdruck p von mehr als 0,5 bar, bei denen das Druckliterprodukt $p \cdot I$ mehr als 200, jedoch nicht mehr als 1000 beträgt ($p > 0{,}5$ bar und $p \cdot I > 200 < 1000$).

Gruppe D: Druckbehälter mit einem zulässigen Betriebsüberdruck p von mehr als 0,5 bar, bei denen das Druckliterprodukt $p \cdot I$ mehr als 1000 beträgt ($p > 0{,}5$ *bar und* $p \cdot I > 1000$).

Die Druckbehälter sind vor ihrer ersten Inbetriebnahme wie folgt zu prüfen:

Gruppe A: Druckbehälter sind nicht abnahmepflichtig und benötigen keine Prüfungen durch den Sachverständigen (TÜV).

Gruppe B: Druckbehälter sind daraufhin zu prüfen, daß der zulässige Betriebsüberdruck nicht überschritten werden kann.

Gruppe C: Druckbehälter sind einer erstmaligen Prüfung nach § 18 zu unterziehen.

Gruppe D: Druckbehälter sind einer erstmaligen Prüfung nach § 18 und während des Betriebes regelmäßigen Prüfungen nach § 21 zu unterziehen.

§ 5 Abs. 3: Abweichend hiervon ist für Druckbehälter der Gruppe C und solche der Gruppe D mit einem Druckliterprodukt $p \cdot I$ von nicht mehr als 6000 eine erstmalige Prüfung nach § 18 jedes einzelnen Druckbehälters nicht vornehmen zu lassen, wenn für solche Druckbehälter eine vom Hauptverband der gewerblichen Berufsgenossenschaften, Zentralstelle für Unfallverhütung, anerkannte Baumusterprüfung durchgeführt worden ist (Baumusteranerkennung) und eine Bescheinigung des Herstellers darüber vorliegt, daß der Behält mit dem Baumuster übereinstimmt.

Art, Umfang und Durchführung der Prüfungen

Erstmalige Prüfung

§ 18 (1) Die erstmalige Prüfung muß aus einer Bauprüfung, einer Druckprüfung und einer Abnahmeprüfung bestehen.

(2) Die Bauprüfung erstreckt sich auf die Berechnung, Konstruktion und Bauausführung des Druckbehälters.

(3) Die Druckprüfung ist eine Wasserdruckprüfung. Muß an Stelle von Wasser ein anderes Druckmittel verwendet werden, so gilt § 23.

(4) Die Abnahmeprüfung muß vor der ersten Inbetriebnahme des Druckbehälters durchgeführt sein. Sie erstreckt sich auf die richtige Bemessung, Einstellung und Anordnung der Sicherheitseinrichtungen, Anzeige der Meßeinrichtungen und auf ordnungsgemäße Aufstellung und Anschlüsse des Druckbehälters. Bei Druckbehältern mit Baumusteranerkennung (§ 5 Abs. 3) ist eine Abnahmeprüfung am Aufstellungsort nicht erforderlich, wenn bei der Baumusterprüfung die Sicherheitseinrichtungen mitgeprüft worden sind.

Regelmäßige Prüfungen

§ 21 (1) Der Unternehmer muß veranlassen, daß Druckbehälter der Gruppe D innerhalb der nach § 22 vorgeschriebenen Fristen regelmäßigen Prüfungen, bestehend aus innerer Prüfung und Druckprüfung, von einem Sachverständigen unterzogen werden.

(2) Bei beheizten Druckbehältern der Gruppe D, die mit Sicherheitseinrichtungen gegen Drucküberschreitung ausgerüstet sind, müssen außerdem regelmäßig äußere Prüfungen nach § 24 veranlaßt werden.

§ 22 Für Druckflüssigkeitsbehälter mit Gas- oder Luftpolster für hydraulische Anlagen wird gemäß

§ 43 Abs. 3 eine Ausnahme für

§ 21 Abs. 1 mit folgendem Wortlaut geschaffen:

§ 43 Abs. 4: Die innere Prüfung braucht abweichend von § 22 Abs. 1 nur alle 8 Jahre durchgeführt werden.

Druckspeicher die im Ausland aufgestellt werden, können nicht generell mit TÜV-Abnahme geliefert werden, da die einzelnen Länder eigene Vorschriften und Bestimmungen haben. Die Speicherhersteller können jedoch nach vorheriger Abstimmung die gewünschte Abnahme durchführen lassen.

3.9.6 Speicher-Zubehör

Manometer § 10

(1) Jeder Druckbehälter muß ein geeignetes Manometer haben, das den jeweils herrschenden Betriebsdruck anzeigt. An ihm muß der zulässige Betriebsüberdruck augenfällig gekennzeichnet sein. Manometer müssen so angebracht sein, daß sie durch den Behälterinhalt nicht unwirksam werden können.

(2) Das Manometer an Druckbehältern der Gruppen C und D muß während des Betriebes mit einem Prüfmanometer nachgeprüft werden können.

(3) Das Manometer muß am Druckbehälter oder in dessen unmittelbarer Nähe so angebracht sein, daß es beobachtet und nicht durch die Absperreinrichtung (§ 13) vom Druckbehälter abgeschaltet werden kann.

(4) Ist der höchstmögliche Betriebsüberdruck des Druckerzeugers oder des Drucknetzes nicht höher als der zulässige Betriebsüberdruck des Druckbehälters, so genügt es, daß der Druckerzeuger oder die Druckzuleitung mit einem Manometer ausgerüstet ist. Es muß so angebracht sein, daß es von dem Bedienenden beobachtet werden kann. Sind mehrere Druckbehälter mit gleichem Betriebsdruck an dieselbe Druckleitung angeschlossen, so kann das Manometer in der gemeinschaftlichen Zuleitung angebracht sein. Dies gilt nicht, wenn betriebsmäßig der Druck in den Druckbehältern selbst zusätzlich, z. B. durch chemische Reaktion, steigen kann, oder wenn die Behälter auch nur gelegentlich aus Gasflaschen aufgefüllt werden. Druckbehälter, die betriebsmäßig, z. B. zum Füllen und Entleeren geöffnet werden, müssen stets mit einem eigenen Manometer ausgerüstet sein.

Sicherheitseinrichtungen gegen Drucküberschreitung § 11

(1) Für jeden Druckbehälter muß ein geeignetes Sicherheitsventil vorhanden sein. Es muß so bemessen und eingestellt sein, daß eine Überschreitung des höchstzulässigen Betriebsdruckes um mehr als 10% verhindert wird. Die Einstellung muß gegen unbefugte Änderung gesichert sein.

(2) Das Sicherheitsventil darf nicht absperrbar und muß so beschaffen und angebracht sein, daß es nicht unwirksam werden kann. Es muß gut zugänglich sein, damit es jederzeit nachgeprüft werden kann.

Sicherheitseinrichtungen gegen Temperaturüberschreitung § 12

(1) Druckbehälter müssen eine geeignete Temperaturmeßeinrichtung haben, wenn durch unzulässige Temperaturänderung der Behälterwandungen oder des Beschickungsgutes ein gefahrdrohender Zustand eintreten kann. Die Temperaturmeßeinrichtung muß so angebracht sein, daß sie gut beobachtet werden kann. Die höchst- bzw. niedrigstzulässige Temperatur muß augenfällig gekennzeichnet sein.

Absperreinrichtungen § 13

(1) In den Druckzuleitungen müssen möglichst nahe am Druckbehälter leicht zugängliche Absperreinrichtungen vorhanden sein. Jeder Behälter muß für sich absperrbar sein. Die Gehäuse der Absperreinrichtungen müssen hinsichtlich Werkstoff und Bemessung den Betriebsverhältnissen entsprechen.

Abblaseeinrichtungen § 14

Druckbehälter, die betriebsmäßig geöffnet werden, und solche, bei denen das Sicherheitsventil durch eine Alarmeinrichtung mit Manometer oder Thermometer ersetzt ist sowie einzeln absperrbare Druckbehälter ohne eigenes Manometer müssen eine von Hand bedienbare Abblaseeinrichtung haben, die erkennen läßt, ob noch Druck im Behälter vorhanden ist. Die Abblaseeinrichtung muß eine ausreichende lichte Weite besitzen und nötigenfalls gegen Verstopfung durch den Behälterinhalt gesichert sein. Abblaseleitungen müssen zur Reinigung lösbar angebracht sein.

Einrichtung zur Druckminderung § 17

Druckbehälter, deren höchstzulässiger Betriebsdruck bei Drücken bis zu 20 bar um mehr als 2 bar und bei höheren Drücken um mehr als 10 % geringer ist als der des Druckerzeugers, müssen in der Druckzuleitung eine Einrichtung, z.B. Druckminderventil, Druckregler haben, durch die der Druck selbsttätig und in Verbindung mit der Sicherheitseinrichtung gegen Drucküberschreitung so weit herabgesetzt wird, daß der für den Behälter höchstzulässige Betriebsdruck nicht überschritten werden kann. Abweichend davon kann nach § 43 Absatz 2 von dem Einbau eines Druckminderventils abgesehen werden, wenn in der Druckzuleitung zwischen Druckerzeuger und Behälter ein Ventil zur Druckregelung von Hand und ein Sicherheitsventil eingebaut sind.

Wenn mehrere Druckbehälter mit dem gleichen Höchstzulässigen Betriebsdruck an eine Druckzuleitung angeschlossen sind, genügt eine Druckmindereinrichtung in der gemeinsamen Druckzuleitung.

Umgehungsleitungen für Druckmindereinrichtungen sind nur zulässig, wenn sie gleichfalls mit einer Druckmindereinrichtung versehen sind.

Behälter mit Gaspolster für Druckflüssigkeitsanlagen (hydraulische Anlagen) § 43

Jeder absperrbare Druckflüssigkeits-Behälter und jede Behältergruppe mit gemeinsamer Absperreinrichtung müssen eine von Hand zu betätigende Abblaseeinrichtung haben.

4 Hydraulikflüssigkeiten

Auswahl und Handhabung der Hydraulikflüssigkeiten beeinflussen entscheidend den Wirkungsgrad, die Funktionssicherheit und die Lebensdauer der hydraulischen Systeme. Nach jüngsten Erfahrungen müssen ungefähr 80 % aller sogenannten „hydraulic-breakdowns" auf Flüssigkeitsprobleme zurückgeführt werden. Diese Erkenntnis unterstreicht die Notwendikgeit der Abstimmung von Hydraulikflüssigkeit, Anlage und Betriebsbedingungen bei hydraulischen Steuerungen ganz besonders. Nicht auf die chemischen Grundlagen ist deshalb in diesem Kapitel besonderer Wert gelegt worden, sondern auf die wichtigsten Eigenschaften und Besonderheiten der industriell verwendeten Hydraulikflüssigkeiten.

4.1 Aufgaben der Hydraulikflüssigkeiten

Die Hydraulikflüssigkeiten haben folgende Aufgaben:

1. Die elementare Funktion als Energieträger.
2. Die Schmierung aufeinander gleitender Bauteile, besonders im Mischreibungsgebiet.
3. Den Korrosionsschutz der benetzten Oberflächen.
4. Die Abfuhr des Abriebs oder des von außen in das Hydrauliksystem gelangten Schmutzes zu den Abscheidefiltern.
5. Die Wärmeabfuhr.

4.2 Arten und besondere Eigenschaften der Hydraulikflüssigkeiten

Zur Übertragung der Druckenergie in hydraulischen Systemen eignet sich grundsätzlich jede Flüssigkeit. Die Forderung nach ausreichender Schmier- und Korrosionsschutzeigenschaft schränkt die in Frage kommenden Druckflüssigkeiten erheblich ein.

Hydraulikflüssigkeiten, die den Anforderungen weitgehend gerecht werden, sind Hydrauliköle. Es sind Druckflüssigkeiten aus Mineralöl, die seit der industriellen Nutzung der Hydraulik verwendet werden, und deren Anteil immer noch über 90 % liegt. Den Hydraulikölen sind durch ihre Entflammbarkeit Grenzen gesetzt.

Es besteht nicht die Gefahr, daß sich das Hydrauliköl im hydraulischen System selbst entzündet, da die Flammpunkte nach DIN zwischen 125 °C und 205 °C liegen und der dazu notwendige Sauerstoff im geschlossenen System fehlt. Selbst im Ölbehälter, wo der notwendige Kontakt mit dem Luftsauerstoff vorhanden wäre, besteht keine Gefahr, denn die

Temperaturen übersteigen kaum 70 °C. Die Hydraulikflüssigkeit kann sich nur an hocherhitzten Werkstoffen, Maschinen oder Anlagenteilen der Umgebung entzünden, wenn beispielsweise eine Rohrleitung bricht oder sonst Lecköl austritt. Aus diesem Grund werden hydraulische Antriebe an Druckgießmaschinen, Warmwalzwerken, Schweißanlagen o.ä. mit „schwerentflammbaren Druckflüssigkeiten" betrieben. Die Umgebung, in der ein hydraulischer Antrieb arbeiten soll, ist ein erstes Kriterium für die Auswahl der Druckflüssigkeit.

Innerhalb dieser beiden Gruppen, der Hydrauliköle und der schwerentflammbaren Druckflüssigkeiten gibt es noch Arten unterschiedlicher Eigenschaften, die bestimmt werden durch die Grundflüssigkeit und die sogenannten „Additive", d.h. kleine Mengen beigemischter Wirkstoffe. Aber jede Beimengung, die eine bestimmte Eigenschaft verbessert, verschlechtert in aller Regel eine andere. Bei außergewöhnlichen Anforderungen ist oft ein „Dopen" einer ganz bestimmten Eigenschaft zuungunsten einer anderen notwendig. Hydraulikflüssigkeiten, die einen breiten Einsatzbereich abdecken, liegen in den genormten Hydraulikölen nach DIN 51 524 und DIN 51 525 und in den schwerentflammbaren Druckflüssigkeiten nach VDMA 24317 vor. In diesen DIN-Normen bzw. VDMA-Einheitsblättern sind die Mindestanforderungen an die Eigenschaften der Hydraulikflüssigkeiten festgelegt. Es sind dies vor allem die kinematische Viskosität, die Dichte, der Flammpunkt, der Pourpoint oder der Stockpunkt, Alterungsverhalten, Korrosionsschutzeigenschaften bzw. -verhalten, Verhalten gegen Dichtungswerkstoffe u.a. Diese Normflüssigkeiten werden heute vorzugsweise eingesetzt.

4.2.1 Hydraulikflüssigkeiten auf Mineralölbasis

Hydrauliköle nach DIN 51 524 und DIN 51 525)

Hydrauliköle sind Raffinations- bzw. Destillationsprodukte des Erdöls. Die Eigenschaften werden durch Wirkstoffe (Additive), die dem Basisöl zugesetzt werden, verbessert und den besonderen Anforderungen in hydraulischen Systemen angepaßt. Bezüglich Alterungsbeständigkeit, Korrosionsschutz und Schmiereigenschaft werden drei Hydraulikölgruppen unterschieden (Tabelle 4.1) mit den Kennbuchstaben H, H-L und H-LP.

Die Alterung des Öls erfolgt unter Wärmeeinwirkung und bei Kontakt mit dem Luftsauerstoff. Dabei entstehen auf chemischem Weg teer- und harzähnliche Rückstände und Säuren, die wiederum die Korrosion an den benetzten Bauteilen hervorrufen. Die Geschwindigkeit der Alterungsreaktionen ist temperaturabhängig. Die Ölerwärmung entsteht überwiegend aus Drosselverlusten, die mit steigendem Betriebsdruck zunehmen. Deshalb sind den Hydraulikölgruppen Betriebsdruckbereiche zugeordnet (Tabelle 4.1). Bei Betriebsdrücken über 250 bar sind Öle mit erhöhtem Verschleißschutz im Mischreibungsgebiet notwendig, um ein Fressen hochbelasteter, aufeinander gleitender Pumpen- oder Motorenteile zu vermeiden.

Innerhalb der drei Hydraulikölgruppen stehen sechs Hydrauliköltypen zur Verfügung, die durch die Kennzahlen 9, 16, 25, 36, 49 und 68 unterschieden werden. Diese Kennzahlen geben die kinematische Viskosität in mm^2/s bei 50 °C mit einer Toleranz von ± 4 an.

Tabelle 4.1 Hydrauliköle nach DIN 51 524 und 51 525

Kenn-buchstabe	Merkmale und Anwendungsbereich	DIN-Blatt-Nr.	Betriebsdruckbereich
H	Hydrauliköle ohne Wirkstoffzusätze für hydrostatische Antriebe ohne besondere Anforderungen an das Drucköl.	51 524	bis 100 bar
H-L	Hydrauliköle mit Wirkstoffen zur Erhöhung der Alterungsbeständigkeit und des Korrosionsschutzes. Für hydrostatische Antriebe, in denen hohe thermische Beanspruchungen auftreten.	51 524	bis 250 bar
H-LP	Hydrauliköle mit Wirkstoffen zur Erhöhung der Alterungsbeständigkeit, des Korrosionsschutzes und des Verschleißschutzes bei Mischreibung. Für hydrostatische Antriebe, in denen hohe thermische Beanspruchungen auftreten.	51 525	über 250 bar

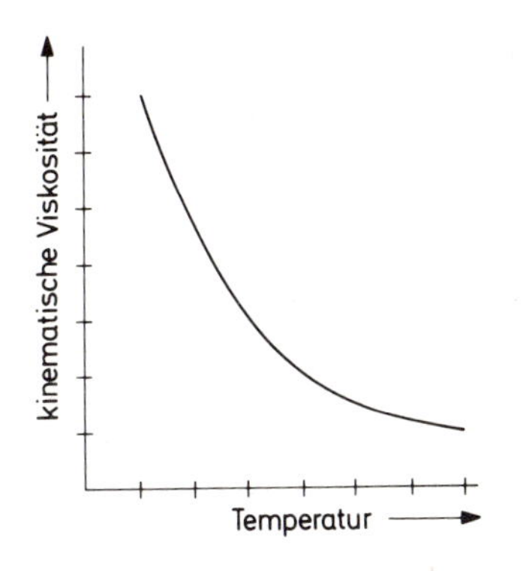

Bild 4.1
Viskositäts-Temperatur-Verhalten von Hydraulikölen

Bezüglich der Viskosität, die temperaturabhängig ist (Bild 4.1), werden an das Hydrauliköl folgende Bedingungen gestellt:

Nicht zu dickflüssig, um ein gutes Ansaugen durch die Pumpe zu ermöglichen, besonders beim Anfahren der Anlage, und um bei geringen Strömungsverlusten einen günstigen Wirkungsgrad zu erzielen.

Nicht zu dünnflüssig, um nicht durch hohe Leckverluste an den Dichtspalten einen ungünstigen Wirkungsgrad zu erzielen.

Tabelle 4.2 Anhaltswerte für die Umgebungstemperatur der Hydrauliköltypen

Kennzahl der Hydrauliköltyps mm^2/s bei 50 °C	Bereich der Umgebungstemperatur
	Geschlossene Räume mit
49	erhöhten Temperaturen + 30 °C
36	normalen Temperaturen bis + 30 °C
	Einsatz im Freien in
25	Mitteleuropa
16	kälteren Zonen

Die Viskosität und damit der Hydrauliköltyp muß also den Anfahr- und Betriebstemperaturen, d. h. der Umgebungstemperatur angepaßt werden (Tabelle 4.2).

Die Viskosität für einen bestimmten Hydrauliköltyp kann aus den entsprechenden Viskositäts-Temperatur-Blättern für jede beliebige Temperatur entnommen werden. Bild 4.1 zeigt den Viskositäts-Temperaturverlauf nur qualitativ, der mit guter Näherung einer logarithmischen Funktion folgt. Die Bestimmung des Viskositäts-Temperatur-Verhaltens eines beliebigen Hydrauliköls ist in DIN 51 563 festgelegt.

Die Hydrauliköle nach DIN werden durch den Kennbuchstaben, die Kennzahl und die Normblattnummer bezeichnet, z. B. Hydrauliköl H-LP 36 DIN 51 525.

4.2.2 Schwerentflammbare Hydraulikflüssigkeiten

Bei den schwerentflammbaren Hydraulikflüssigkeiten unterscheidet man zwei Gruppen, wasserhaltige und wasserfreie synthetische Hydraulikflüssigkeiten. Der Entflammungsschutz der wasserhaltigen Hydraulikflüssigkeiten entsteht durch das Verdampfen des Wassers, das dadurch die brennbaren Bestandteile vor Entzündung bewahrt, bzw. bei Entflammen verhindert der Wasserdampf ein Weiterbrennen. Die schwerentflammbaren, synthetischen Flüssigkeiten sind chemisch so zusammengesetzt, daß ihre Dämpfe von vornherein unbrennbar sind. Die Tabelle 4.3 gibt einen Überblick über die schwerentflammbaren Hydraulikflüssigkeiten auf der Basis der VDMA-Einheitsblätter 24 317 und 14 320. Im Vergleich mit den Hydraulikölen ist festzustellen, daß beim Betrieb mit HS-Flüssigkeiten aufgrund unterschiedlicher Eigenschaften bestimmte Bedingungen zu berücksichtigen sind.

– Die Dichte aller HS-Flüssigkeiten ist größer (bis 1,45).

Daraus folgen erschwerte Ansaugbedingungen für die Pumpen, schlechteres Schmutzabscheidevermögen und größere Druckverluste in Leitungen und Ventilen.

Tabelle 4.3 Übersicht über die schwerentflammbaren Hydraulikflüssigkeiten nach VDMA Richtlinien 24 320 und 24 317

Kurz-bezeichnung	VDMA-Einheitsblatt-Nr.	Zusammensetzung	Wassergehalt in %
HSA	24 320	Öl-Wasser-Emulsionen	80...98
HSB	24 317	Wasser-Öl-Emulsionen	$\geqslant 40$
HSC	24 317	wäßrige Lösungen, z. B. Wasser-Glycol	35...55
HSD	24 317	wasserfreie Flüssigkeiten, z. B. Phosphatester	0...0,1

Die Ansaughöhe der Pumpen muß niedriger, der Ansaugquerschnitt größer und die Maschenweite bei Ansaugfiltern $\geqslant 0{,}125$ mm sein, andernfalls muß mit Ansaugschwierigkeiten und Kavitationserscheinungen gerechnet werden.

Die Filterung der Flüssigkeit erfolgt zweckmäßigerweise im Rücklauf, die Filterfeinheit von 0,04 mm oder kleiner ist notwendig.

– Die Kompressibilität der HS-Flüssigkeiten ist geringer.

Dadurch können im System höhere Druckspitzen auftreten, Strömungsquerschnitte müssen. u. U. vergrößert und die Einstellung von Bauelementen mit variablem Ansprechverhalten müssen gegebenenfalls korrigiert werden.

– Das Luftabscheidevermögen der HS-Flüssigkeiten ist schlechter.

Dadurch ist die Verweilzeit im Behälter zu verlängern, indem größere Behälter mit Überlaufzwischenwänden eingesetzt werden.

– Die Betriebstemperaturen der wasserhaltigen HS-Flüssigkeiten sind begrenzt.

Die Temperaturen im Behälter sollen 55 °C nicht übersteigen, da sonst zuviel Wasser verdampft und der Entzündungsschutz verlorengeht.

– Das Schmiervermögen der wasserhaltigen Hydraulikflüssigkeiten ist vom Wassergehalt abhängig.

HSA-Flüssigkeiten mit bis zu 98 % Wasser sind Sonderfällen, wie z. B. der Hydraulik im Grubenausbau, vorbehalten. Beim Einsatz der HSB- und HSC-Flüssigkeiten sollte die Belastung, d. h. der Betriebsdruck um ca. 20 % reduziert werden.

– Emulsionen neigen in Toträumen und bei Verschmutzung zum Entmischen.

HSA- und auch HSB-Flüssigkeiten werden nur in Sonderfällen, z. B. bei großen Mengen (Preis), eingesetzt. Alternative zum Hydrauliköl sind deshalb nur die HSC- und HSD-Flüssigkeiten.

HSC-Flüssigkeiten haben neben den beschriebenen Nachteilen der wasserhaltigen Flüssigkeiten den Vorteil eines günstigeren Viskositäts-Temperaturverhaltens im Vergleich zu den Hydraulikölen, d.h. die Viskosität ändert sich bei Temperaturschwankungen weniger stark.

HSD-Flüssigkeiten haben dagegen ein ungünstigeres Viskositäts-Temperaturverhalten als Hydrauliköle und zersetzen außerdem noch die in der Hydraulik gebräuchlichen Perbunan-Dichtungen -Speicherblasen und -Schläuche. Wenn die Temperatur durch entsprechende Kühl- und Heizeinrichtungen so begrenzt wird, daß die Viskosität in den zulässigen Bereichen bleibt, und wenn die elastischen Teile der einzelnen Anlagenkomponente aus resistenten Elastomeren, wie z.B. Viton, ausgeführt sind, dann sind die Eigenschaften der HSD-Flüssigkeiten im Betrieb denen der Hydrauliköle nach DIN mindestens ebenbürtig, nur sind sie wesentlich teurer.

Die Viskosität und das Verhalten der schwerentflammbaren Druckflüssigkeiten sind in den Tabellen 4.4 und 4.5 aufgeführt.

Tabelle 4.4 Viskositätsbereiche der schwerentflammbaren Druckflüssigkeiten nach VDMA 24 317

Temperatur in °C	Kinematische Viskosität in mm^2/s	
	HSC	HSD
+ 100	nicht verwendbar	3...6
+ 50	20...76	12...52
+ 20	55...250	60...1 200
0	150...700	3 560...92 000
− 20	600...4 000	nicht meßbar
	HSB keine Angaben	

Tabelle 4.5 Verhalten der schwerentflammbaren Druckflüssigkeiten (VDMA 24 317) gegenüber Elastomeren

Elastomere	Verhalten		
	HSB	HSC	HSD
Perbunan	neutral	neutral	angreifend
Silikonkautschuk	neutral	neutral	unterschiedlich
Viton	neutral	neutral	neutral
Vulkollan	angreifend	angreifend	angreifend

4.3 Wechsel der Druckflüssigkeiten in ölhydraulischen Anlagen

Aus verschiedenen Gründen wie Verfügbarkeit, Preis, neue Sicherheitsvorschriften u.a. besteht häufig die Notwendigkeit, von der ursprünglich in der Anlage verwendeten Hydraulikflüssigkeit auf eine andere umzustellen. In dem VDMA-Einheitsblatt 24314 sind Richtlinien für die Umstellung der Druckflüssigkeit in ölhydraulischen Anlagen tabellarisch aufgeführt.

Bei Hydraulikflüssigkeiten auf Mineralölbasis, den Hydraulikölen, ist die Umstellung auf ein anderes Fabrikat oder einen anderen Typ durch einfaches Wechseln möglich, vor allem dann, wenn sie beide die gleiche Normbezeichnung führen. Trotzdem ist es sinnvoll die Lieferanten zu Rate zu ziehen, da die Verträglichkeit unterschiedlicher Additive, die von Hersteller zu Hersteller verschieden sein können, nicht garantiert ist.

Bei der Umstellung von Hydraulikölen auf HS-Flüssigkeiten und Umstellung von HS-Flüssigkeiten kann nach folgendem Schema verfahren werden:

- Vorprüfung, ob Werkstoffe und Auslegung der Anlage und deren Elemente für die Austauschflüssigkeit geeignet sind.
- Reinigen der Anlage. Sämtliche Komponenten der Anlage sind zu entleeren; dazu sind Zylinder, Speicher, Pumpen, Motoren, Filtergehäuse u.ä. zu demontieren; besondere Sorgfalt ist auf die Reinigung der Toträume zu richten; Filterpatronen u.ä. sind gegen neue auszutauschen.
- Spülen der Anlage. Mit der funktionsnotwendigen Menge (Kosten) wird die Anlage mit geringer Leistung angefahren, bis zur Volleistung gesteigert, sie soll 50% der Spülzeit gefahren werden, und die Anlagenkomponenten sind dabei ständig zu entlüften. Empfohlene Spülzeiten sind aus Tabelle 4.6 zu entnehmen. Die Entleerung der Spülflüssigkeit soll bei warmer Anlage erfolgen, anschließend sind die Filter zu reinigen bzw. deren Elemente zu ersetzen.

Tabelle 4.6 Spülzeiten der Hydroanlagen beim Wechsel der Druckflüssigkeit

Übergang von	Spülzeit in h
Hydrauliköl auf HSD	1...2
Hydrauliköl auf HSA	8
Hydrauliköl auf HSB oder HSC	16...24
HSA oder HSB oder HSC auf HSD	16...24

5 Hydraulische Grundsteuerungen

Vergleicht man eine größere Zahl hydraulischer Steuerungen miteinander, so kann man feststellen, daß ganz bestimmte Schaltungen in den Gesamtsteuerungen immer wieder auftreten. Diese Steuerungen, die Teil eines größeren Hydrosystems sind, und die vergleichbar in viele verschiedene Systeme auch eingebaut werden, sind die hydraulische Grundsteuerungen. Auf die wichtigsten wird in den folgenden Kapiteln näher eingegangen. Wesentlich für die Planung, Konstruktion, Wartung usw. hydraulischer Steuerungen bzw. hydraulischer Anlagen und Systeme ist die Darstellung, die nach folgenden Gesichtspunkten erfolgt:

- Die gerätetechnische Darstellung einer Steuerung oder eines Systems ist der Schaltplan.
- Die räumliche Anordnung der Geräte, in erster Linie der Arbeitsgeräte, wird durch den Lageplan dargestellt.
- Bewegungsablauf und Steuerungsabläufe werden im Funktionsdiagramm dargestellt.
- Die Geräte, die im Schaltplan durch Bildzeichen dargestellt werden, sind in der Geräteliste mit wesentlichen Angaben wie Ordnungsnummer, Stückzahl, Benennung, Typenbezeichnung und Hersteller zusammengefaßt.

Für die Darstellung selbst sind die entsprechenden DIN-Blätter und die VDI-Richtlinien maßgebend. Es sind dies:

DIN ISO 1219 Fluidtechnische Systeme und Geräte – Schaltzeichen

VDI 3225: Ölhydraulische Schaltungen – Schaltpläne.

VDI 3260: Funktionsdiagramme von Arbeitsmaschinen und Fertigungslagen.

5.1 Aufbau eines Hydraulikschaltplanes

Für die Darstellung hydraulischer Anlagen und Systeme gelten die Schaltzeichen nach DIN ISO 1219 und die VDI-Richtlinie 3225.

Anhand des Schaltplanes kann der Funktionsablauf einer Hydro-Anlage erkannt werden, deshalb sind sämtliche Geräte und Verbindungen der Anlage darzustellen. Im einzelnen sind nach der VDI-Richtlinie folgende Punkte zu beachten:

- Als Format wird vorzugsweise eine Höhe von 297 mm empfohlen, die Länge kann bis 1189 mm sein. Der Schaltplan soll auf A4 Format zusammengelegt werden.
- Der Schaltplan muß übersichtlich angeordnet sein, eine Berücksichtigung der räumlichen Anordnung der Geräte in der Anlage ist nicht notwendig.

- Zusammenhängende Hydrokreisläufe sind grundsätzlich in einem Plan darzustellen.
- Die Geräte sollen grundsätzlich in Richtung des Energiestromes von unten nach oben dargestellt werden.
- Zylinder und Wegeventile sind nach Möglichkeit waagerecht zu zeichnen.
- Leitungen sind geradlinig und nach Möglichkeit kreuzungsfrei zu zeichnen.
- Bei Mischsteuerungen wie elektrohydraulischen Steuerungen ist für die hydraulische und die elektrische Steuerung je ein Schaltplan zu zeichnen, dabei sind die Stellantriebe und die Signalglieder in beiden Plänen einzuzeichnen.
- Werden Signalglieder über ein Antriebsgerät (Zylinder) betätigt, sind sie durch Markierungsstriche gekennzeichnet.
- Die Geräte müssen in Ausgangsstellung oder wenn vorhanden in Nullstellung gezeichnet werden. Als Ausgangsstellung wird die Stellung bezeichnet, die die Geräte nach Einschalten der Energie – der Hydropumpe bzw. des elektrischen Stromes – einnehmen.
- Geräte sind eindeutig zu kennzeichnen.
- Leitungsanschlüsse sind mit Kennbuchstaben, die am Gerät oder an der Anschlußplatte angebracht sind, zu kennzeichnen.
- Folgende technische Daten sind bei den Geräten im Schaltplan einzutragen:
  Behältervolumen bis zum maximalen Ölstand,
  Viskosität des Druckmittels,
  bei Pumpen der Förderstrom und die Drehzahl, beim Antriebsmotor die Nennleistung,
  bei Druckventilen die Einstelldrücke,
  bei Arbeitszylindern der Durchmesser, der Kolbenstangendurchmesser und der Hub, z. B. 80/40 x 200, wenn notwendig kann am Zylinder noch ein Zeigerdiagramm nach VDI 3260 mit der Angabe der Geschwindigkeiten eingezeichnet werden,
  bei Hydromotoren das Schluckvolumen und das Drehmoment für den Einstelldruck,
  bei Hydrospeichern der Vorspanndruck und
  bei Rohren der Außendurchmesser und die Wanddicke, z. B. 15 x 1,5.

Ein Schaltplan mit allen Eintragungen ist in Bild 5.1 dargestellt. Bei allen übrigen Schaltplänen wird der besseren und einfacheren Darstellung wegen auf technische Angaben verzichtet.

5.2 Kreislaufarten

In der Hydraulik differenziert man die Systeme nach der Art des Kreislaufs, und zwar in Anlagen mit offenen und in Anlagen mit geschlossenem Kreislauf der Druckflüssigkeit.

Beim offenen Kreislauf wird die Druckflüssigkeit von der Pumpe angesaugt und über entsprechende Ventile – Wegeventile, Stromventile usw. – zum Arbeitsglied – Hydrozylinder oder Hydromotor – gefördert. Von dort strömt die Druckflüssigkeit in einen Vorratsbehälter, den Tank, zurück, von wo sie dann von der Pumpe wieder angesaugt wird (Bild 5.2). Die Pumpe fördert im offenen Kreislauf immer in der gleichen Richtung, es

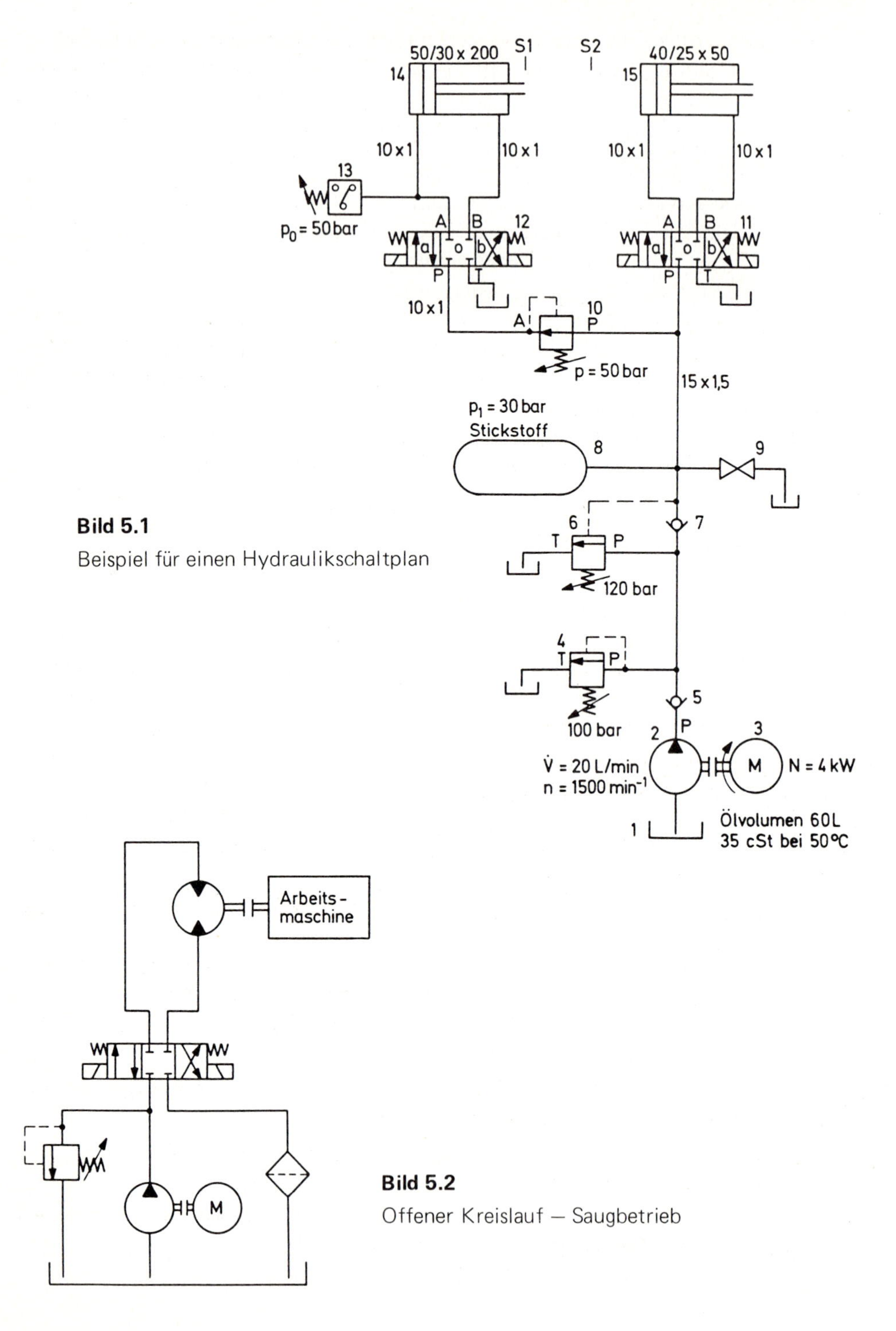

Bild 5.1

Beispiel für einen Hydraulikschaltplan

Bild 5.2

Offener Kreislauf – Saugbetrieb

können also sämtliche Bauarten verwendet werden. Die Richtung der Kolbenstange oder die Abtriebsrichtung des Hydromotors kann durch Zwischenschalten eines Stellgliedes – Wegeventils – geändert werden. Auch die thermische Belastung der Druckflüssigkeit ist beim offenen Kreislauf kleiner als beim geschlossenen, da über die Tankwände, die als Strahlungsflächen wirken, ein guter Wärmeaustausch stattfindet (siehe auch Kap. 6.3) und dadurch die Temperatur in engeren Grenzen konstant gehalten werden kann.

In der Industriehydraulik, d.h. bei hydraulischen Anlagen, die vorwiegend stationär arbeiten, verwendet man überwiegend Systeme mit offenem Kreislauf, der sich für Zylindersteuerungen besser eignet.

Der geschlossene Kreislauf eignet sich vor allem für hydrostatische Antriebe, da schnelle Umsteuerung über Pumpenverstellung möglich ist. Für Zylindersteuerungen ist sein Einsatz nur bedingt möglich, da die zugeführte und verdrängte Druckflüssigkeitsmenge bei Differentialzylindern unterschiedlich ist und ausgeglichen werden muß.

Beim geschlossenen Kreislauf wird die Druckflüssigkeit von der Hydropumpe zum Hydromotor gefördert und fließt von dort direkt wieder zur Pumpe zurück (Bild 5.3). Zur Ergänzung des nicht vermeidbaren Lecköls ist entweder ein Nachsaugventil oder eine zusätzliche Speisepumpe erforderlich (siehe auch Kap. 5.10).

5.3 Zylindersteuerungen

Mit hydraulischen Zylindersteuerungen wird die Möglichkeit ausgenutzt, die Drehbewegung eines Elektromotors oder eines Verbrennungsmotors in eine hin- und hergehende Bewegung mit einfachen Mitteln und gut steuerbar umzusetzen.

Innerhalb dieses Kapitels werden nur einige grundsätzliche Steuerungen besprochen. Speichersteuerungen, Geschwindigkeitssteuerungen, Steuerungen mit Druck- und Sperrventilen sowie Pumpenumlauf- und Motorsteuerungen sind ihrer Bedeutung wegen in besonderen, nachfolgenden Kapiteln abgehandelt. Ein Hydrosystem ist in aller Regel eine Kombination aus einem Teil oder aus allen genannten Grundsteuerungen.

Bild 5.4 zeigt eine einfache hydraulische Steuerung für einen Zylinder, die aus drei Hauptelementen aufgebaut ist.

I: Das Hydroantriebsaggregat, das die Antriebsenergie (elektrische Energie o.a.) in hydraulische Energie umformt und diese dann den Verbrauchern zuführt.

II: Das Stellglied, in diesem Falle ein 4/3-Wegeventil, das den Energiestrom für den Verbraucher steuert.

III: Das Arbeitsglied, in diesem Beispiel ein doppeltwirkender Differentialzylinder, der die hydraulische Energie in mechanische Energie umformt.

Das Antriebsaggregat, das als Baugruppe geliefert wird, besteht im wesentlichen aus folgenden Einzelgeräten (Bild 5.4):

– Dem Ölbehälter (1), der einen gewissen Vorrat an Druckflüssigkeit aufzunehmen und Einfluß auf deren Zustand hat (siehe auch Kap. 6.4).

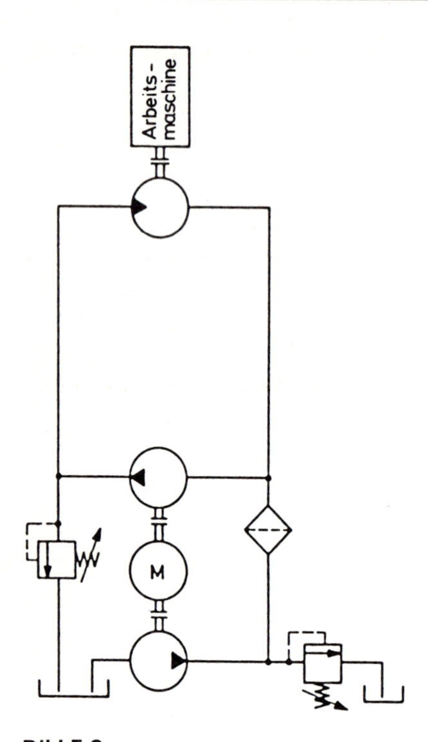

Bild 5.3

Geschlossener Kreislauf – Speisebetrieb

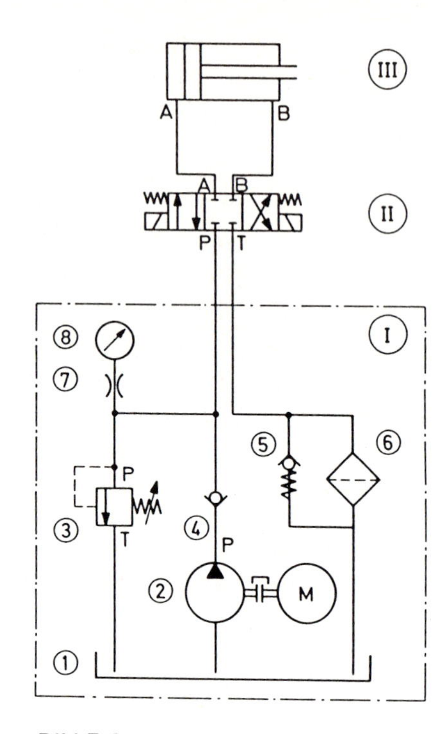

Bild 5.4

Zylindersteuerung für einen Zylinder und Hydroantriebsaggregat (I)

- Der Hydropumpe (2), im vorliegenden Beispiel eine Pumpe mit konstantem Fördervolumen, angetrieben über einen Elektromotor, der die Druckflüssigkeit aus dem Ölbehälter ansaugt und über entsprechende Ventile zum Verbraucher fördert (siehe auch Kap. 3.1 ff.).
- Dem Druckbegrenzungsventil (3), mit dem der Systemdruck nach oben begrenzt wird. Damit werden die Geräte und Leitungen vor Überlastung geschützt.
- Dem Rückschlagventil (4), das bei Ausfall des Antriebsmotors verhindert, daß durch äußere Kräfte auf die Kolbenstange Druckflüssigkeit zurückströmt.
- Dem Filter (6), der die Druckflüssigkeit von Festkörpern bis zu einer bestimmten Korngröße reinigt. Der Filter kann verschieden geschaltet sein; im vorliegenden Beispiel ist er im Rücklauf eingebaut (siehe auch Kap. 6.6). Das über eine Feder vorgespannte Rückschlagventil (5) dient der Umgehung des Filters, wenn er verstopft ist.
- Dem Manometer (8), an dem die Höhe des tatsächlich vorhandenen Systemdrucks abgelesen werden kann. Das Blendenventil (7) schützt das Manometer vor Druckspitzen und Schwingungen in der Druckflüssigkeit. Statt des Blendenventils sind auch Festdrosselventile oder Wegeventile zum Schutze eingebaut.

Sollen von einem Antriebsaggregat aus mehrere Zylinder angetrieben werden, so können sie entweder parallel oder in Serie geschaltet sein.

Bild 5.5 zeigt die Parallelschaltung von zwei Zylindern.

Bei dieser Schaltung ist eine gleichzeitige Bewegung mehrerer Zylinder möglich, wenn verschiedene Bedingungen vorliegen.

Es muß genügend Druckflüssigkeit zur Verfügung stehen, d.h. es muß ein Überschuß vorhanden sein, um den erforderlichen Arbeitsdruck aufrecht zu erhalten. Die Kolbenkräfte müssen in einem bestimmten gleichbleibenden Verhältnis zueinander stehen. Ändert sich eine der Kolbenkräfte, die sich aus dem Arbeitswiderstand, den Reibungskräften und der Gegenkraft zusammensetzen, so ändern sich auch die Kolbengeschwindigkeiten. Der Systemdruck stellt sich auf den Wert des geringsten Widerstandes ein. Er kann aber durch Zuschalten von Strom- oder Druckventilen konstant gehalten werden (siehe nachfolgende Kapitel).

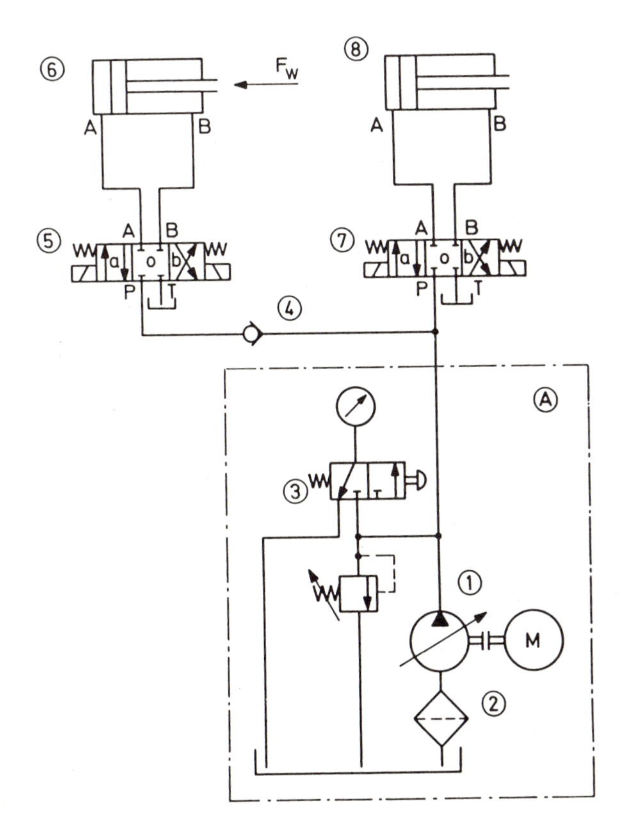

Bild 5.5

Parallelschaltung zweier Hydrozylinder

Im vorliegenden Falle werden zwei doppeltwirkende Differentialzylinder von einem Hydroaggregat angetrieben (Bild 5.5). Im Gegensatz zum Antrieb der oben beschriebenen Steuerung (Bild 5.4) wird bei dieser Parallelschaltung eine Regelpumpe (1) eingesetzt, der Filter ist in der Saugleitung eingebaut und das Manometer kann nach Betätigung des Wegeventils (3) abgelesen werden. Das Rückschlagventil (4) verhindert ein Rückströmen der Druckflüssigkeit vom Zylinder (6), wenn die äußeren Kräfte F_w sehr groß sind im Gegensatz zu denen am Zylinder (8) und beide gleichzeitig betrieben werden. In diesem Fall bleibt der Zylinder (6) stehen, der Zylinder (8) fährt aus.

Bild 5.6 zeigt die Serienschaltung zweier doppeltwirkender Zylinder (3) und (5). Durch entsprechende Verbindung des Druckanschlüsses P mit dem Rücklaufanschluß T in der Nullstellung des Wegeventils (2) und (3) lassen sich ein oder mehrere Wegeventile in Serie oder in Folge schalten. Gleichzeitig erreicht man bei Nullstellung beider Ventile einen fast drucklosen Umlauf der von der Pumpe geförderten Druckflüssigkeit (siehe auch Kap. 5.9).

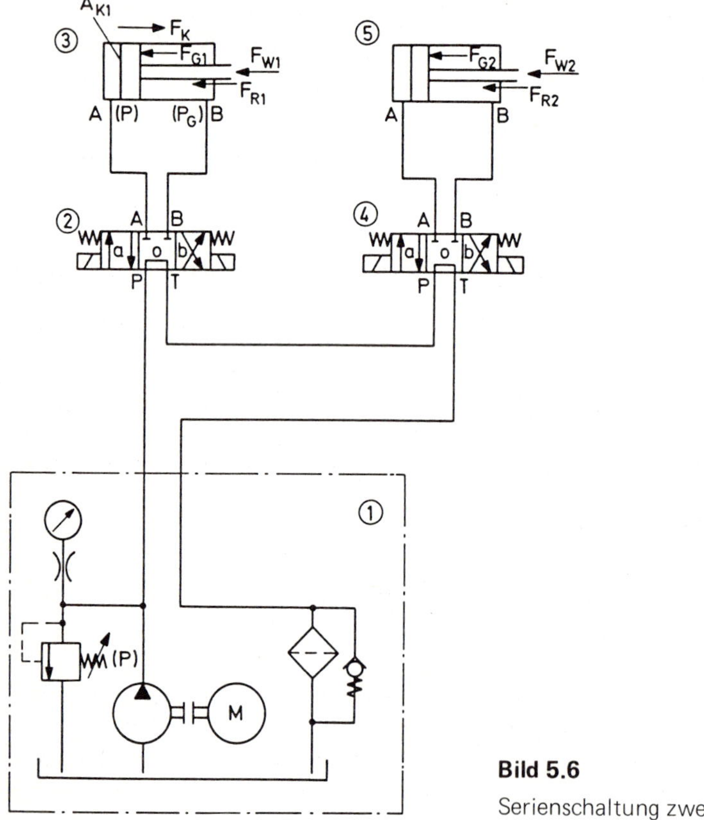

Bild 5.6

Serienschaltung zweier Hydrozylinder

Bei dieser Schaltungsart können nicht mehrere Verbraucher betrieben werden, ohne daß die Kolbenkraft und die Kolbengeschwindigkeit beeinflußt wird. Im vorliegenden Falle verhalten sich die Geschwindigkeiten der beiden Kolbenstangen wie die Ringfläche des Zylinders (3) zur Kolbenfläche des Zylinders (5), wenn beide gleichzeitig betätigt werden. Dabei muß auch der Systemdruck p so groß sein, daß die Kolbenkraft F_k ($F_k = p\,A_{k1}$) größer ist als die Summe der Kräfte aus Gegenkraft F_{G1} an der Kolbenringfläche, Arbeitswiderstand F_{W1} und der Summe der Reibungskräfte F_{R1} am Zylinder (3). Die Gegenkraft am Zylinder (3) F_{G1} ergibt sich aus dem Gegendruck p_G, der sich durch den Arbeitswiderstand F_{w2}, die Summe der Reibungskräfte F_{R2} und die Gegenkraft F_{G2} am Zylinder (5) ergibt, wenn die beiden Zylinder ausfahren sollen.

5.4 Geschwindigkeitssteuerungen

Arbeitsglieder in hydraulischen Steuerungen sind Hydrozylinder und Hydromotoren. Die Kolbengeschwindigkeit und die Drehzahl der Hydromotoren kann durch Änderung des Druckflüssigkeitsstromes stufenlos verändert werden; sie kann auf folgende Weise erreicht werden:

- Durch Änderung der Pumpenantriebsdrehzahl.
- Durch Änderung der Fördermenge einer Pumpe mit variablem Verdrängungsvolumen (Verstell- oder Regelpumpe).
- Durch Proportional-Wegeventile

Bei offenen Kreisläufen ist die Geschwindigkeitsänderung über Stromventile und Proportionalwegeventile die einfachste und am weitesten verbreitete Art. Bei geschlossenen Kreisläufen, vor allem bei hydrostatischen Antrieben, wird die Geschwindigkeits- bzw. Drehzahländerung durch Fördermengenänderung erreicht.

Im Rahmen dieses Kapitels werden die verschiedenen Möglichkeiten der Geschwindigkeitssteuerung mit Stromventilen und Proportional-Wegeventilen im offenen Kreislauf behandelt. Die dabei gezeigten Steuerungsbeispiele sind nur ein Teil der vielen Möglichkeiten, die es beim Einsatz dieser Ventile gibt.

5.4.1 Grundlagen für den Einsatz der Stromventile zur Geschwindigkeitssteuerung

Bei der Projektierung und beim Einsatz der Stromregelventile ist es wichtig, daß Richtlinien für den Einsatz und Funktion des Gerätes, sowie systembedingte Einflüsse beachtet werden. Denn die konstante Geschwindigkeit eines Hydrozylinders und die konstante Drehzahl eines Hydromotors hängt nicht allein vom Stromventil, sondern auch noch von weiteren Einflüssen, die beim Einsatz dieser Geräte zu berücksichtigen sind, ab.

Folgende Faktoren können zu Geschwindigkeitsänderungen führen:

Die Kompressiblität des Druckflüssigkeitsvolumens vom Stromregelventil bis zum Verbraucher

Der Einfluß dieses Störungsfaktors kann verringert werden, wenn das eingespannte Volumen zwischen Ventil und Verbraucher möglichst klein gehalten wird. d. h. das Stromregelventil muß so nahe wie möglich an den Verbraucher gesetzt werden.

Lufteinschlüsse in der Druckflüssigkeit

In der Hydroanlage müssen Möglichkeiten zum Entlüften vorgesehen werden und die Stromregelventile müssen so eingebaut sein, daß sich keine Lufteinschlüsse, sogenannte Luftsäcke, bilden können.

Leckverluste an den Steuer- und Antriebsgliedern

Im Bereich des gesteuerten Druckflüssigkeitsstromes zwischen Stromregelventil und Verbrauchern sollten nach Möglichkeit keine Ventile, bei denen mit Leckverlusten gerechnet werden muß, eingebaut werden. Leckverluste, die innerhalb des gesteuerten Ölstromes auftreten, beeinflussen die Geschwindigkeit des Antriebsgliedes. Besonders kritisch ist dieser Einfluß bei kleinen zu steuernden Ölströmen.

Elastizität des Leitungssystems und der Antriebsglieder

Die Verbindungsleitungen zwischen Stromregelventil und Verbraucher sollen so kurz wie möglich und steif sein, damit die elastische Aufweitung unter Druck zu keiner wesentlichen Volumenveränderung führt. Schlauchleitungen sollten in diesem Bereich nicht verwendet werden. Das selbe gilt sinngemäß für das Zylinderrohr des Hydrozylinders. Durch Verwendung entsprechender Wandstärken bei beiden Bauelementen läßt sich die Aufweitung in Grenzen halten.

Verschmutzung der Druckflüssigkeit

Die Funktion des Stromregelventils ist stark abhängig von der Verschmutzung der Druckflüssigkeit. Um Störungen der Geschwindigkeit zu vermeiden, muß ein Filter vor das Stromregelventil geschaltet werden, bei kleinen Ölströmen von 10...30 cm^3/min muß ein Filter mit 5...10 μm eingesetzt werden.

Temperaturschwankungen der Druckflüssigkeit

Bei Temperaturschwankungen verändert sich die Viskosität der Druckflüssigkeit und damit auch der Durchflußstrom im Stromregelventil. Durch konstante Öltemperatur, d.h. durch Heizen und Kühlen der Druckflüssigkeit, kann dieser Faktor ausgeschaltet werden. Diese Methode ist aber mit hohem Aufwand – Geräte und damit Kosten – verbunden. Billiger ist es Stromregelventile zu verwenden, bei denen der Viskositätseinfluß durch entsprechende Gestaltung der Drosselstelle innerhalb begrenzter Viskositätsschwankungen gering ist.

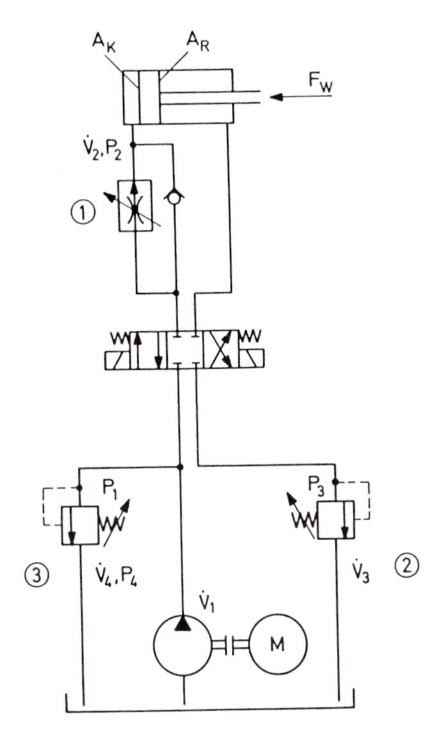

Bild 5.7 Primärsteuerung eines Hydrozylinders mit 2-Wege-Stromregelventil

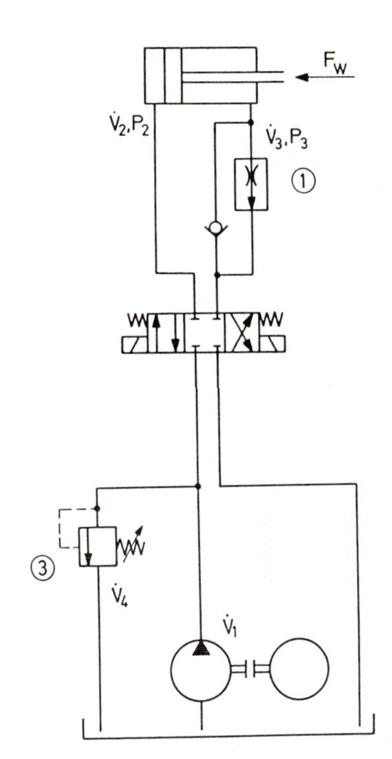

Bild 5.8 Sekundärsteuerung eines Hydrozylinders mit 2-Wege-Stromregelventil

5.4.2 Arten der Geschwindigkeitssteuerungen mit Stromventilen

Bei den Geschwindigkeitssteuerungen in der Hydraulik werden sowohl Drossel- als auch Stromregelventile eingesetzt. Welches Ventil einzusetzen ist, hängt von verschiedenen Bedingungen ab (siehe Kap. 3.5 ff.). Da sehr häufig trotz unterschiedlicher äußerer Kräfte auf die Kolbenstange konstante Geschwindigkeiten gefahren werden sollen, müssen Stromregelventile, die lastunabhängig arbeiten, verwendet werden. Im Rahmen dieses Kapitels werden deshalb Steuerungen mit Stromregelventilen behandelt. Welche der besprochenen Steuerungen auch mit Drosselventilen anstelle der Stromregelventile ausgestattet sein kann, ist jeweils aufgeführt.

Im wesentlichen unterscheidet man bei hydraulischen Geschwindigkeitssteuerungen mit Stromregelventilen zwischen vier Arten:

- Die Primärsteuerung, bei der das Stromregelventil (1) in den Zulauf geschaltet ist und dabei die dem Zylinder zuströmende Druckflüssigkeit steuert. Von der Fördermenge $\dot{V}_1$ der Pumpe wird vom Zylinder nur ein Teil $\dot{V}_2$ verbraucht, der Rest $\dot{V}_4$ strömt über das Druckbegrenzungsventil (3) in den Tank zurück. Der Druck an der Pumpe p_1 muß immer größer sein als der erforderliche maximale Arbeitsdruck p_2. Wird die Arbeitskraft F_W während eines Kolbenhubs negativ, wird ein Gegenhalteventil (2) mit entsprechendem Gegenhaltedruck p_3 notwendig. Die Primärsteuerung kann auch mit Drosselventilen ausgestattet sein (Bild 5.7).

- Die Sekundärsteuerung, bei der das Stromregelventil (1) in den Rücklauf geschaltet ist und dabei die vom Zylinder rückströmende Druckflüssigkeitsmenge $\dot{V}_3$ steuert. Auch bei dieser Steuerungsart wird von der Fördermenge $\dot{V}_1$ der Pumpe nur ein Teil $\dot{V}_2$ verbraucht, der Rest $\dot{V}_4$ strömt über Druckbegrenzungsventil (3) in den Tank zurück. Die gesteuerte Druckflüssigkeitsmenge $\dot{V}_3$ ist bei Einsatz gleicher Differentialzylinder und gleicher Kolbengeschwindigkeit bei der Sekundärsteuerung kleiner als bei der Primärsteuerung. Auch diese Steuerungsart eignet sich für den Einsatz von Drosselventilen (Bild 5.8).
- Die by-pass oder Nebenstromsteuerung, bei der das Stromregelventil (1) nur in den Zulauf geschaltet ist und den Pumpenförderstrom $\dot{V}_1$ aufteilt in einen Rücklaufstrom $\dot{V}_5$ und den für den Verbraucher bestimmten Förderstrom $\dot{V}_2$, der dann die Zylindergeschwindigkeit bestimmt. Die Pumpe arbeitet nur gegen die Zylinderbelastung, der Druck p_1 ist proportional dem Arbeitswiderstand F_W. Die by-pass-Steuerung ist nur für den Einsatz von Stromregelventilen geeignet (Bild 5.9).

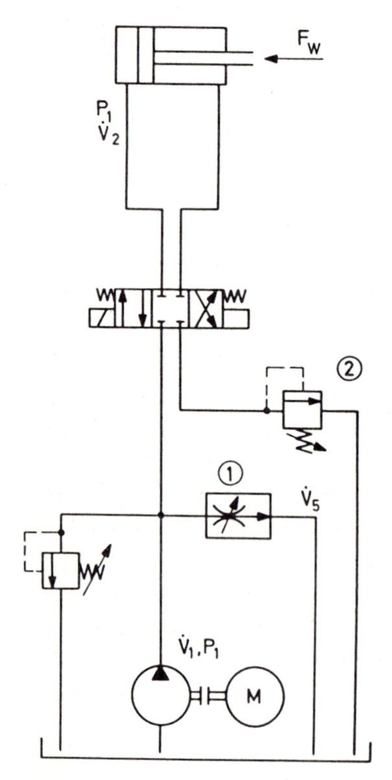

Bild 5.9 By-pass-Steuerung eines Hydrozylinders

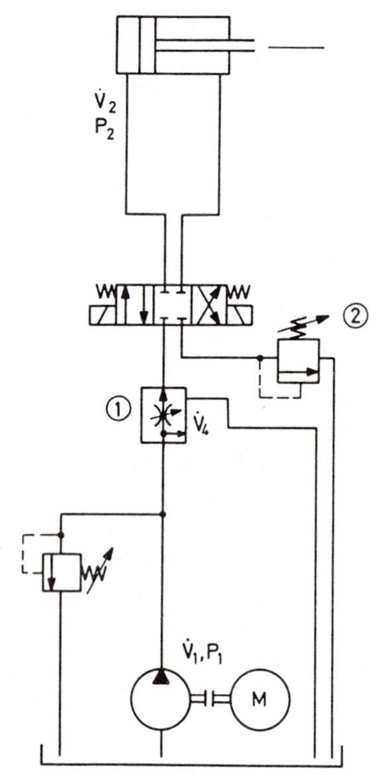

Bild 5.10 Primärsteuerung eines Hydrozylinders mit 3-Wege-Stromregelventil

- Geschwindigkeitssteuerung mit 3-Wege-Stromregelventil, bei der das Stromregelventil (1) nur in den Zulauf geschaltet werden darf. Das 3-Wege-Stromregelventil teilt den Förderstrom $\dot{V}_1$ der Pumpe in zwei Teilströme auf, in $\dot{V}_2$, der die Zylindergeschwindigkeit bestimmt, und in $\dot{V}_4$, der über den dritten Weg des Stromregelventils in den Tank zurückfließt. Der Druck p_1 entspricht immer nur dem Lastdruck des Zylinders p_2 plus dem notwendigen Arbeitsdruck der Druckwaage des Stromregelventils (5 bar) (Bild 5.10).

Bei einem Vergleich verschiedener Größen dieser vier Geschwindigkeitssteuerungen zeigen sich Vor- und Nachteile der einzelnen Steuerungsart.

1. Pumpendruck p_1

Bei der *Primär- und Sekundärsteuerung* arbeitet die Pumpe immer gegen den Einstell-Druck am Druckbegrenzungsventil, der größer als der Lastdruck p_2 sein muß. Die nicht benötigte Druckflüssigkeitsmenge $\dot{V}_4$ strömt über das Druckbegrenzungsventil in den Tank zurück. Auch bei geringem Kraftbedarf am Zylinder entsteht am Druckbegrenzungsventil ein hoher Leistungsverlust ($P = \dot{V}_4 \cdot \Delta p_{1,4}$).

Bei der *by-pass-Steuerung* arbeitet die Pumpe nur gegen den Lastdruck p_2 des Zylinders. Das Druckbegrenzungsventil, ca. 10% höher eingestellt als der Lastdruck, dient nur als Sicherheitsventil. Bei geringem und hohem Kraftbedarf des Zylinders entsteht nur ein kleiner Leistungsverlust, da die Druckdifferenz – zum Arbeiten des Stromregelventils notwendig – gering ist.

Bei der *Primärsteuerung mit 3-Wege-Stromregelventil* gilt dasselbe wie für die by-pass-Steuerung, die Pumpe arbeitet gegen den Lastdruck p_2 plus Differenzdruck der Druckwaage (ca. 5 bar) des Stromregelventils.

2. Zylinderdruck p_2 und p_3

Bei der *Primärsteuerung* entspricht der Eingangsdruck p_2 der gerade wirkenden Belastung F_W. Durch geringeren Druck an den Dichtungsmanschetten des Kolbens ergibt sich eine kleinere Reibung und dadurch ein besserer Wirkungsgrad des Zylinders. Treten negative Kräfte an der Kolbenstange auf, muß über ein Druckbegrenzungsventil (2) ein entsprechender Gegenhaltedruck p_3 – in der Regel reichen ca. 10 bar – eingestellt werden.

Bei der *Sekundärsteuerung* ist der Eingangsdruck p_2 am Zylinder gleich dem Einstelldruck p_1 des Druckbegrenzungsventils. Bei Leerlauf, d.h. bei $F_W = 0$, wird der Druck p_3 auf der Kolbenstangenseite entsprechend dem Flächenverhältnis $A_K : A_R$ am Kolben größer. Die Dichtelemente am Zylinder werden hoch belastet, dadurch steigt die Reibung und der Wirkungsgrad des Zylinders wird schlechter.

Bei der *by-pass-Steuerung* und der *Primärsteuerung mit 3-Wege-Stromregelventil* entspricht der Eingangsdruck p_2 dem aus Belastung resultierenden Druck, die Druck- und Reibungsverhältnisse sind gleich wie bei der *Primärsteuerung*. Bei diesen drei Steuerungsarten ist bei negativer Last F_W immer ein Gegenhalteventil (2) – also ein zusätzliches Gerät – notwendig.

3. Erwärmung der Druckflüssigkeit

Bei jeder Drosselung ist eine Druckdifferenz notwendig und dadurch entsteht zwangsweise eine Erwärmung der Druckflüssigkeit über die normale Betriebstemperatur hinaus. Bei Erwärmung aber sinkt die Viskosität und steigen die Leckverluste. Deshalb ist es vorteilhaft, daß bei der Sekundär- und bei der by-pass-Steuerung die an der Drosselstelle erwärmte Druckflüssigkeit in den Behälter zurückfließt, während sie bei den beiden anderen Steuerungsarten dem Zylinder zugeführt wird.

4. Weitere verschiedene Kriterien

Bei Eilgangschaltungen mit by-pass-Steuerung kann Druckflüssigkeit in den Tank zurückfließen – es wird nicht die größtmögliche Geschwindigkeit erreicht. By-pass-Steuerungen sind bei Speicherantrieb nicht möglich, da der Speicher über den by-pass leerläuft. Auch ist eine Parallelsteuerung nicht möglich, da der Pumpendruck proportional dem Arbeitswiderstand ist.

Die Geschwindigkeit der Kolbenstange ist bei by-pass-Steuerungen vom Förderstrom der Pumpe abhängig, da der gesteuerte Druckflüssigkeitsstrom $\dot{V}_5$ in den Behälter zurückströmt und dem Verbraucher der Differenzstrom $\dot{V}_2 = \dot{V}_1 - \dot{V}_5$ zugeführt wird. Verändert sich nun der Pumpenstrom $\dot{V}_1$ durch unterschiedliches Lecköl an der Pumpe oder durch Drehzahlschwankungen des Antriebsmotors, so verändert sich auch $\dot{V}_2$ und damit die Zylindergeschwindigkeit.

Kleine Geschwindigkeiten lassen sich bei der Primärsteuerung mit dem 3-Wege-Stromregelventil und der by-pass-Steuerung leichter erreichen, da bei diesen Steuerungsarten der gesteuerte Ölstrom größer ist als bei der Sekundärsteuerung.

5.4.3 Beispiele für Geschwindigkeitssteuerungen mit Stromregelventilen

Die hier behandelten Beispiele sind ein Auszug aus der Vielfalt verwirklichter Geschwindigkeitssteuerungen. Anstelle der genannten Stromregelventile können in vielen Fällen auch Drosselventile verwendet werden; sinngemäß gilt das im vorhergehenden Kapitel Erwähnte. Da die hydraulische Geschwindigkeitssteuerung sehr häufig im Fertigungsprozeß eingesetzt wird, bei dem es auf konstante Geschwindigkeit unabhängig von der Belastung ankommt, ist der Einsatz von Stromregelventilen notwendig. Man spricht in der Praxis deshalb bei dieser Art Geschwindigkeitssteuerung auch von Vorschubsteuerungen.

Primär-Steuerung für beide Richtungen (Bild 5.11)
Durch ein Stromregelventil (1), das zwischen Pumpe und Wegeventil geschaltet ist, läßt sich die Geschwindigkeit in beide Richtungen abhängig voneinander steuern. Das Verhältnis der Geschwindigkeiten entspricht dem Verhältnis Kolben-: Ringfläche $A_K : A_R$. Nachteilig wirkt sich bei kleinen Ölströmen das Lecköl im Wegeventil aus. Bei negativen Kräften an der Kolbenstange ist ein Gegenhalteventil (2) notwendig.

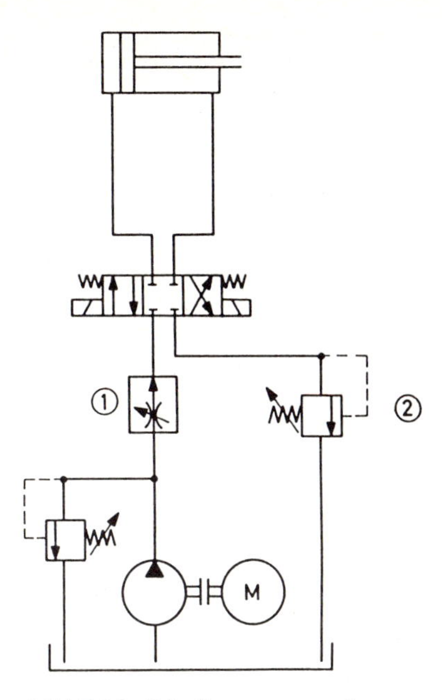

Bild 5.11 Primärsteuerung eines Hydrozylinders für beide Bewegungsrichtungen mit einem Stromregelventil

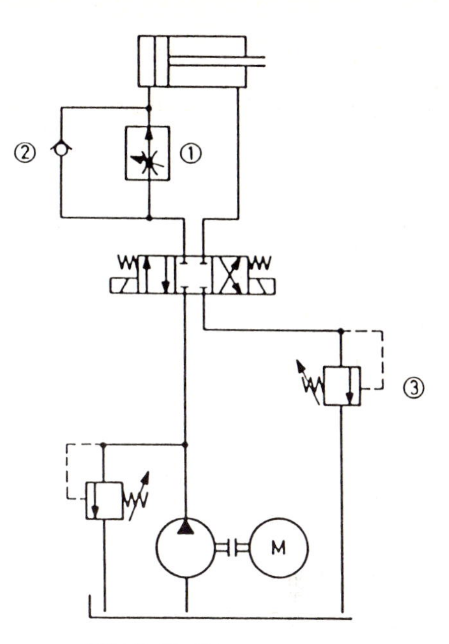

Bild 5.12 Primärsteuerung eines Hydrozylinders für eine Richtung

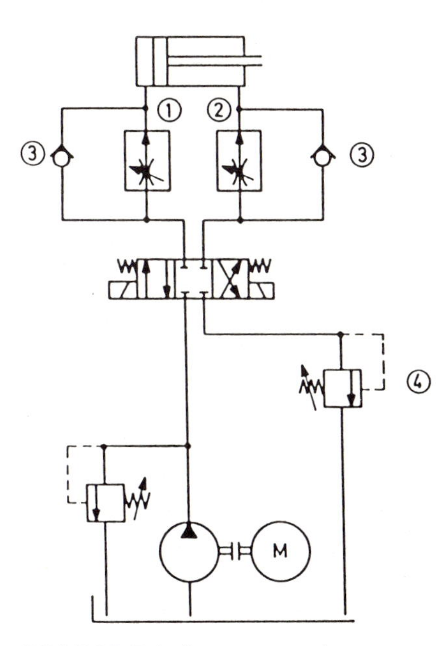

Bild 5.13 Primärsteuerung eines Hydrozylinders für beide Bewegungsrichtungen unabhängig voneinander einstellbar

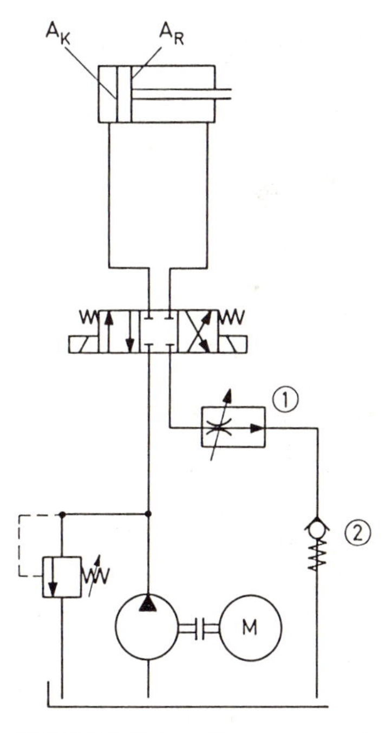

Bild 5.14 Sekundärsteuerung eines Hydrozylinders für beide Bewegungsrichtungen mit einem Stromregelventil

Primärsteuerung für eine Richtung (Bild 5.12)
Das Stromregelventil (1) ist zwischen Wegeventil und Zylinder geschaltet. Das Lecköl im Wegeventil hat keinen Einfluß auf die Geschwindigkeit. Die Gegenbewegung ist nicht gesteuert, das Stromregelventil (1) wird über das Rückschlagventil (3) umgangen. Bei negativen Kräften auf die Kolbenstange ist auch hier ein Gegenhalteventil notwendig (2).

Primärsteuerung für beide Richtungen, unabhängig einstellbar (Bild 5.13)
Durch je ein Stromregelventil (1) und (2), die über Rückschlagventile (3) in der Gegenstromrichtung umgangen werden, können Vor- und Rücklauf des Zylinders unabhängig voneinander gesteuert werden. Das Lecköl des Wegeventils hat auf die Geschwindigkeit keinen Einfluß, für negative Kolbenkräfte ist wie bei allen Primärsteuerungen ein Gegenhalteventil (4) vorzusehen.

Sekundärsteuerung für beide Richtungen (Bild 5.14)
Durch ein Stromventil (1), das in den Rücklauf zwischen Wegeventil und Behälter geschaltet ist, wird die Geschwindigkeit des Zylinders in beiden Richtungen abhängig im Verhältnis $A_K : A_R$ gesteuert. Das Lecköl im Wegeventil wirkt sich auf die Geschwindigkeit aus. Damit die Rohrleitung nach dem Stromregelventil immer mit Druckflüssigkeit gefüllt ist, empfiehlt sich der Einbau eines Rückschlagventils (2).

Sekundärsteuerung für eine Richtung (Bild 5.15)
Das Stromregelventil (1) ist zwischen das Wegeventil und den Zylinder geschaltet. Das Lecköl im Wegeventil hat damit auf die Zylindergeschwindigkeit keinen Einfluß. Für die Gegenbewegung wird das Stromregelventil über das Rückschlagventil (2) umgangen.

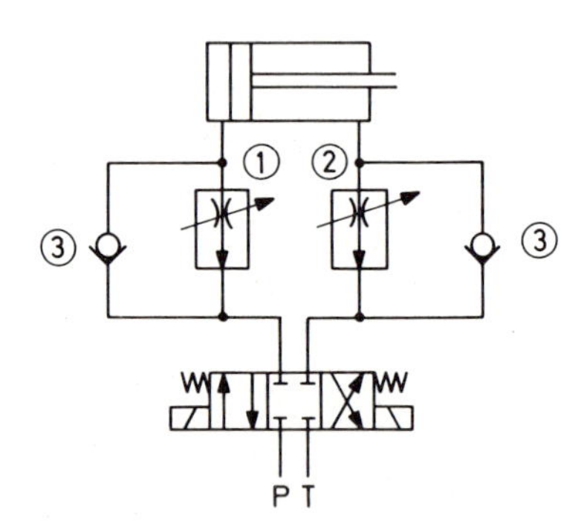

Bild 5.16 Sekundärsteuerung eines Hydrozylinders für beide Bewegungsrichtungen unabhängig voneinander einstellbar

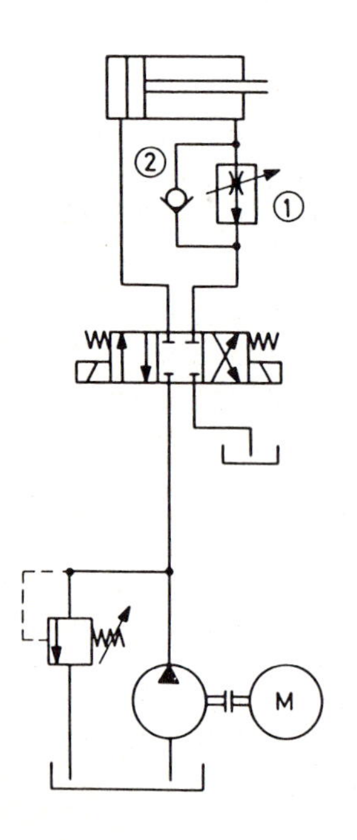

Bild 5.15
Sekundärsteuerung eines Hydrozylinders für eine Richtung

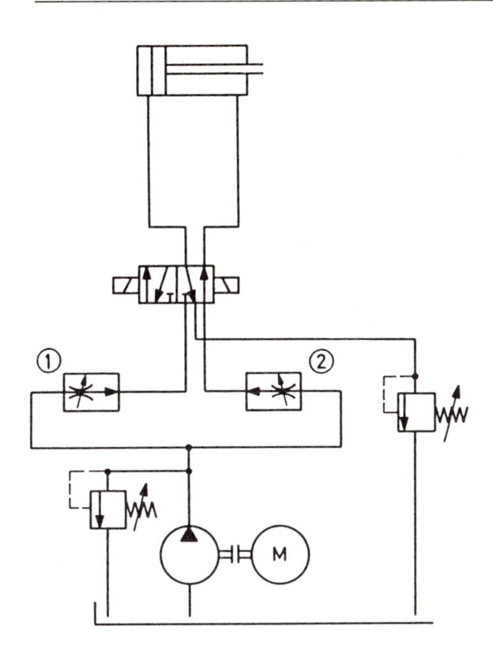

Bild 5.17 Primärsteuerung eines Hydrozylinders für beide Bewegungsrichtungen unabhängig voneinander einstellbar

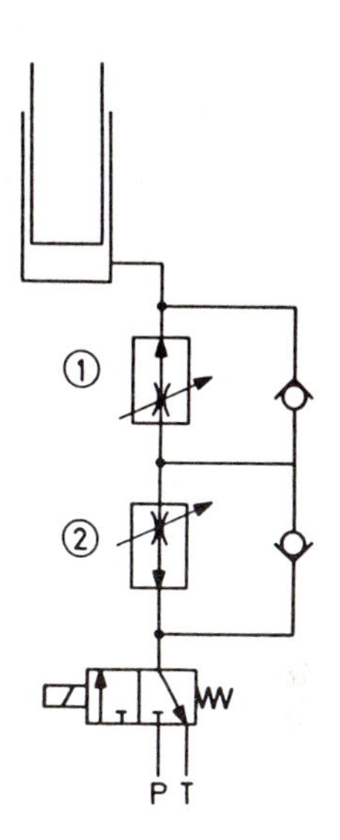

Bild 5.18 Geschwindigkeitssteuerung für beide Richtungen eines einfachwirkenden Hydrozylinders

Sekundärsteuerung für beide Richtungen unabhängig voneinander einstellbar (Bild 5.16)
Mit je einem Stromregelventil (1) und (2) kann die Zylindergeschwindigkeit für Vor- und Rücklauf unabhängig voneinander eingestellt werden. Das Lecköl des Wegeventils hat auf die Geschwindigkeiten keinen Einfluß. In der Gegenstromrichtung werden die Stromventile über die Rückschlagventile (3) umgangen.

Primärsteuerung für beide Richtungen unabhängig voneinander einstellbar (Bild 5.17)
Durch je ein Stromregelventil (1) und (2), die zwischen Pumpe und 5/2- oder 5/3-Wegeventil geschaltet sind, können Vor- und Rücklauf des Zylinders unabhängig voneinander gesteuert werden. Bei dieser Steuerungsart spart man die Umgehungsventile, aber das Lecköl beeinflußt die Geschwindigkeit.

Geschwindigkeitssteuerung für beide Richtungen eines einfachwirkenden Zylinders (Bild 5.18)
Durch zwei in Reihe geschaltete Stromregelventile (1) und (2), die über Rückschlagventile in der Gegenstromrichtung umgangen werden, können Vor- und Rücklauf eines einfachwirkenden Zylinders unabhängig voneinander gesteuert werden. Der Rückhub bedingt äußere Kräfte (Beispiel Hebebühne) und ist sekundär gesteuert, der Vorlauf ist primär gesteuert.

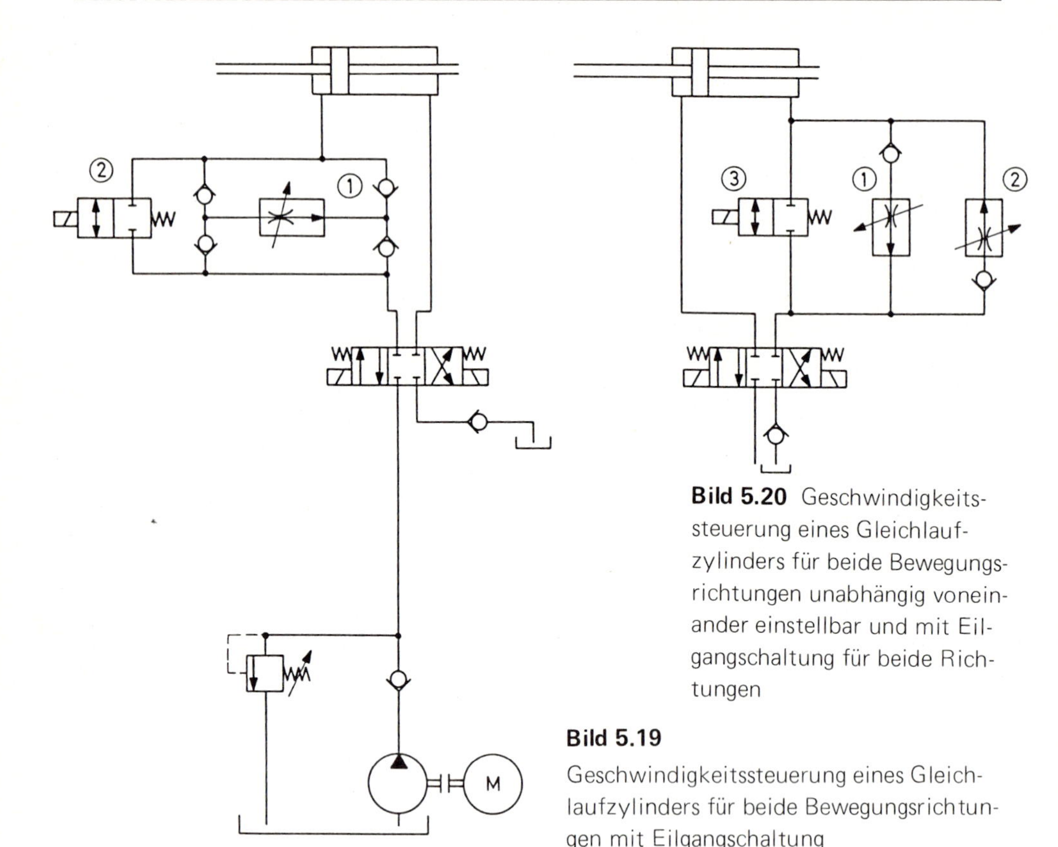

Bild 5.20 Geschwindigkeitssteuerung eines Gleichlaufzylinders für beide Bewegungsrichtungen unabhängig voneinander einstellbar und mit Eilgangschaltung für beide Richtungen

Bild 5.19
Geschwindigkeitssteuerung eines Gleichlaufzylinders für beide Bewegungsrichtungen mit Eilgangschaltung

Geschwindigkeitssteuerung für beide Richtungen mit Eilgangschaltung (Bild 5.19)
Bei einem Gleichlaufzylinder (Zylinder mit durchgehender Kolbenstange gleichen Durchmessers) kann über ein Stromregelventil (1) durch entsprechende Verschaltung (Graetz-Schaltung) mit Rückschlagventilen gleiche Vor- und Rücklaufgeschwindigkeit der Kolbenstange ohne Einfluß des Lecköls im Wegeventil erreicht werden. Dabei wird eine Richtung primär, die andere sekundär gesteuert. Über das Wegeventil (2) kann in beiden Richtungen im Eilgang gefahren werden, was besonders für Zustellbewegungen bei Werkzeugmaschinen wichtig ist.

Bei unterschiedlichen Vor- und Rücklaufgeschwindigkeiten sind zwei Stromregelventile (1) und (2) (Bild 5.20) notwendig. Auch bei dieser Steuerung wird eine Richtung primär, die andere sekundär gesteuert; mit dem Wegeventil (3) wird in beiden Richtungen der Eilgang geschaltet.

Vorschubsteuerung für drei verschiedene Vorschubgeschwindigkeiten und Eilrücklauf (Bild 5.21)
Über das Wegeventil (1) kann jeweils eines der drei Stromregelventile (a), (b) oder (0) mit der entsprechenden Schaltstellung des Wegeventils zugeschaltet werden. Das Rückschlagventil (2) dient der Umgehung beim Eilrücklauf des Zylinders.

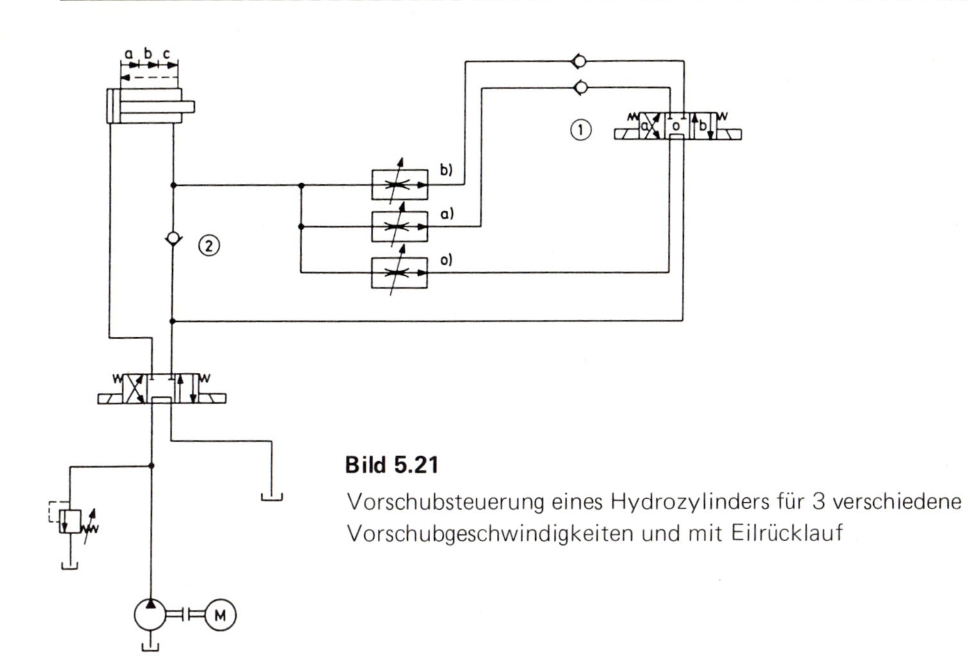

Bild 5.21
Vorschubsteuerung eines Hydrozylinders für 3 verschiedene Vorschubgeschwindigkeiten und mit Eilrücklauf

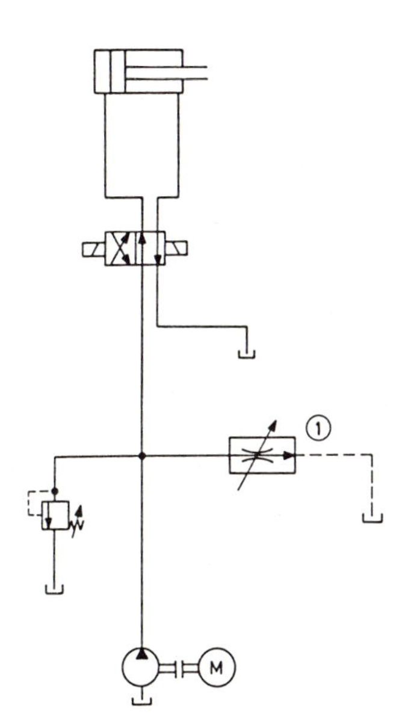

Bild 5.22 By-pass-Steuerung eines Hydrozylinders für beide Bewegungsrichtungen

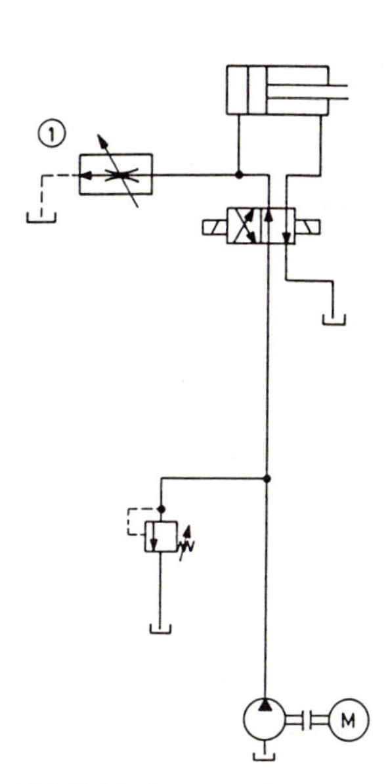

Bild 5.23 By-pass-Steuerung eines Hydrozylinders für nur eine Bewegungsrichtung

By-pass-Steuerung für beide Richtungen (Bild 5.22)
Wird der by-pass und damit das Stromregelventil (1) zwischen Pumpe und Wegeventil geschaltet, sind beide Bewegungsrichtungen gesteuert. Die Geschwindigkeit entspricht beim Differentialzylinder dem Verhältnis $A_K : A_R$ der Zylinderflächen. Die Geschwindigkeiten werden vom Pumpenförderstrom und dem Lecköl im Wegeventil beeinflußt (siehe Kap. 5.4.2).

By-pass-Steuerung für eine Richtung (Bild 5.23)
Wird der by-pass und das Stromregelventil (1) zwischen Wegeventil und Zylinder geschaltet, wird nur eine Richtung gesteuert. Das Lecköl des Wegeventils spielt keine Rolle mehr.

Steuerungen mit 3-Wege-Stromregelventil
Wie bei den beiden vorgehend besprochenen by-pass-Steuerungen kann das Stromregelventil (1) zwischen Wegeventil und Pumpe (Bild 5.24) oder zwischen Wegeventil und Zylinder geschaltet sein (Bild 5.25). Im ersten Fall werden zwei, im zweiten Fall eine Richtung gesteuert. Das Lecköl im Wegeventil hat nur im ersten Fall Einfluß auf die Geschwindigkeit.

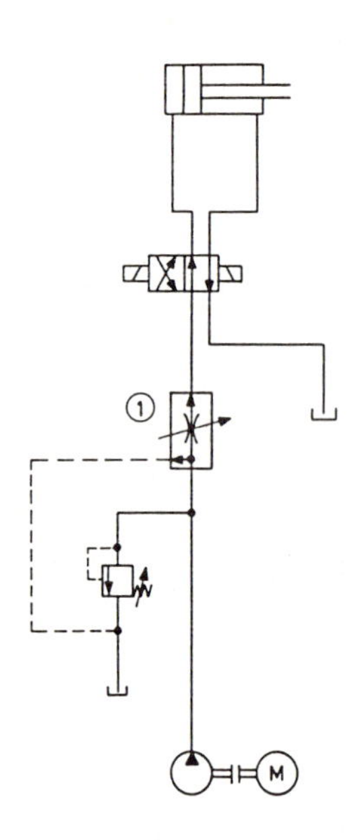

Bild 5.24 Geschwindigkeitssteuerung eines Hydrozylinders mit einem 3-Wege-Stromregelventil primär geschaltet und für beide Bewegungsrichtungen

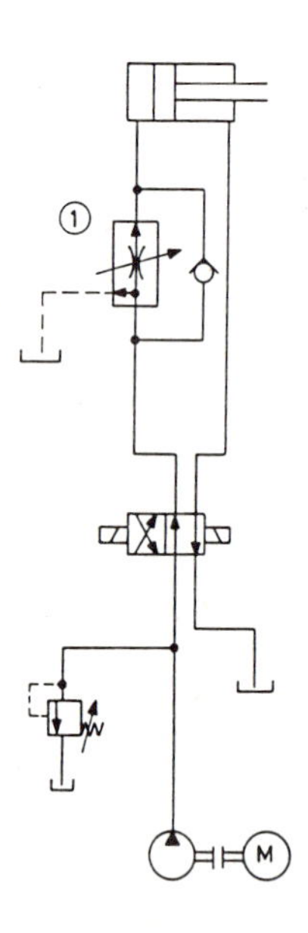

Bild 5.25 Geschwindigkeitssteuerung eines Hydrozylinders mit 3-Wege-Stromregelventil für eine Bewegungsrichtung

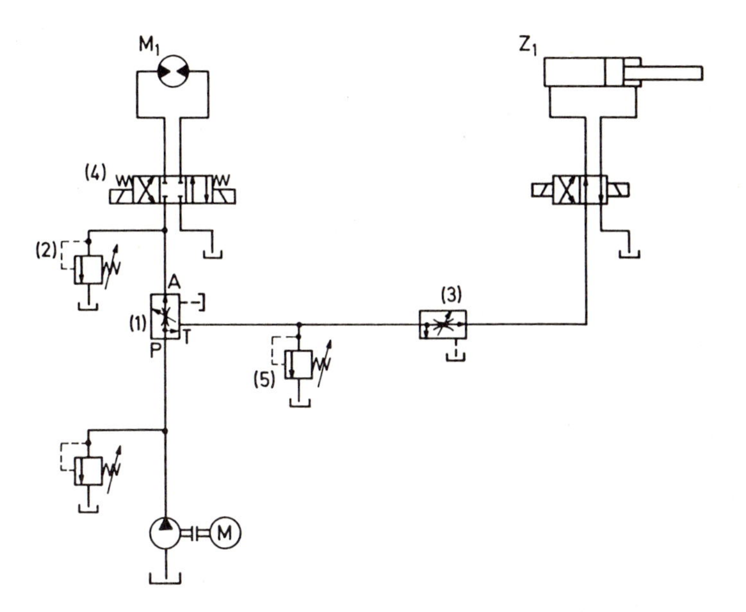

Bild 5.26 Geschwindigkeitssteuerung eines Hydromotors und Hydrozylinder mit 3-Wege-Stromregelventil, wobei der Zylinder über den Reststrom des einen Stromregelventils gespeist wird

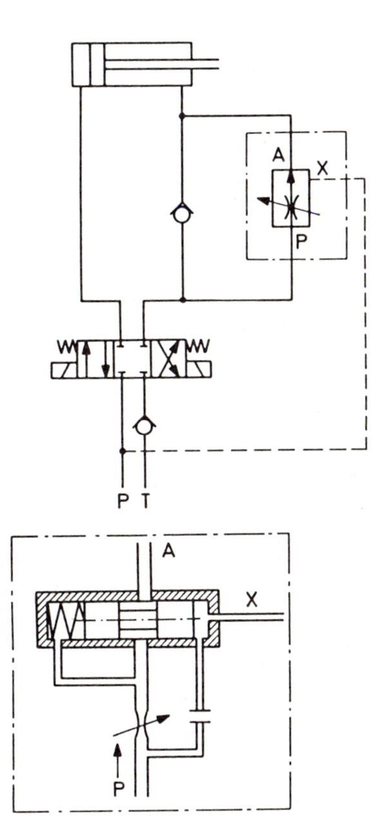

Bild 5.27

Schaltung eines 2-Wege-Stromregelventils zur Vermeidung des Anfahrsprunges

Im Bild 5.26 ist eine Steuerung mit einem 3-Wege-Stromregelventil dargestellt, bei der der Reststrom des Stromregelventils (1) auf einen weiteren Kreis geschaltet ist. Das Druckbegrenzungsventil (2) ist notwendig, um bei Null-Stellung des Wegeventils (4) oder Blockierung des Ölmotors M1 den Ölstrom im Stromregler (1) aufrecht zu erhalten. Fließt keine Druckflüssigkeit durch den Stromregler, schließt dessen Druckwaage und es kann kein Reststrom zum Zylinder Z1 strömen.

Über das Druckbegrenzungsventil (2) kann die Druckflüssigkeit, wenn sie vom Verbraucher M1 nicht benötigt wird, in den Behälter zurückfließen. Damit arbeitet die Druckwaage des Stromregelventils (1) und der Zylinder Z1 kann mit Druckflüssigkeit über den dritten Weg des Stromreglers versorgt werden. Das Druckbegrenzungsventil (5) ist notwendig zur Absicherung des zweiten Kreises und für die Funktion des Stromreglers (1), wenn der Zylinder Z1 auf Anschlag aus- oder eingefahren ist, denn über die Druckwaage des Stromreglers (1) muß der für die Steuerung des Ölmotors nicht benötigte Reststrom abfließen können. Mit dem Stromregelventil (3) wird die Geschwindigkeit des Zylinders Z1 in beiden Richtungen gesteuert, das Druckbegrenzungsventil (6) dient als Sicherheitsventil.

Bei Geschwindigkeitssteuerungen mit 2-Wege-Stromregelventilen ist unbedingt der Anfahrsprung dieser Geräte zu berücksichtigen (siehe Kap. 3.5.2). Durch ihn kann der beaufschlagte Zylinder beim Umschalten einen Sprung von 1...2 mm ungesteuert machen. In Fällen, bei denen sich ein spanabhebendes Werkzeug im Schnitt befindet, z. B. an einer Drehmaschine beim Umschalten von Längs- auf Plandrehen, würde dabei das Werkzeug zu Bruch gehen. Um diesen Anfahrsprung zu vermeiden, muß der Differenzdruckregler des Stromregelventils geschlossen sein, wenn das Ventil nicht durchströmt wird. Dies kann durch konstruktive Maßnahmen im Ventil selbst oder durch eine entsprechende Schaltung des Ventils (Bild 5.27) erreicht werden.

5.5 Steuerungen mit Stromteilventilen

Werden mehrere Verbraucher (Hydromotoren, Hydrozylinder) über einen Pumpenstrom versorgt und sollen diese unabhängig von der äußeren Belastung und damit vom Druckaufbau im einzelnen Verbraucher arbeiten, müssen Stromteilventile zugeschaltet werden. Stromteilventile arbeiten sinngemäß wie Stromregelventile, also druckunabhängig wird der Pumpenförderstrom geteilt. Ohne Stromteilventile wird immer der Verbraucher, bei dem sich der kleinste Druck aufgebaut hat, primär versorgt, was bei unterschiedlicher Belastung der einzelnen Verbraucher unterschiedliche Bewegungsabläufe zur Folge hat. An einigen Beispielen soll der Einsatz der Stromteilventile gezeigt werden (s. auch Kap. 3.5.3).

Steuerung mit einem einfachwirkendem Stromteilventil für zwei Verbraucher (Bild 5.28)

Mit dieser Steuerung werden 2 Hydromotoren (M1) und (M2) über einem Stromteilventil (1) versorgt. Durch die beiden Druckbegrenzungsventile (2) und (3) wird erreicht, daß bei Stillstand eines Hydromotors – z.B. durch Blockieren oder Anfahren eines Anschlages – das zugehörige Druckbegrenzungsventil den Teilstrom in den Behälter ableitet und damit die Funktion des Stromteilventils erhalten bleibt und der andere Hydromotor weiter mit dem ihm zugemessenen Drucköl beaufschlagt wird.

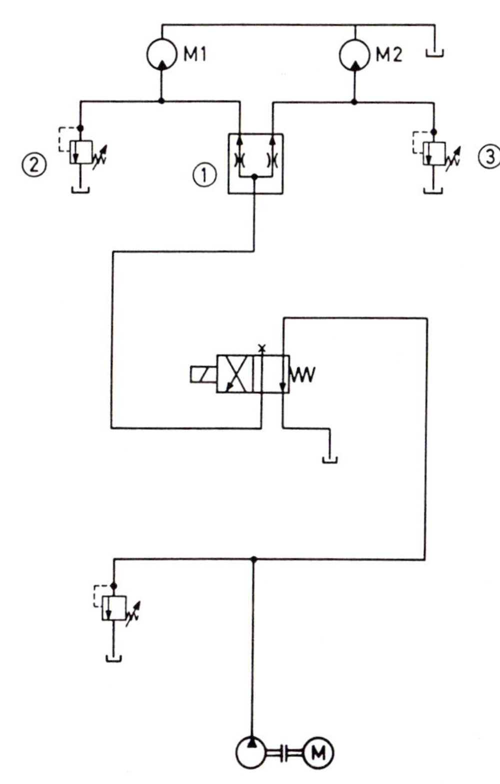

Bild 5.28 Steuerung mit einem einfachwirkendem Stromteilventil und zwei Verbrauchern

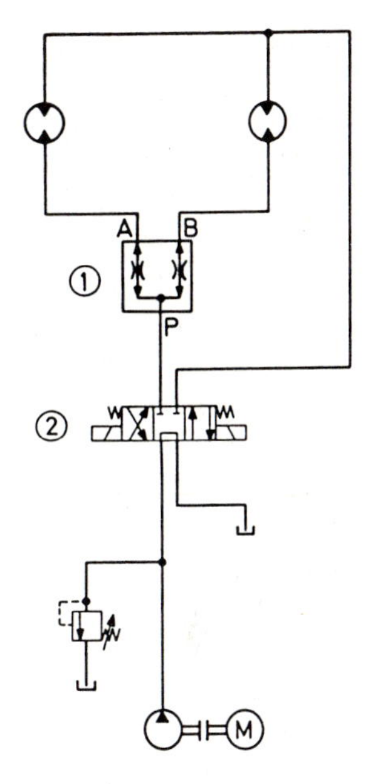

Bild 5.29 Steuerung mit einem doppeltwirkendem Stromteilventil und zwei Verbrauchern

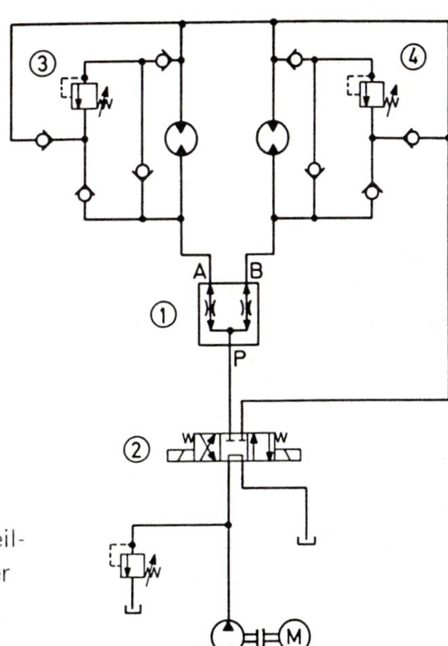

Bild 5.30

Steuerung mit einem doppeltwirkendem Stromteilventil und zwei Verbrauchern unabhängig von der Überlastung (Stillstand eines Verbrauchers in beiden Drehrichtungen

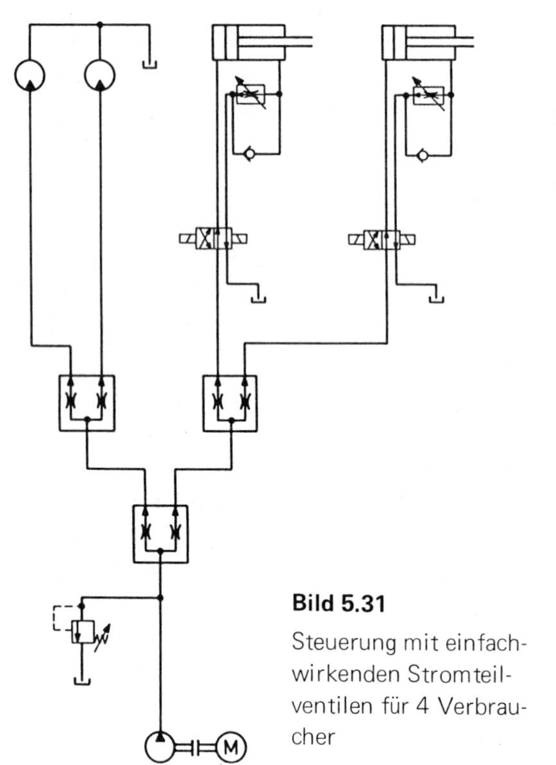

Bild 5.31
Steuerung mit einfachwirkenden Stromteilventilen für 4 Verbraucher

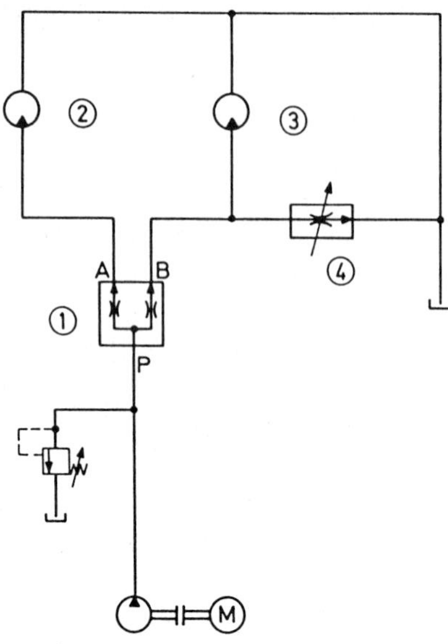

Bild 5.32 Steuerung zweier Hydromotoren mit Stromteilventilen bei der die Drehzahl eines Motors unabhängig von der Drehzahl des zweiten eingestellt werden kann

Steuerungen mit doppeltwirkenden Stromteilventilen (Bilder 5.29 und 5.30)
Mit einem doppeltwirkenden Stromteilventil (1) kann in einem offenen Kreislauf über das Wegeventil (2) die Drehrichtung der Ölmotoren umgekehrt werden. Das Stromteilventil ist dann einmal primär und einmal sekundär geschaltet. Wenn beide Verbraucher für den Überlastfall in beiden Drehrichtungen unabhängig sein sollen, muß für jeden ein Druckbegrenzungsventil (3) und (4) (Bild 5.30) zugeschaltet sein. Durch die Gleichrichterschaltung mit den Rückschlagventilen benötigt man für jeden Hydromotor nur ein Druckbegrenzungsventil.

Steuerung mit einfachwirkenden Stromteilventilen für vier Verbraucher (Bild 5.31)
Das Beispiel zeigt, wie man bei vier Verbrauchern durch den Einsatz von drei Stromteilventilen mit nur einem Pumpenförderstrom arbeiten kann.

Steuerung zweier Hydromotoren mit unterschiedlicher Drehzahl über Stromteilventil (Bild 5.32)
Bei dem gezeigten Beispiel soll der Hydromotor (2) mit konstanter, der Hydromotor (3) im Gegensatz dazu mit kleinerer aber veränderlicher Drehzahl betrieben werden. Dies läßt sich durch den Einsatz eines Stromteilventils (1) und eines 2-Wege-Stromregelventils, das im by-pass geschaltet sein muß, verwirklichen.

5.6 Steuerungen mit Rückschlagventilen

Vom konstruktiven Aufbau her sind Rückschlagventile dichtschließende Ventile, die dort zum Einsatz kommen, wo ein Verbraucher (Zylinder, Hydromotor) in der Haltestellung absolut feststehen soll (kein Absinken des Zylinders bei einer Hebebühne usw.). Rückschlagventile werden außerdem noch zur Trennung verschiedener Hydraulikkreise, zur Sicherung der Druckflüssigkeitssäule gegen Rücklaufen, zur Druckvorspannung eines Steuerkreises und zur Umgehung eines anderen Hydroventils in Gegenrichtung eingesetzt (s. auch Kap. 3.6).

Die folgenden Beispiele sind nur ein Auszug aus den vielen Einsatzmöglichkeiten der Rückschlagventile.

Steuerungen mit federbelasteten oder unbelasteten Rückschlagventilen

Die Rückschlagventile im Beispiel Bild 5.33 haben verschiedene Funktionen zu erfüllen.

Das Rückschlagventil (1) verhindert, daß die Druckflüssigkeit bei Stillstand der Pumpe und geschaltetem Wegeventil (5) nicht aus dem System in den Behälter zurückfließt bzw. bei äußeren Kräften auf den Zylinder über die Pumpe zurückgedrückt wird. Im letzten Fall kann es zu Unfällen und zu Pumpenschäden kommen.

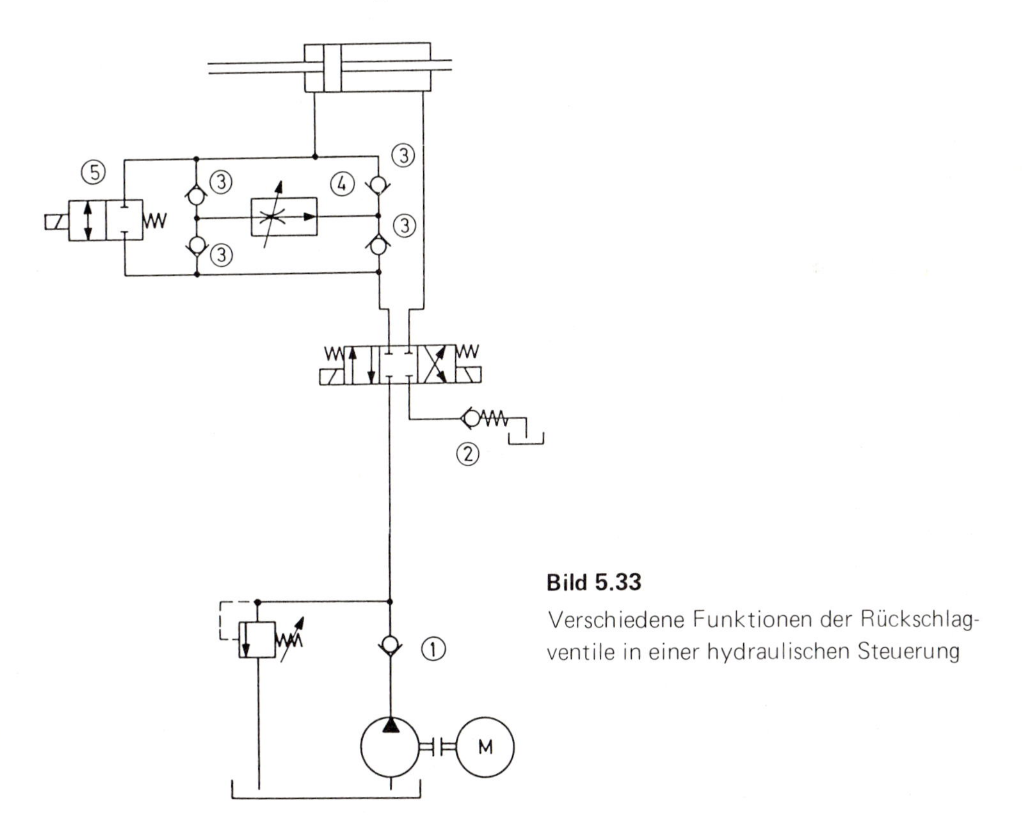

Bild 5.33

Verschiedene Funktionen der Rückschlagventile in einer hydraulischen Steuerung

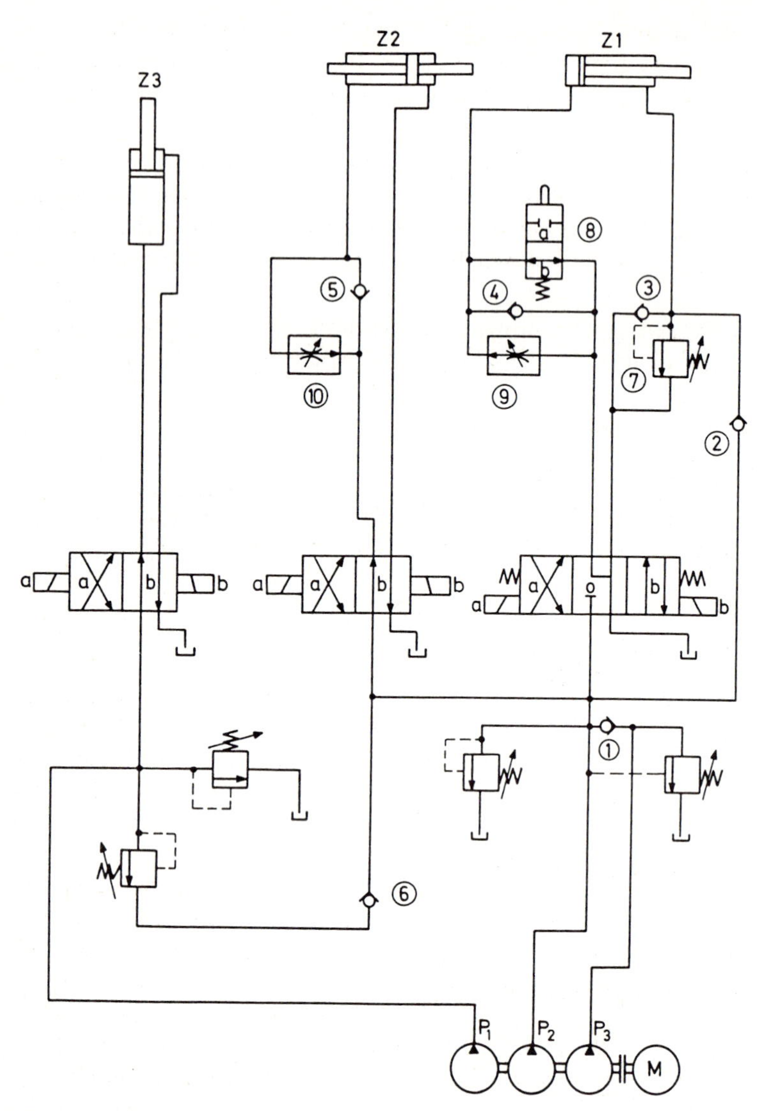

Bild 5.34 Beispiel für den Einsatz der Rückschlagventile in einer hydraulischen Steuerung mit mehreren Steuerketten

Das Rückschlagventil (2) dient zur Druckvorspannung (ca. 1...4 bar) der Rücklaufleitung.

Die Rückschlagventile (3) sind zu einer Gleichrichter- oder Graetzschaltung für das Stromregelventil (4) verschaltet. Der Gleichlaufzylinder kann damit über nur ein Stromregelventil in der Geschwindigkeit gesteuert werden.

Die Funktionen der Rückschlagventile im Beispiel Bild 5.34 sind aus dem Ablauf der Steuerung erkennbar.

Rückschlagventil (1): Verbindet die Förderströme von Pumpe P1 und P2, solange mit Niederdruck gefahren wird (Eilgangschaltung). Bei Erreichen des Schaltdruckes am Ventil 11 schaltet dies auf Umlauf der Pumpe P1 und das Rückschlagventil trennt jetzt die beiden Förderströme.

Rückschlagventil (2): Durch dieses Ventil wird die vom Zylinder verdrängte Druckflüssigkeit dem Zulauf wieder zugeführt (Umströmungs- oder Differentialsteuerung). Dadurch kann der Pumpenstrom kleiner gehalten und auf ein Gegenhalteventil (7) übernimmt die Absicherung der Rücklaufleitung, da durch die Flächendifferenz eine Druckübersetzung möglich ist.

Rückschlagventile (3), (4) und (5): Sie dienen zur Umgehung der Ventile (7), (8), (9) und (10) in einer Strömungsrichtung, d.h. diese Geräte treten nur in Sperrichtung der Rückschlagventile in Funktion.

Rückschlagventil (6): Dieses Ventil trennt den Förderstrom der Pumpe P3 von denen der Pumpen P2 und P1. Für den Eilvorlauf des Zylinders Z3 fördern die Pumpen P1 und P2 in diesen Steuerkreis. Die Pumpe P3 dient dann nur noch zur Aufrechterhaltung des Druckes am Zylinder Z3 und ist über das Rückschlagventil gegen die Steuerkreise der Zylinder Z1 und Z2 abgesichert, da beim Ausfahren dieser Zylinder in deren Steuerkreisen der Druck abfällt.

Steuerungen mit vorgesteuerten Rückschlagventilen

Bei dem Steuerungsbeispiel 5.35 hat das vorgesteuerte Rückschlagventil die Aufgabe, den Zylinder in jeder Lage zu halten. Die Senkgeschwindigkeit wird dadurch nicht beeinflußt. Durch den Druckaufbau in der Arbeitsleitung B und damit auch in der Steuerleitung zum entsperrbaren Rückschlagventil (1) wird dieses hydraulisch aufgesteuert und der Zylinder kann nach unten fahren. Durch die Belastung G kann der Zylinder aber schneller abwärts fahren als die Pumpe fördern kann. Der Steuerdruck bricht zusammen, das Rückschlagventil schließt und der Zylinder bleibt stehen. Dadurch baut sich der Druck wieder auf, das Rückschlagventil öffnet wieder bis der Druck zusammenbricht. Dieser Vorgang wiederholt sich laufend, d.h. der Zylinder fährt ruckartig nach unten. Durch Einbau eines Drosselventils (2) (Bild 5.36) wird der Kolben hydraulisch eingespannt und der Steuerdruck bleibt erhalten, d.h. die Zylinderbewegung bleibt gleichförmig. Anstelle eines Drosselventils kann auch ein Stromregelventil, das konstante Geschwindigkeit bei veränderlicher Last G gewährleistet, ein Gegenhalteventil (Druckbegrenzungsventil) oder Senkbremsventil (2) (Bild 5.37) eingebaut werden. Das Gegenhalteventil muß bei veränderlicher äußerer Last immer auf maximale Last eingestellt werden, dadurch arbeitet die Pumpe immer gegen diese Höchstbelastung und der Gesamtwirkungsgrad der Anlage ist schlecht. Das Senkbremsventil, eine für diese Steuerungsart bestimmte Sonderbauart, regelt ständig den jeweils erforderlichen Gegendruck entsprechend der äußeren Belastung G und dem Pumpenstrom. Die Zylindergeschwindigkeit wird vom Pumpenförderstrom bestimmt. Die Pumpe arbeitet nur gegen die jeweils herrschende Last, der Wirkungsgrad der Anlage wird besser. Das vorgesteuerte Rückschlagventil (1) hat die Aufgabe den Zylinder in Nullstellung des Wegeventils oder bei Druckabfall in der gerade erreichten Stellung leckölfrei, d.h. ohne unbeabsichtigte Kriechbewegung, zu halten.

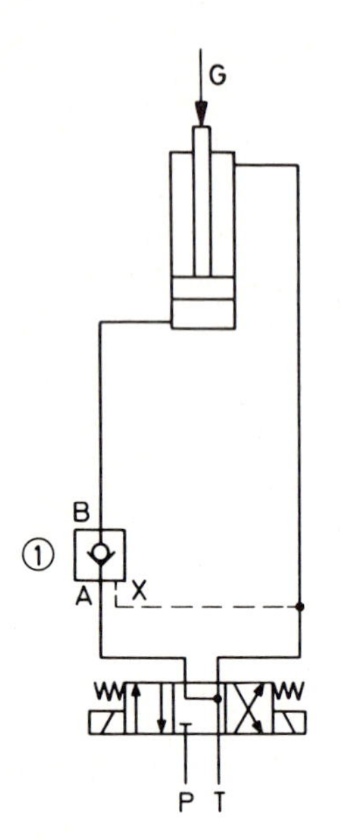

Bild 5.35 Steuerung eines Hydrozylinders mit vorgesteuertem Rückschlagventil

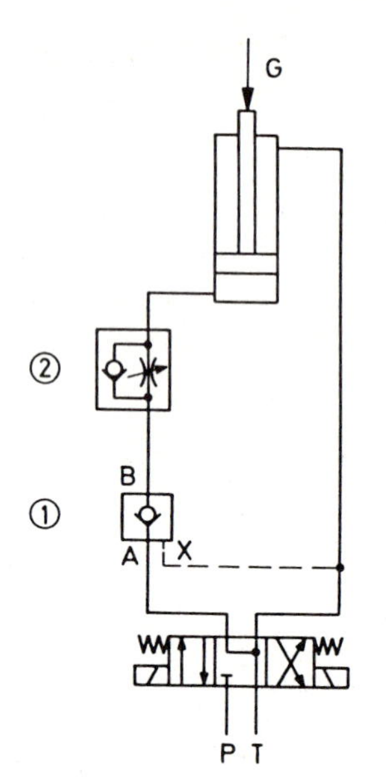

Bild 5.36 Steuerung eines Hydrozylinders mit vorgesteuertem Rückschlagventil, bei der über ein Rückschlagventil mit Drosselung der Kolben eingespannt ist

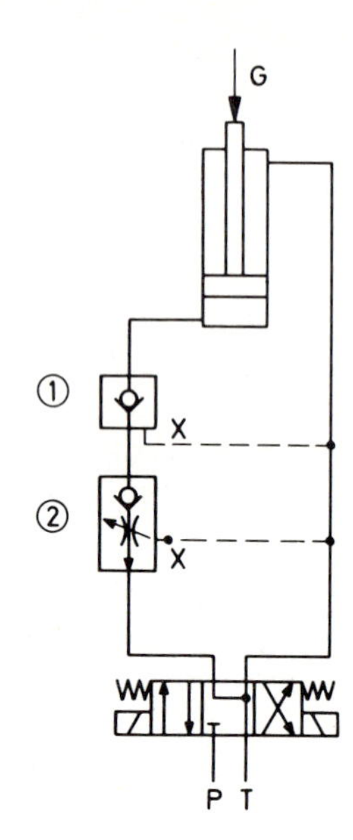

Bild 5.37 Steuerung eines Hydrozylinders mit vorgesteuertem Rückschlagventil und Senkbremsventil

Steuerung mit vorgesteuertem Doppelrückschlagventil (Bild 5.38)

Mit vorgesteuerten Doppelrückschlagventilen (1), die auch als Sperrblock bezeichnet werden, wird der Zylinder in beiden Richtungen fixiert. Zur Absicherung der Rohrleitungen können Druckbegrenzungsventile zwischen Zylinder und Sperrblock notwendig werden.

5.7 Steuerungen mit Druckventilen

Druckventile erfüllen in einer hydraulischen Steuerung verschiedene Aufgaben. Sie begrenzen den Systemdruck, um Geräte und Leitungen vor Überlastung zu schützen – Druckbegrenzungsventile sind in jeder Anlage eingebaut; sie schalten weitere Hydrosteuerkreise zu oder ab und mit Druckregelventilen können von einem Pumpenförderstrom verschiedene Verbraucher mit unterschiedlichen Drücken betrieben werden. An einigen Beispielen wird die unterschiedliche Funktion der Druckventile in der Steuerung deutlich.

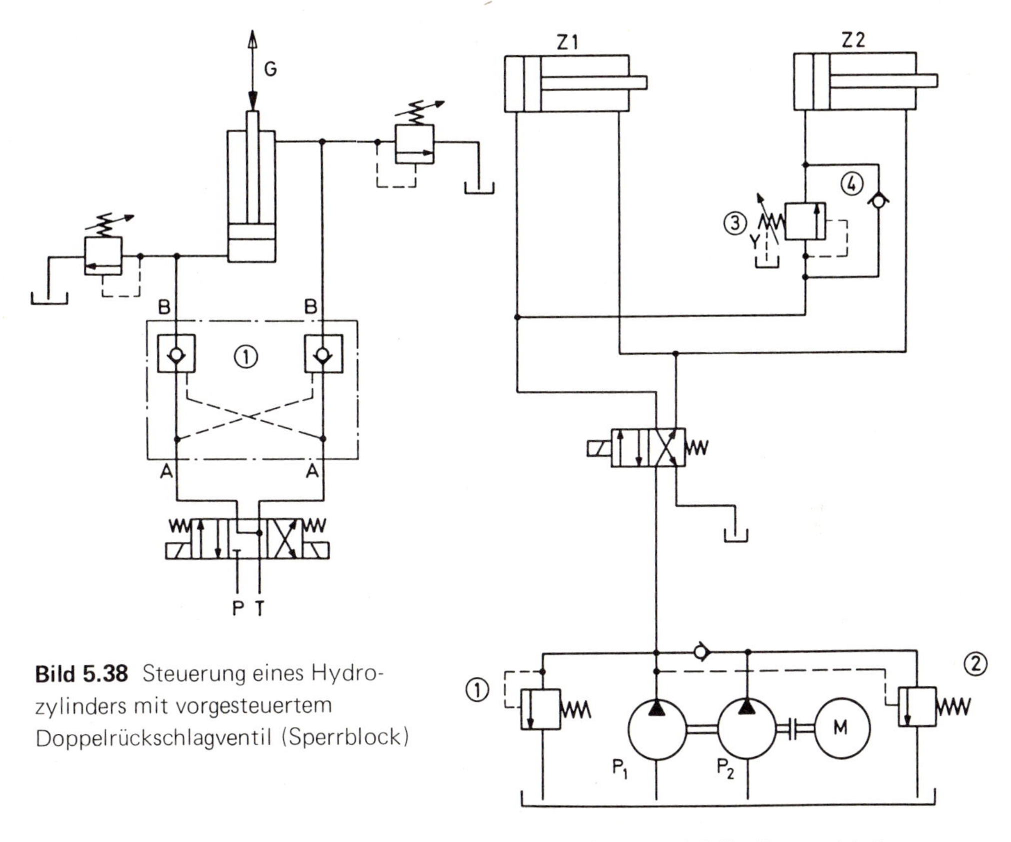

Bild 5.38 Steuerung eines Hydrozylinders mit vorgesteuertem Doppelrückschlagventil (Sperrblock)

Bild 5.39 Beispiel für die verschiedenen Funktionen der Druckventile in einer hydraulischen Steuerung

In dem Steuerungsbeispiel Bild 5.39 werden drei Funktionen der Druckventile sichtbar.

- Das Druckbegrenzungsventil (1) begrenzt den Systemdruck nach oben, es erfüllt eine Sicherheitsfunktion.

  Das Druckschaltventil (2) wird bei Erreichen des eingestellten Druckes (Niederdruck) aufgesteuert und schaltet den Förderstrom der Pumpe P2 vom System ab, indem er über das Druckventil annähernd drucklos in den Behälter zurückfließt. Der Steuerdruck wird von der Pumpe P1 aufrechterhalten (s. auch Kap. 5.9). Durch das eigengesteuerte Druckschaltventil (3) (Zuschaltventil) fährt der Zylinder Z2 erst aus, wenn der Zylinder Z1 am Ende seines Arbeitshubes stillsteht und dadurch der Druck im System sich so weit aufgebaut hat, daß das Druckschaltventil öffnet. Der Rücklauf von Z1 und Z2 erfolgt gemeinsam, dabei wird das Zuschaltventil (3) über das Rückschlagventil (4) umgangen. Beim Zuschaltventil muß das Steueröl extern über Y in den Behälter zurückgeführt werden.

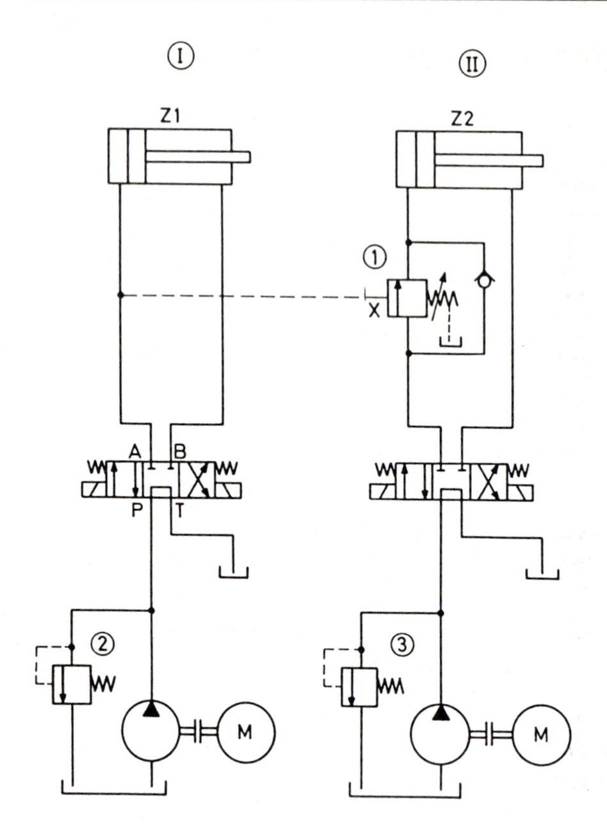

Bild 5.40

Einsatz eines fremdgesteuerten Zuschaltventils bei hydraulischen Steuerungen

- Ein Druckschaltventil (Zuschaltventil) fremdgesteuert ist in dem Beispiel Bild 5.40 dargestellt. Zwei hydraulische Steuerketten sind in diesem Falle miteinander verknüpft. Eine Größe der Steuerkette I entscheidet über die Funktion der Steuerkette II. Erst wenn der Zylinder Z1 seine Endposition nach dem Ausfahren erreicht hat, baut sich in der Arbeitsleitung A der Druck auf, der über den Steueranschluß X das fremdgesteuerte Zuschaltventil aufsteuert und damit das Ausfahren des Zylinders Z2 ermöglicht. Die Druckbegrenzungsventile (2) und (3) sichern die Hydraulikkreise gegen Überlastung ab.

- Die Funktion eines Druckregel- oder Druckminderventils und eines Gegenhalte- oder Vorspannventils wird im Beispiel Bild 5.41 gezeigt.

  Die Zylinder Z1 und Z2 werden über eine Pumpe mit Druckflüssigkeit versorgt. Die Kolbenkraft und damit der Druck am Zylinder Z1 muß variabel sein, während der Zylinder Z2 immer gleiche Kolbenkraft und damit gleichen Druck braucht. Der Druck am Zylinder Z2 muß um die genannten Bedingungen zu erreichen immer höher sein als der am Zylinder Z1 und wird durch das Druckbegrenzungsventil (1) bestimmt. Über das Druckregelventil (2) – auch Druckminderventil genannt – das schließt, wenn der

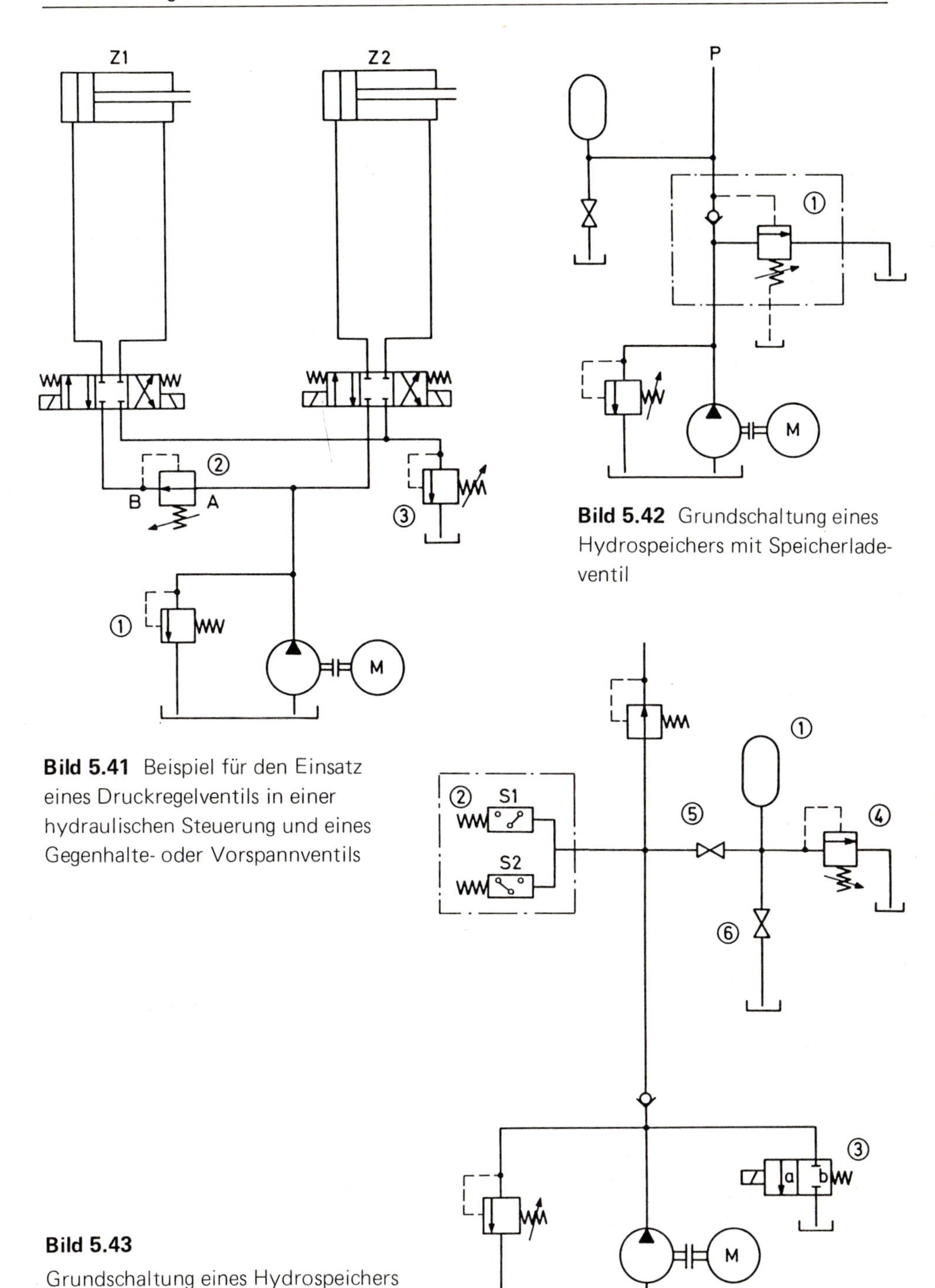

Bild 5.41 Beispiel für den Einsatz eines Druckregelventils in einer hydraulischen Steuerung und eines Gegenhalte- oder Vorspannventils

Bild 5.42 Grundschaltung eines Hydrospeichers mit Speicherladeventil

Bild 5.43

Grundschaltung eines Hydrospeichers mit Druckschalter

Einstelldruck erreicht ist, wird der Druck für den Zylinder Z1 geregelt. Am Primäranschluß A des Druckregelventils (2) steht dann der höhere Druck, geregelt vom Druckbegrenzungsventil (1), und am Sekundäranschluß B der für den Zylinder Z1 geforderte niedrigere Druck an. Das Vorspannventil (3) – auch Gegenhalteventil genannt – das den gemeinsamen Rücklauf von Z1 und Z2 vorspannt, d.h., das für einen bestimmten Gegendruck in der Rücklaufleitung beider Zylinder sorgt, dient zur Erzeugung einer Gegenkraft am Kolben der Zylinder. Unkontrollierte Bewegungen der Kolbenstange durch entsprechende äußere Kräfte wie Eigengewicht oder Kräfte in Bewegungsrichtung werden unterbunden.

Die gezeigten Beispiele sind nur ein Ausschnitt von den vielfältigen Möglichkeiten des Einsatzes der Druckventile. Auch in vorgehenden und nachfolgenden Kapiteln werden Druckventile in Steuerungen gezeigt.

5.8 Speichersteuerungen

Beim Einsatz von Hydrospeichern in hydraulischen Steuerungen ist zwischen den Grundschaltungen der Speicher in der Gesamtsteuerung und den Möglichkeiten, bei denen Speicher eingesetzt werden sollen, zu unterscheiden. Ob Speicher sinnvoll und notwendig sind, ist im Rahmen der Planung der Hydroanlage zu entscheiden. In den folgenden Kapiteln werden die Grundschaltungen und einige wesentliche Einsatzmöglichkeiten anhand von Beispielen dargestellt.

5.8.1 Grundschaltungen der Hydrospeicher

Schaltung mit Speicherladeventil (Bild 5.42)

Das Speicherladeventil (1) ist eine Kombination aus Druckbegrenzungsventil mit Vorsteuerung, das um einen zusätzlichen Schaltkolben erweitert wurde und einem federbelasteten Rückschlagventil. Ist der eingestellte Druck erreicht, schaltet das Ladeventil die Pumpe auf neutralen oder drucklosen Umlauf, d.h. die Pumpe fördert nahezu drucklos in den Tank. Fällt der Druck im System um ca. 20 % ab, schließt das Ventil wieder und der Förderstrom der Pumpe wird dem Verbraucher und dem Speicher zugeführt, der wieder gefüllt wird. Mit dem Speicherladeventil läuft der Zyklus des Ladevorgangs rein hydraulisch ab (s. auch Kap. 3.7.3).

Schaltung mit Druckschalter (Bild 5.43)

Im Gegensatz zum Speicherladeventil, das konstruktiv bedingt mit konstanter Druckdifferenz zwischen Zu- und Abschaltdruck arbeitet, sind beim Einsatz eines Differenzdruckschalters beide Drücke frei und unabhängig voneinander wählbar. Sie können also genau auf das Hydrosystem abgestimmt werden.

Ist der gewünschte maximale Arbeitsdruck in der Hydroanlage erreicht und damit der Hydrospeicher (1) gefüllt, wird über den Schalter S1 des Differenzdruckschalters (2) ein elektrischer Schaltimpuls freigegeben. Dadurch wird das elektromagnetisch betätigte Wegeventil (3) in Stellung a geschaltet und der Förderstrom der Pumpe fließt nahezu drucklos in den Tank zurück. Wird im System Druckflüssigkeit gebraucht, und sinkt dadurch der Druck auf den eingestellten Mindestarbeitsdruck, dann wird der Schalter S2 des Differenzdruckschalters (2) betätigt und das Wegeventil (3) schaltet wieder in Stellung b zurück, die Pumpe fördert wieder ins System und der Speicher wird geladen. Der maximale Speicherdruck, der unabhängig vom Systemdruck ist, wird vom Druckbegrenzungsventil (4), das in der Regel plombiert ist, begrenzt. Über die beiden Hähne (5) und (6) kann der Speicher entleert, bzw. vom System getrennt werden. Druckschwankungen können über das Druckregelventil, wenn notwendig, ausgeglichen werden.

5.8.2 Steuerungen mit Hydrospeichern

Hydrospeicher werden eingesetzt, um

Energie zu speichern,
Leckölverluste auszugleichen,
Volumenschwankungen bei Druck- und Temperaturschwankungen auszugleichen,
die Pulsation der Pumpe zu dämpfen,
Druckstöße in Rohrleitungen zu vermindern,
die Wärmebilanz der Systeme zu verbessern,
Schwingungen und Druckstöße an Signalgeräten zu dämpfen u.a.m.

Steuerung mit Energiespeicherung (Bild 5.44)

Zur Vermeidung einer großen Pumpeneinheit werden Hydrospeicher als sekundäre Energiequelle eingesetzt. Die Pumpe muß ohne den Einsatz eines Speichers immer auf den größten Bedarf, im Beispiel auf den Bedarf des Zylinders 2 (V_{Z2}), ausgelegt werden. Während der Arbeitsbewegung des Zylinders 1 wird die überschüssige Pumpenfördermenge V_1 vom Speicher aufgenommen. Für die Arbeitsbewegung des Zylinders 2 reicht die Fördermenge V_P der Pumpe nicht aus, um den Zylinder mit der gewünschten Geschwindigkeit zu bewegen. Den zusätzlichen Mehrbedarf V_2 liefert der Hydrospeicher (1). Auf diese Weise kann eine wesentlich kleiner dimensionierte Pumpe eingesetzt werden. Zu beachten ist, daß die überschüssige Fördermenge V_1 größer als der Mehrbedarf V_2 sein muß, wenn der Hydrospeicher zwischen den Arbeitsbewegungen der Verbraucher innerhalb eines Arbeitstaktes wieder aufgeladen werden muß. Liegen zwischen den Arbeitstakten genügend Pausen, kann die Pumpe bei größerem Speicher entsprechend kleiner sein.

Bestimmung der Speicher-Nenngröße (s. auch Kap. 3.8.4)

Je nach Entspannungs- bzw. Verdichtungsvorgang liegt eine isothermische oder adiabate Zustandsänderung vor. Die Speicher-Nenngröße kann dann grafisch über p-V-Kennlinien oder rechnerisch ermittelt werden.

Für die isothermische Zustandsänderung gilt:

$$V_1 = \frac{\Delta V}{\frac{p_1}{p_2} - \frac{p_1}{p_3}}$$

Für die adiabate Zustandsänderung gilt:

$$V_1 = \frac{\Delta V}{\sqrt[1,4]{\frac{p_1}{p_2}} - \sqrt[1,4]{\frac{p_1}{p_3}}}$$

Das Speicher-Mindestvolumen wird unter Zugrundelegung von 10 % des benötigten Volumens bestimmt.

$$V \geqslant 1{,}1 \cdot V_1$$

ΔV Speicherentnahmevolumen in Liter
V_1 Gasvolumen in Liter bei Druck p_1, Mindestgröße des Speichers
p_1 Gasvorspanndruck absolut
p_2 Mindestbetriebsdruck (Mindestarbeitsdruck) absolut
p_3 Maximaler Betriebsdruck (Höchstarbeitsdruck) absolut

Berechnungsunterlagen bezogen auf lieferbare Speichergrößen werden von den Herstellern zur Verfügung gestellt.

Eingesetzt werden Hydrospeicher zur Energiespeicherung bei Kunststoffspritzgußmaschinen, in der Zentralhydraulik bei Werkzeugmaschinen, bei Walzwerken, bei Pressen, bei Sichersystemen in Kraftwerken u.ä.

Um den Nutzungsgrad der Hydrospeicher – der Kolben- und Blasenspeicher – bei der Energiespeicherung zu verbessern, werden Stickstoffflaschen zugeschaltet. Durch dieses zusätzliche Gasvolumen wird der Verdichtungsraum des Speichers vergrößert (Bild 5.45). Anwendung findet diese Schaltung z.B. bei Walzwerken, Notschaltaggregaten usw.

Bestimmung der Speicher-Nenngröße

Isothermische Zustandsänderung:

$$V = \frac{\Delta V}{1 - \frac{p_1}{p_3}}$$

Beim Einsatz eines Kolbenspeichers muß das zu wählende Nennvolumen mindestens ΔV entsprechen.

Beim Einsatz eines Blasenspeichers sollten nur ca. 80 % des effektiven Gasvolumens genutzt werden, damit die Blase eine genügend große Lebensdauer hat. Das zu wählende Nennvolumen sollte deshalb mindestens 1,25 ΔV betragen.

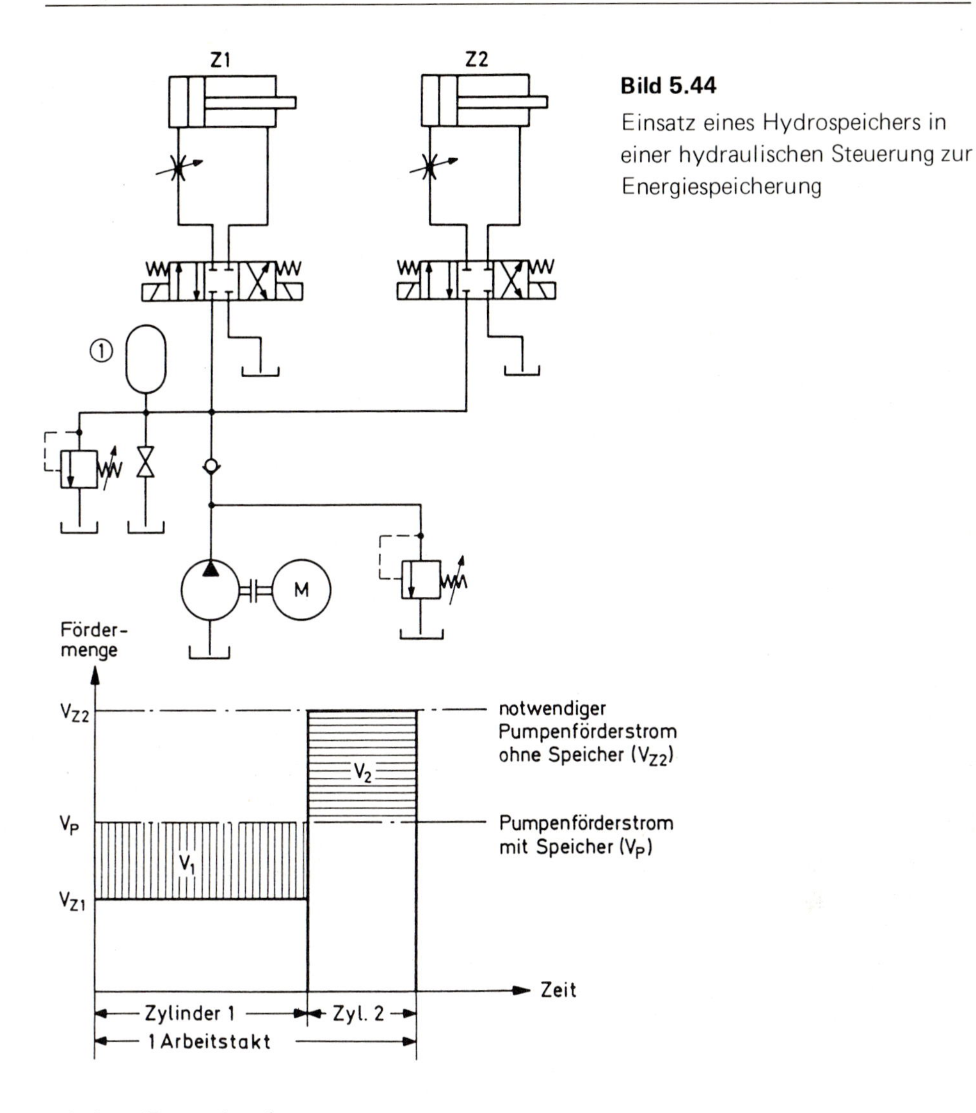

Bild 5.44

Einsatz eines Hydrospeichers in einer hydraulischen Steuerung zur Energiespeicherung

Adiabate Zustandsänderung:

$$V = \frac{\Delta V}{\sqrt[1,4]{\frac{p_1}{p_2}} - \sqrt[1,4]{\frac{p_1}{p_3}}}$$

Dem errechneten Volumen V muß die Druckflüssigkeitsmenge, die bei der maximalen Druckdifferenz $(p_3 - p_1)$ in den Speicher gefördert wurde, gegenübergestellt werden.

In beiden Fällen wird das Restvolumen $(V - \Delta V)$ mit Stickstoffflaschen nachgeschaltet.

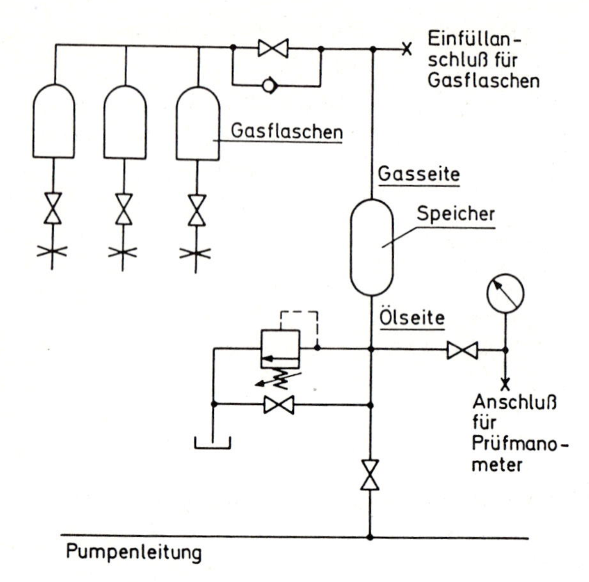

Bild 5.45 Zuschaltung von Stickstoffflaschen in einer hydraulischen Steuerung zur Verbesserung des Nutzungsgrades beim Hydrospeicher

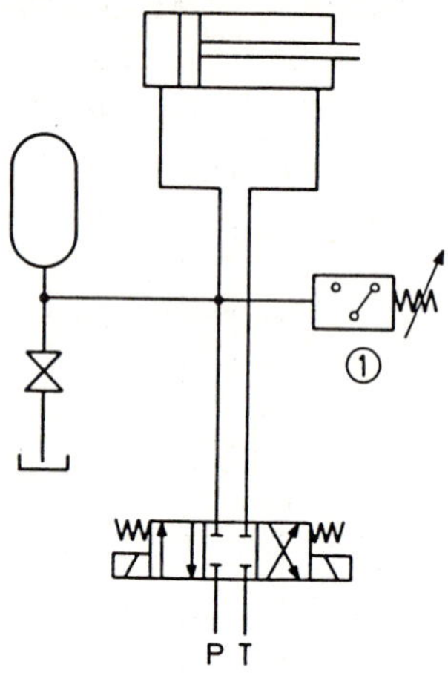

Bild 5.46 Einsatz eines Hydrospeichers zum Ausgleich für auftretendes Lecköl

Steuerung zum Ausgleich von Lecköl (Bild 5.46)

In hydraulischen Systemen, in denen über längere Zeit ein bestimmter Mindestdruck bei abgeschalteter Pumpe gehalten werden soll, werden Hydrospeicher zum Ausgleich des dabei auftretenden Lecköls eingesetzt. Mit einem Druckschalter (1) wird der Minimaldruck kontrolliert, damit im Falle eines zu starken Absinkens des Druckes die Pumpe wieder zugeschaltet werden kann.

Bestimmung der Speicher-Nenngröße

$$V = \frac{\Delta V}{\frac{p_1}{p_2} - \frac{p_1}{p_3}}$$

$$\Delta V = \dot{V}_L \, t$$

$\dot{V}_L$ Leckölstrom in l/min
t Zeit zwischen Zu- und Abschalten der Pumpe

Steuerung zum Ausgleich des Volumens bei Druck- und Temperaturschwankungen (Bild 5.47)

Ändert sich in dem dargestellten oder in anderen geschlossenen hydraulischen Systemen das Ölvolumen durch Temperaturänderung oder kurzzeitig wirkende äußere Kräfte, werden die dadurch entstehenden Druckspitzen vom Speicher aufgenommen. Der Hydrospeicher (1) kompensiert in abgeschlossenen Leitungssystemen die Volumenänderung. Eingesetzt werden dafür Blasen- und Membranspeicher.

Bestimmung der Speicher-Nenngröße

$$V = \frac{\Delta V}{\frac{p_1}{p_2} - \frac{p_1}{p_3}}$$

$$\Delta V = V_S (T_2 - T_1)(\beta - 3\,\alpha)$$

V_S Eingespanntes Volumen im System
T_1 Tiefste Temperatur in °C
T_2 Höchste Temperatur in °C
β Ausdehnungskoeffizient der Druckflüssigkeit 1/°C (Mineralöl $1{,}08 \cdot 10^{-3}$)
α Ausdehnungskoeffizient der Außenwandungen 1/°C (Stahl $1{,}1 \cdot 10^{-5}$)

Steuerung mit Pulsationsdämpfung (Bild 5.48)

Durch die Pulsation der Hydropumpen werden in Hydrosystemen Druckschwingungen erzeugt. Auch durch andere Elemente wie Ventile, Kupplungen usw. können noch zusätzlich Schwingungen entstehen. Schwingungen in Hydrosystemen haben aber einen direkten Einfluß auf das Geräuschniveau und damit auf die Arbeitsqualität und die Umwelt der Maschine. Durch Einsatz eines Hydrospeichers (1) können diese Schwingungen gedämpft werden.

Verminderung von Druckstößen in Rohrleitungen

Durch das Schließen der Ventile treten im Rohrleitungssystem der Hydroanlage häufig Druckstöße auf. Dies betrifft vor allen Dingen Leitungen mit großen Querschnitten und hohen Strömungsgeschwindigkeiten bei schnell schließenden Ventilen. Dabei wird die Masse der Druckflüssigkeit in Bruchteilen von Sekunden abgebremst und baut an der Absperrung einen hohen Druck auf. Die entstehende Druckwelle bewegt sich von der Entstehungsstelle mit hoher Geschwindigkeit weg, wird an einer anderen Stelle des Hydrokreises wieder reflektiert und läuft mit einer gewissen Verzögerung wieder zurück. Die so entstehenden Druckwellen können nicht nur an der Entstehungsstelle, sondern im gesamten System zu Störungen und zu erheblichen Schäden führen. Der Hydrospeicher wiederum ist in der Lage, diese Energien aufzunehmen und dadurch die Druckwellen abzubauen.

Steuerung zur Verbesserung der Wärmebilanz bei Hydroanlagen (Bild 5.49)

Bei verschiedenen Fertigungsverfahren (z.B. Pressen, Stanzen) soll zu Beginn des Arbeitsvorgangs das Werkzeug mit möglichst großer Geschwindigkeit zugestellt werden, dabei braucht man keine allzu großen Kräfte und damit keine hohen Drücke. Der eigentliche

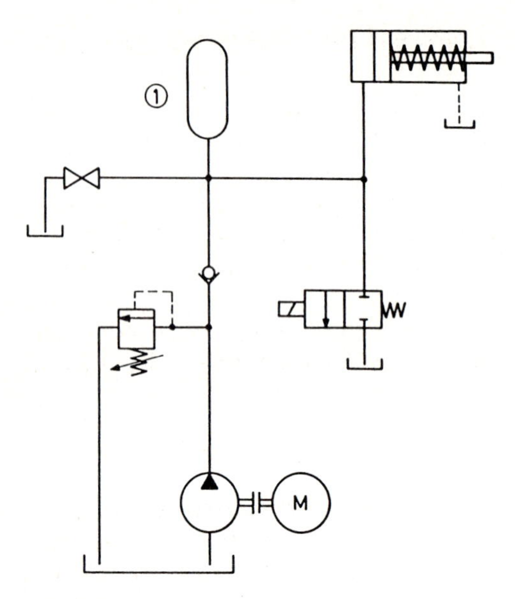

Bild 5.47

Einsatz eines Hydrospeichers zum Volumenausgleich bei Druck- und Temperaturschwankungen

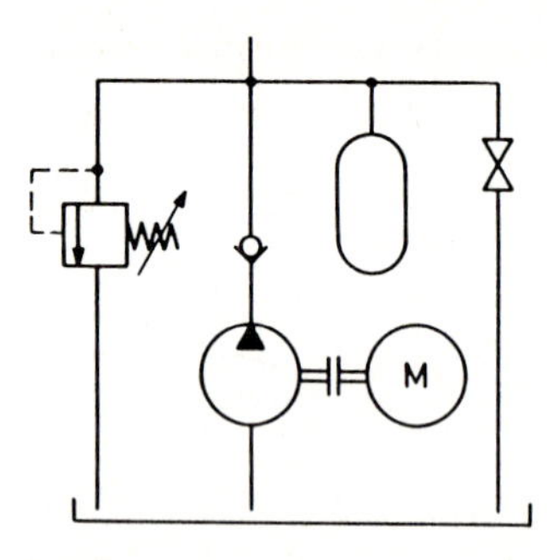

Bild 5.48 Einsatz eines Hydrospeichers zur Pulsationsdämpfung

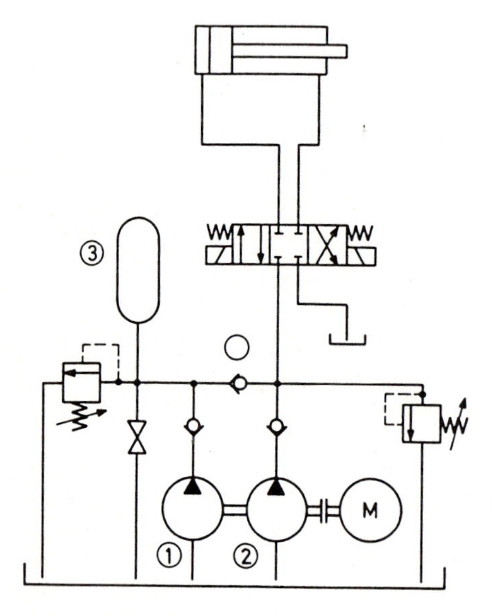

Bild 5.49

Einsatz eines Hydrospeichers zur Verbesserung der Wärmebilanz einer hydraulischen Steuerung

Arbeitsvorgang wird dann mit kleiner Geschwindigkeit und hohem Druck gefahren. Die Zustellgeschwindigkeit wird dadurch erreicht, daß außer den Fördermengen der Pumpen (1) und (2) noch zusätzlich der Entladestrom des Hydrospeichers (3) dem Zylinder zugeführt wird (s. auch Kap. 5.9). In der eigentlichen Arbeitsphase, wo hohe Umformkräfte auftreten, steigt der Systemdruck an, das Rückschlagventil (4) wird geschlossen, die Pumpe (2), die hohen Druck und kleine Fördermenge bringt, versorgt den Zylinder und die Pumpe (1) füllt den Speicher (3). Durch den Hydrospeicher kann die Antriebsleistung der Pumpen kleiner gehalten werden und damit die Wärmebilanz der Anlage günstiger gestaltet werden (s. auch Kap. 6).

Die Bestimmung der Speichergröße kann wie bei den Steuerungen zur Energiespeicherung durchgeführt werden. Eingesetzt werden bei diesen Steuerungen Blasen- und Kolbenspeicher.

Hydrospeicher als Dämpfungselement für Signalgeräte (Bild 5.50)

Zur Dämpfung von Schwingungen können vor Signalgeräte (Manometer, Druckschalter) Dämpfungselemente mit Hydrospeichern (1) eingesetzt werden. Durch die Verminderung der Druckstöße und Schwingungen wird für die Geräte eine erhöhte Funktionssicherheit und eine höhere Lebensdauer erreicht.

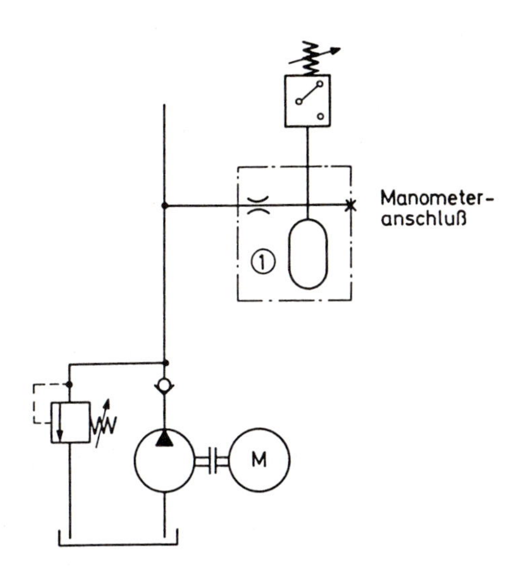

Bild 5.50 Hydrospeicher als Dämpfungselement für Signal- und Meßgeräte einer hydraulischen Steuerung

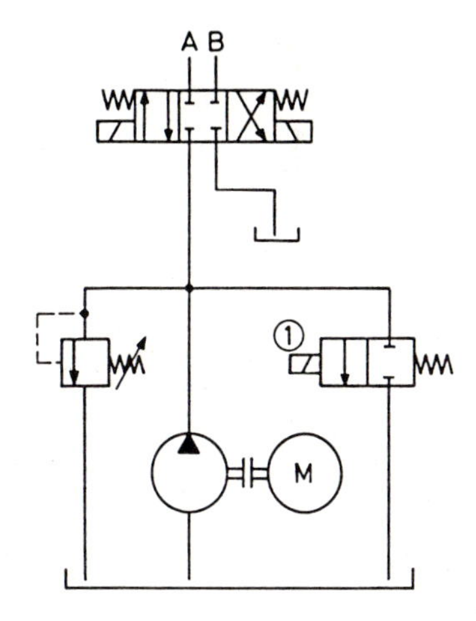

Bild 5.51 Pumpenumlaufsteuerung mit drucklosem oder neutralem Umlauf durch ein zugeschaltetes Wegeventil

5.9 Pumpenumlaufsteuerungen

In hydraulischen Steuerungen mit Konstantpumpen wirkt die Druckflüssigkeit in den Phasen des Arbeitsablaufes ohne Bewegung oder geringer Bewegung des Hydromotors oder Hydrozylinders gegen das auf maximalen Betriebsdruck eingestellte Druckbegrenzungsventil. Dabei entsteht eine hohe Verlustleistung ($P = \dot{V}p$), die die Druckflüssigkeit stark erwärmt (s. auch Kap. 6), und die Wärmebilanz und damit den Gesamtwirkungsgrad der Anlage verschlechtert. Um dies zu vermeiden, können die Pumpen auf Umlauf geschaltet werden, d.h. sie fördern nahezu drucklos in den Behälter zurück, wenn keine Bewegung des Zylinders oder Motors notwendig ist. Muß der Verbraucher aber innerhalb eines Arbeitstaktes zwei verschiedene Bewegungen ausführen, eine mit großer Geschwindigkeit und kleinem Kraftaufwand (Eilgang- oder Zustellbewegung) und eine mit kleiner Geschwindigkeit und großem Kraftaufwand (Arbeitsbewegung), wird die notwendige Gesamtfördermenge von zwei Pumpen, die miteinander gekuppelt sind, aufgebracht. Dabei bringt eine Pumpe eine große Fördermenge bei geringem Druck (Eilgangpumpe) und die andere eine kleine Fördermenge bei hohem Druck (Arbeitsgangpumpe). Man kann also die Pumpenumlaufsteuerungen in zwei Kategorien aufteilen, in

- Pumpenumlaufsteuerungen mit nahezu drucklosen oder neutralen Umlauf und in
- Pumpenumlaufsteuerungen für Arbeits- und Eilgangbewegung.

5.9.1 Pumpenumlaufsteuerungen mit drucklosem Umlauf

Bei diesen Steuerungen wird der Förderstrom der Pumpe direkt in den Behälter oder Tank geleitet. Dadurch vermeidet man zu hohe Verlustleistungen und damit zu große Erwärmung der Druckflüssigkeit, da der Druck nicht über das Druckbegrenzungsventil abgebaut wird. Der Umlauf wird auf folgende Weise erreicht:

- Durch ein Wegeventil (1), das zwischen Pumpenleitung und Rücklaufleitung geschaltet ist (Bild 5.51). Das Wegeventil muß in seiner Baugröße auf den Pumpenförderstrom abgestimmt sein, um zu große Strömungswiderstände im Ventil und damit Verlustleistungen zu vermeiden.
- Durch das Wegeventil, das die Verbraucher steuert. Durch eine entsprechende Kanalführung in der Null-Stellung wird der Förderstrom in den Behälter zurückgeführt (Bild 5.52).

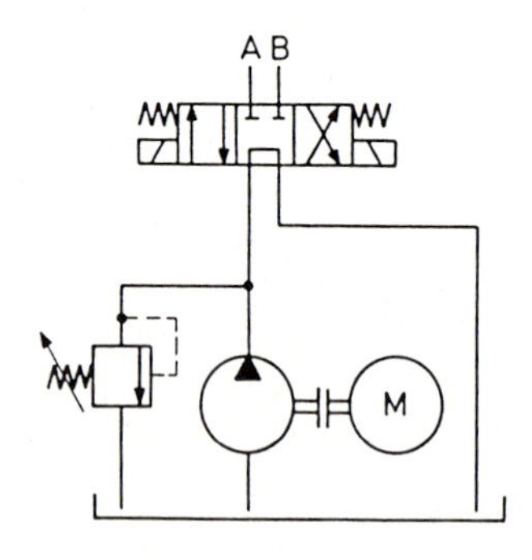

Bild 5.52 Pumpenumlaufsteuerung mit drucklosem oder neutralem Umlauf durch entsprechende Kanalführung im Stellglied

– Durch Aufsteuern des vorgesteuerten Druckbegrenzungsventils über ein elektromagnetisch betätigtes Wegeventil, das das Vorsteuerventil umgeht und dadurch den Hauptsteuerkolben des Druckbegrenzungsventils öffnet (Bild 5.53). Durch diese Schaltung kann das Wegeventil klein gehalten werden, da es nur von einem kleinen Steuerölstrom durchströmt wird (s. auch Kap. 3.7).

5.9.2 Pumpenumlaufsteuerungen für Arbeits- und Eilgangbewegungen

In hydraulischen Steuerungen mit Arbeits- und Eilgangbewegungen kann die Eilganggeschwindigkeit das 500fache der Arbeitsgeschwindigkeit sein. Die Druckbereiche verhalten sich umgekehrt, d.h. der Arbeitsdruck kann 50- bis 100mal größer sein als der Eilgangdruck. Hinzu kommt noch, daß die Zeiten für die Arbeitsbewegung wesentlich länger sind. Sinnvoll ist es deshalb, den gesamten notwendigen Förderstrom in zwei Einzelströme, in einem großen mit niederem Druck und einen kleinen mit hohem Druck, aufzuteilen. In einer Leistungsbilanz wird dies noch unterstrichen.

Gesamte in die Hydroanlage indizierte Leistung ohne Teilung des Förderstroms in zwei Einzelströme

$$P = \dot{V} \cdot p_{max}\, \eta \quad \text{bei} \quad \dot{V} = \dot{V}_E + \dot{V}_A$$

also ist

$$P = (\dot{V}_E + \dot{V}_A)\, p_{max}\, \eta$$

Für die Eilgangbewegung allein

$$P_E = (\dot{V}_E + \dot{V}_A)\, p_E\, \eta$$

Für die Arbeitsbewegung allein

$$P_A = \dot{V}_A\, p_{max}\, \eta$$

$\dot{V}_E$ Förderstrom Eilgangspumpe
$\dot{V}_A$ Förderstrom Arbeitsgangpumpe
p_{max} Druck für die Arbeitsbewegung
p_E Druck für die Eilgangsbewegung

Also ist ohne Aufteilung des Förderstroms bei der Arbeitsbewegung die indizierte Leistung um $\Delta P = \dot{V}_E\, p_{max}\, \eta$ zu hoch.

Dieser Teil der Leistung geht als Wärme über die Druckflüssigkeit verloren und bedingt unter Umständen den Einbau eines Kühlers in das System.

Bei Pumpenkombinationen von Eilgang- und Arbeitsgangpumpe wird für die Zustellbewegung der Förderstrom beider Pumpen dem Verbraucher zugeführt. Während der Arbeitsbewegung wird der Verbraucher nur von der Arbeitsgangpumpe (AP) versorgt, die Eilgangpumpe (EP) wird auf drucklosen Umlauf geschaltet, wobei zu vermerken ist, daß der Umlaufstrom nicht drucklos ist, da die durchströmten Geräte und Leitungen einen Durchflußwiderstand haben (in der Summe zwischen 2 bar und 10 bar).

Im folgenden werden einige typische Pumpenumlaufsteuerungen erläutert. Die verwendeten Schaltpläne sind nur in bezug auf die Umlaufsteuerung – strichpunktiert umrahmt – vollständig.

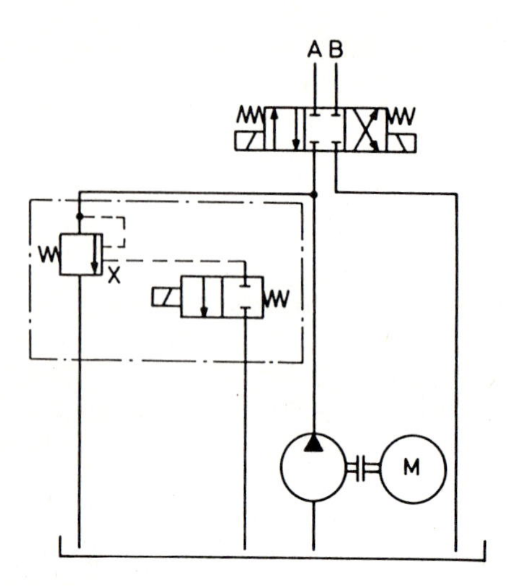

Bild 5.53 Pumpenumlaufsteuerung mit neutralem oder drucklosem Umlauf durch Aufsteuerung des Druckbegrenzungsventils

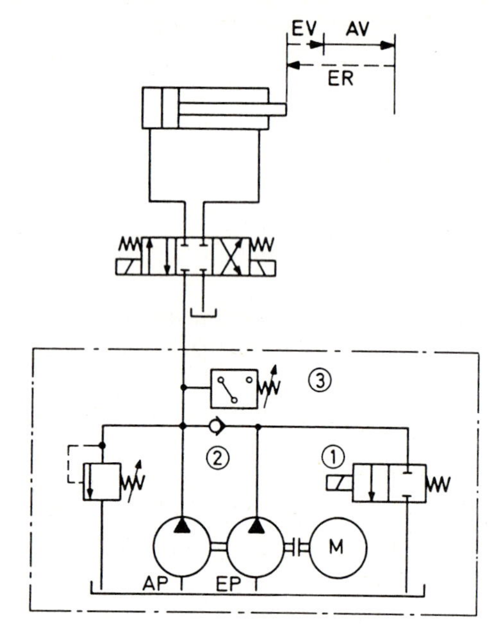

Bild 5.54 Pumpenumlaufsteuerung für Arbeits- und Eilgangbewegung mit elektromagnetisch betätigtem Wegeventil und Druckschalter

Pumpenumlaufsteuerung mit elektromagnetisch betätigtem Wegeventil und Druckschalter (Bild 5.54)

Für die Eilgangbewegung wird der Umlauf der Eilgangpumpe (EP) durch das Wegeventil (1) gesperrt, sie fördert über das Rückschlagventil (2) zusammen mit der Arbeitsgangpumpe (AP) zum Verbraucher. Baut sich in der Druckleitung durch äußere Kräfte auf den Verbraucher oder durch zuschalten eines Stromventils (s. auch Kap. 5.4) ein bestimmter Druck auf, der am Druckschalter (3) entsprechend eingestellt werden kann, gibt dieser ein Schaltsignal ab, das Wegeventil (1) schaltet, der Förderstrom der Eilgangpumpe wird in den Tank zurückgeführt. Das Rückschlagventil (2) trennt die beiden Förderströme.

Pumpenumlaufsteuerung mit Druckschalter und Ventilkombination, Druckbegrenzungsventil – Wegeventil (Bild 5.55)

Der Ablauf dieser Steuerung entspricht der vorher beschriebenen, hat aber den Vorteil, daß die Ventilkombination Druckbegrenzungsventil – Wegeventil (1), auch Druckschaltventil genannt, bei Nenngrößen > 10 billiger als ein entsprechend dimensioniertes Wegeventil ist. Über das aufgeflanschte Wegeventil wird das Vorsteuerventil des Druckbegrenzungsventils umgangen und dadurch der Hauptsteuerkolben aufgesteuert und das Ventil geöffnet (s. auch Kap. 3.7).

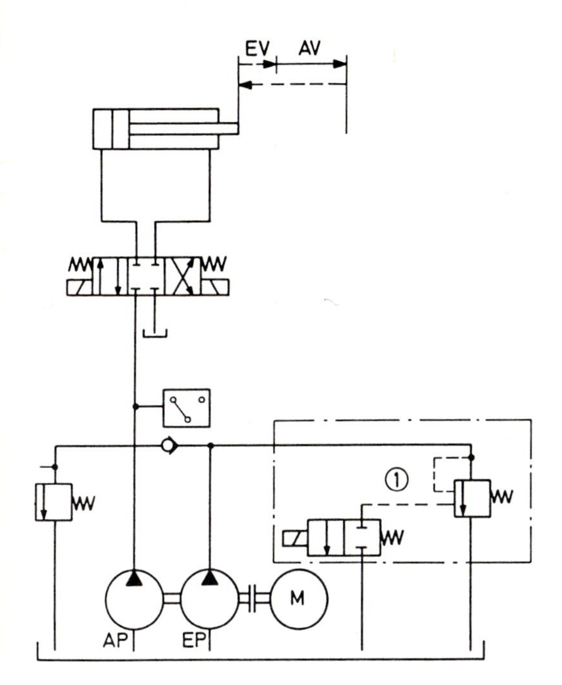

Bild 5.55 Pumpenumlaufschaltung für Arbeits- und Eilgangbewegung durch Aufsteuerung des Druckbegrenzungsventils über einen Druckschalter

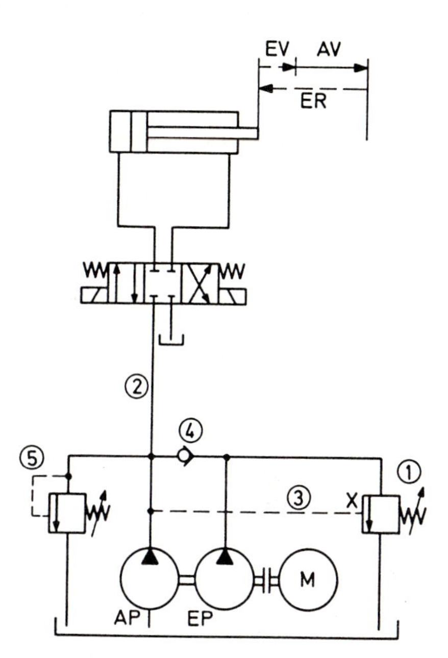

Bild 5.56 Pumpenumlaufschaltung für Arbeits- und Eilgangbewegung mit fremdgesteuertem Druckschaltventil

Pumpenumlaufsteuerung mit Druckschaltventil (Bild 5.56)

Für die Eilgangbewegung ist das Druckschaltventil (1) geschlossen. Beide Pumpen (EP und AP) fördern gemeinsam zum Verbraucher mit dem Druck $< p_E$, der um ca. 5 bar höher eingestellt ist als der erforderliche Eilgangdruck. Baut sich durch äußere Kräfte oder durch zuschalten eines Stromventils (s. auch Kap. 5.4) in der Arbeitsleitung (2) ein Druck $> p_E$ auf, wird über die Steuerleitung (3) das Druckschaltventil aufgesteuert und die Eilgangpumpe fördert direkt in den Tank. Das Rückschlagventil (4) trennt die beiden Pumpen. Die Arbeitsbewegung wird nur noch von der Arbeitsgangpumpe (AP) erzeugt, die bei hohem Druck p_A, der vom Druckbegrenzungsventil (5) begrenzt wird, eine der Geschwindigkeit entsprechende kleine Fördermenge bringt. Fällt der Druck in der Arbeitsleitung wieder unter p_E ab, sperrt das Druckschaltventil (1) den Umlauf und die Eilgangpumpe fördert wieder zum Verbraucher.

Ein druckloser Pumpenumlauf wird auch durch das Speicherladeventil (Bild 5.44 und Kap. 5.8.2) nach dem Füllen des Speichers erreicht. Mit der gespeicherten Druckflüssigkeit können nun größere Kolbengeschwindigkeiten gefahren werden, d.h. der Speicher übernimmt die Funktion der Eilgangpumpe.

Für Eilgangsteuerungen werden auch häufig Pumpen mit variablem Fördervolumen und zwar Regelpumpen eingesetzt (s. auch Kap. 3.1), deren Fördervolumen druckabhängig geregelt wird und das bei Erreichen des maximalen Drucks auf Nullförderung zurückgeregelt wird. Man spricht deshalb auch von Steuerungen mit Nullhubpumpen.

5.10 Steuerungen der Hydromotoren

Hydraulische Systeme mit Hydromotoren als Verbraucher werden häufig auch als hydrostatische Getriebe bezeichnet und auch als geschlossene kompakte Baugruppe geliefert. Sinngemäß sind alle hydraulischen Systeme hydrostatische Getriebe, wenn man den Zylinder als Linearmotor ansieht, nur ist diese Sprachregelung in der Praxis unüblich.

Unter hydrostatischen Getrieben versteht man Systeme bei denen eine Flüssigkeit als Energieträger Drehmomente oder Kräfte und Drehbewegungen überträgt. Sie läuft zwischen einer Pumpe (Primär-Einheit) und einem Motor (Sekundär-Einheit) um und wird von Ventilen geregelt und gesteuert. Wie schon dargestellt, arbeiten Pumpe und Motor nach dem Verdrängungssystem; die übertragene Leistung ergibt sich aus dem Produkt Förderstrom × Druckdifferenz (s. auch Kap. 3.1.6). Pumpe und Motor wirken dabei jeweils als Energiewandler, die Pumpe wandelt die mechanische Energie des Antriebsmotors (E-Motor oder Verbrennungsmotor) in hydraulische, der Hydromotor die hydraulische wieder in mechanische Energie um.

Bei den Steuerungen der Hydromotoren unterscheidet man Systeme mit offenem und Systeme mit geschlossenem Kreislauf.

Steuerung eines Hydromotors mit offenem Kreislauf (Bild 5.57)

Die Hydropumpe (1) saugt die Druckflüssigkeit aus dem Behälter (2) an und fördert sie über das Wegeventil (3) zum Hydromotor (4). Von dort strömt sie entspannt über das

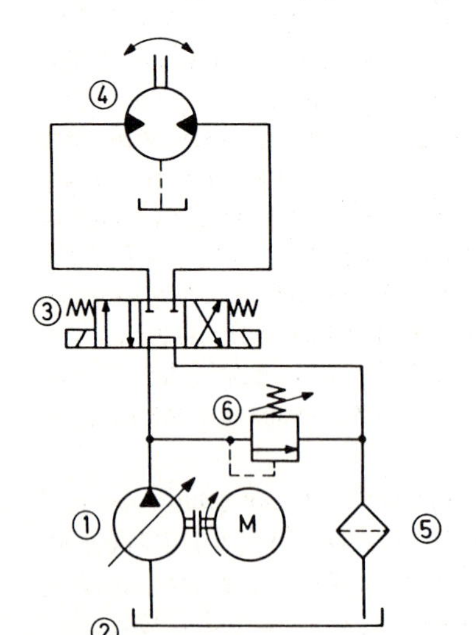

Bild 5.57
Steuerung eines Hydromotors mit offenem Kreislauf

Wegeventil (3) und den Filter (5) in den Behälter zurück. Die Abtriebsdrehrichtung des Hydromotors wird durch das Wegeventil (3) bestimmt, die Drehzahl durch die Fördermenge der Verstellpumpe (1). Wenn keine Drehrichtungsänderung notwendig ist, kann auf das Wegeventil verzichtet werden. Das Druckbegrenzungsventil (6) schützt das System vor Überlastung. Die Leitungen zwischen Wegeventil und Motor müssen gegen Druckspitzen, die durch große Schwungmassen am Abtrieb beim Schalten des Wegeventils verursacht werden, über Druckbegrenzungsventile abgesichert werden. Nur durch Drosselung des Sekundärstromes kann der Hydromotor abgebremst werden. Wird der Pumpenförderstrom reduziert, muß der Hydromotor eine Möglichkeit zum Nachsaugen haben, da er nachlaufen kann.

Steuerung eines Hydromotors mit geschlossenem Kreislauf (Bild 5.58)

Im geschlossenen Kreislauf fließt die Druckflüssigkeit vom Hydromotor (1) direkt zur Niederdruckseite der Hydropumpe (2) zurück. Um das unvermeidliche Lecköl zu ergänzen, muß die Pumpe entweder aus einem Vorratsbehälter Druckflüssigkeit nachsaugen oder muß die Druckflüssigkeit wie im vorliegenden Falle über eine Speisepumpe (3) in den Kreislauf eingespeist werden. Der Förderstrom der Speisepumpe wird der Niederdruckseite des Kreislaufs zugeführt und liegt mit ca. 15 % des Hauptförderstromes weit über der anfallenden Leckagemenge. Deshalb kann über das Spülventil (4), ein 3/3-Wegeventil federzentriert und hydraulisch betätigt, ein Teil der vom Hydromotor zurückfließenden Druckflüssigkeitsmenge aus dem Kreislauf ausgeschieden werden. Sie wird über den Kühler (5) in den Behälter zurückgeführt. Die so gekühlte Druckflüssigkeit wird von der Speisepumpe (3) dann wieder in den Kreislauf gedrückt. Das Druckbegrenzungsventil (6) hält einen Vorspanndruck in der Niederdruckseite aufrecht. Über zwei separat einstellbare Druckbegrenzungsventile (7) wird das System vor Überlastung geschützt, der Speisepumpendruck und damit der Druck auf der Niederdruckseite wird vom Ventil (8) begrenzt. Getrennt werden die beiden Druckseiten über die Rückschlagventile (9). Diese ganzen Ventile werden von den Herstellern auch als Geräteblock angeboten, wobei verschiedene Variationen möglich sind, entweder alle Ventile oder nur ein Teil davon als komplette Baueinheit.

Der Drehsinn des Hydromotors kann durch Umkehrung der Förderrichtung oder der Antriebsdrehrichtung der Hydropumpe erreicht werden. Im letzten Falle muß dann allerdings die Speisepumpe gesondert angetrieben werden. Außerdem ist im geschlossenen Kreislauf ein Funktionstausch zwischen Pumpe und Hydromotor möglich, d.h. er wird über äußere Kräfte und Momente angetrieben und der Energiefluß verläuft in umgekehrter Richtung. Dadurch kann über den Antrieb nahezu verlustlos abgebremst werden.

Steuerung eines Hydromotors mit geschlossenem Kreislauf und Nachsaugbetrieb (Bild 5.59)

Man bezeichnet diesen Kreislauf auch als „halboffenen Kreislauf“, wenn eine nicht ausreichende Druckflüssigkeitsmenge vom Hydromotor (1) zur Pumpe (2) zurückfließt. Der fehlende Teil wird über ein Nachsaugventil (4) aus dem Behälter (5) angesaugt. Da diese Fehlmenge beim Antrieb eines Hydromotors der Leckage entspricht, findet kaum ein

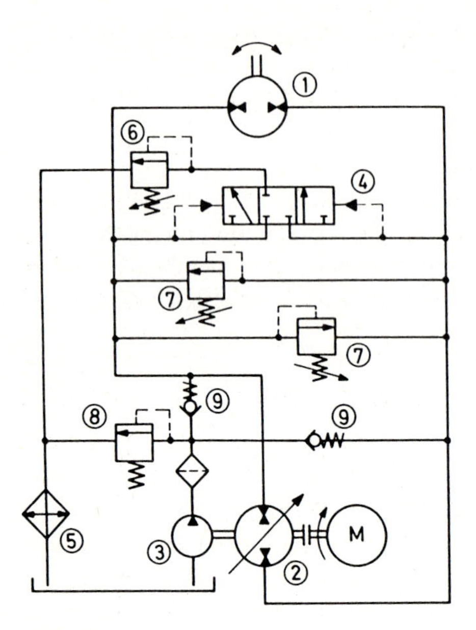

Bild 5.58 Steuerung eines Hydromotors mit geschlossenem Kreislauf und Speisepumpe

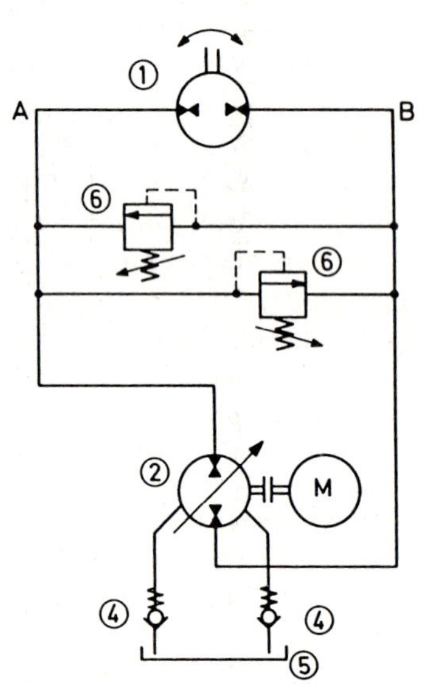

Bild 5.59 Steuerung eines Hydromotors mit geschlossenem Kreislauf und Nachsaugung

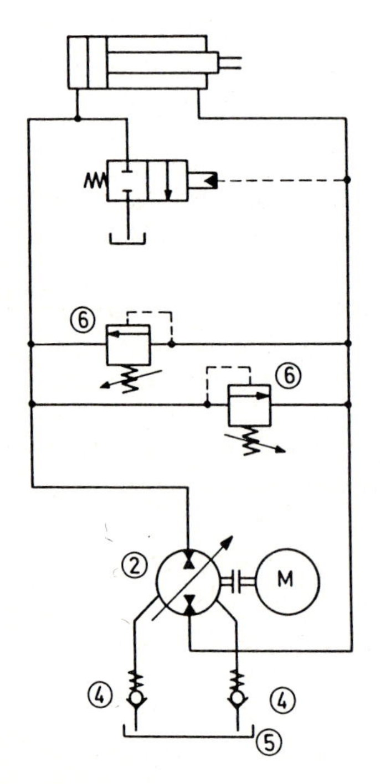

Bild 5.60

Steuerung eines Differentialzylinders mit geschlossenem Kreislauf und Nachsaugung

Austausch der Druckflüssigkeit statt. Dadurch kann sie im Gegensatz zum Speisebetrieb nur schwer gekühlt und gefiltert werden. Meistens wird diese Steuerungsart für den Antrieb von Differentialzylindern (Bild 5.60) eingesetzt; für Hydromotoren dann, wenn die Druckflüssigkeit nicht zu stark erwärmt wird. Der Geräteaufwand ist beim offenen und halboffenen System geringer.

Beim Antrieb eines Differentialzylinders mit dieser Steuerung (Bild 5.60) ist ein Austausch der Druckflüssigkeit durch die unterschiedlichen verdrängten Mengen entsprechend den unterschiedlichen Kolbenflächen und damit eine Kühlung gegeben. Die Differenzmenge wird über das Wegeventil (3) in den Tank zurückgeführt. Die Druckbegrenzungsventile (6) schützen das System vor Überlastung.

Durch Umkehrung der Förderrichtung oder Antriebsdrehrichtung der Pumpe wird auch die Umkehrung der Bewegungsrichtung des Hydromotors bzw. Differentialzylinders erreicht, dabei kann jede beliebige Geschwindigkeit zwischen Null und Maximum gefahren werden. Wie beim geschlossenen System mit Speisebetrieb kann durch Funktionstausch von Pumpe und Hydromotor bzw. Zylinder der Antrieb nahezu verlustfrei abgebremst werden.

6 Projektierung hydraulischer Anlagen

Neben den Kenntnissen über Aufbau und Funktion hydraulischer Geräte und hydraulischer Grundsteuerungen sind bei der Projektierung hydraulischer Anlagen neben der eigentlichen Anlagenplanung und -berechnung weitere, innerhalb dieses Kapitels dargelegte Betrachtungen von Bedeutung.

Auch die Konstruktion der hydraulisch angetriebenen Maschine oder Anlage muß in ihrer Grundkonzeption den Erfordernissen der Hydraulik angepaßt sein. Nur so können spezifische Vorteile der Hydraulik zum Tragen kommen. Daß viele Gründe für die Hydraulik sprechen, sie aber auch ihre Grenzen hat, muß selbstverständlich vorher abgeklärt und bei der Entscheidung für den Einsatz berücksichtigt werden.

Die Vorteile der Hydraulik gegenüber anderen Steuerungsarten wie Pneumatik oder Elektrik sind:

- Hohe Kraftdichte und damit auch hohe Leistungsdichte,
- gute Steuer- und Regelbarkeit,
- guter, einfacher und sicherer Überlastschutz,
- ruhige und schwingungsarme Bewegungsabläufe,
- unproblematische Änderung von Translations- in Rotationsbewegungen und umgekehrt,
- einfache Automatisierung durch Zusammensetzung der Steuerung aus Normbaugruppen,
- schnelles und weiches Umsteuern wegen kleiner Massenkräfte und
- lange Lebensdauer durch geringen Verschleiß.

Die Grenzen und damit die Nachteile der Hydraulik sind hauptsächlich durch die physikalischen Eigenschaften der Druckflüssigkeiten bestimmt. Im wesentlichen sind dies:

- Das immer auftretende Lecköl,
- die temperaturabhängige Viskosität der Druckflüssigkeit,
- die Reibungs- und damit Druckverluste in Geräten und Leitungen,
- die geringe Geschwindigkeit, bedingt durch große Reibungsverluste bei hohen Geschwindigkeiten,
- keine Möglichkeit hydraulisch synchrone Bewegungen zu erzielen,
- die Möglichkeit, daß Luft in der Druckflüssigkeit deren Verhalten wesentlich verändert und
- die Brennbarkeit der Mineralöle, die am häufigsten als Druckflüssigkeit eingesetzt werden.

6.1 Steuerungsaufbau – Steuerungssysteme

Die gesamte Steuerungstechnik und auch die Hydraulik hat in den vergangenen dreißig Jahren einen ungeheuren Aufschwung erlebt. Aus den abgelaufenen Entwicklungsphasen kann auf eine zukünftige Entwicklungsrichtung geschlossen werden. Wobei zu beachten ist, daß viele der in den folgenden Kapiteln beschriebenen Steuerungssysteme parallel verliefen und noch verlaufen. Innerhalb dieses Kapitels soll der Entwicklungsverlauf des Steuerungsaufbaus und der Steuerungssysteme dargestellt werden.

6.1.1 Hydraulischer Steuerblock mit Einbaugeräten und hydraulischer Verknüpfung innerhalb des Steuerblocks

Die einzelnen Hydrogeräte sind in Einsteck- oder in Einzelteilausführung direkt in den Steuerblock eingebaut und über Bohrungen im Block miteinander hydraulisch verknüpft (Bild 6.1). Hydropumpe, Druckflüssigkeitsbehälter und der erwähnte Steuerblock baute man früher in das Maschinengestell oder Maschinenbett ein. Bei dieser kompakten Bauweise war der Zugang zu den einzelnen Geräten und damit deren Austausch oft sehr schwierig. Außerdem wurde die Maschine über die Hydraulik sehr stark erwärmt, was bei Bearbeitungsmaschinen zwangsläufig zu Ungenauigkeiten führt.

a)

Bild 6.1

Hydraulischer Steuerblock mit Einbaugeräten und integrierter Verknüpfung

a) Außenansicht

b) Steuerblock im Schnitt

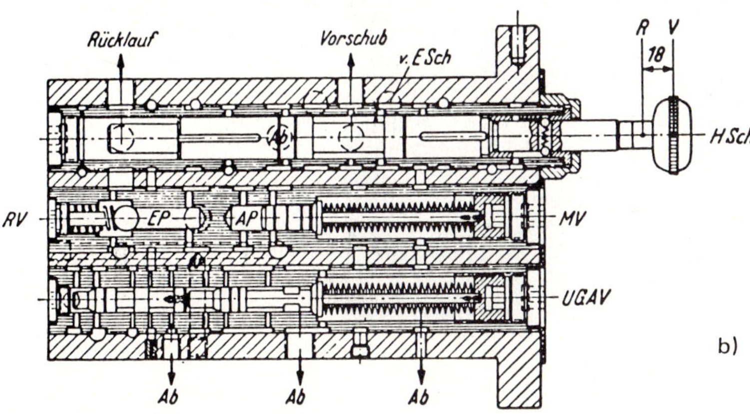

b)

6.1.2 Einzelhydroaggregat

Nach dem kompakten Steuerungsaufbau kam das andere Extrem, das Einzelhydroaggregat und damit die Trennung der Hydrosteuerung von der Maschine (Bild 6.2). Das Einzelhydroaggregat besteht aus dem Vorratsbehälter für die Druckflüssigkeit mit aufgebauter Montagewand, an der die Hydrosteuergeräte befestigt und über Rohrleitungen miteinander, entsprechend dem Hydraulikschaltplan, verknüpft sind. An größeren Bearbeitungsmaschinen oder -anlagen wie Transferstraßen o.ä. stehen zum Teil heute noch mehrere Einzelaggregate, die den einzelnen Maschinengruppen zugeordnet sind. Bei der Transferstraße in Bild 6.3 ist für jede Bearbeitungseinheit ein Hydroaggregat vorhanden. Rohrleitungen und Schlauchleitungen verbinden das Steueraggregat mit dem Verbraucher. Für dieses Steuerungssystem können genormte Hydrogeräte und Baugruppen verwendet werden, dabei ist die Wartung einfach, da gute Zugänglichkeit bei übersichtlicher Anordnung der Geräte gegeben ist.

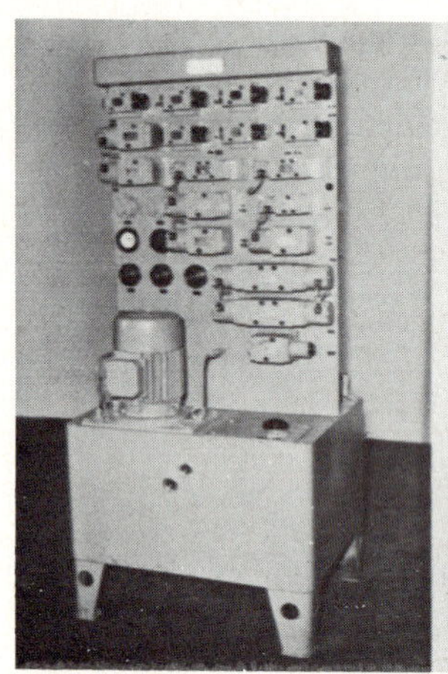
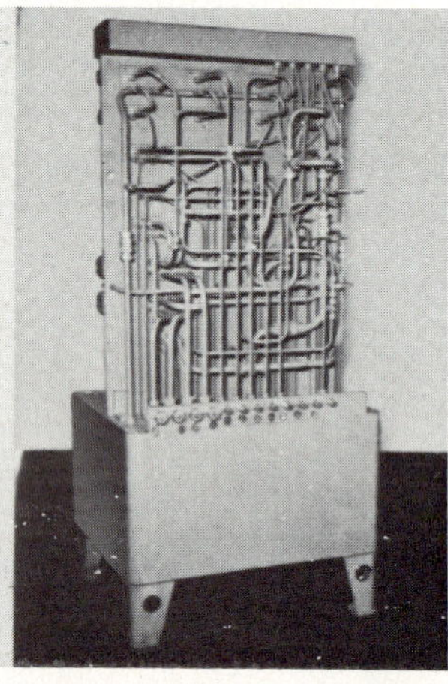

Bild 6.2
Einzelhydroaggregat in Vorder- und Rückansicht

Bild 6.3
Eingebaute Einzelhydroaggregate in einer Transferstraße

Einzelhydroaggregate werden sowohl im Einkreis- als auch im Mehrkreissystemen eingesetzt. Beim Einkreissystem wird jeder Verbraucher über einen eigenen Hydrokreis versorgt (Bild 6.4). Die Vorteile dieses Systems sind einfacher und übersichtlicher Aufbau der Anlage, gute Betriebssicherheit, andere Verbraucher beeinflussen den Ablauf nicht und die Anlage kann den Erfordernissen gut angepaßt werden. Als Nachteil wirkt sich der große Platz- und Geräteaufwand aus.

Beim Mehrkreissystem werden im Gegensatz zum Einkreissystem mehrere Verbraucher von einem Pumpenförderstrom angetrieben (Bild 6.5). Dabei ist darauf zu achten, daß sich die verschiedenen Verbraucher eines Pumpenförderstromes gegenseitig beeinflussen können, d.h. beim Druck und bei der verbrauchten Druckflüssigkeitsmenge müssen die Verhaltensweisen der übrigen Verbraucher berücksichtigt werden. Der Vorteil dieses Steuerungssystems ist sein geringer Platzbedarf, die Nachteile sind kompliziertere Steuerungen, die nicht so anpassungsfähig sind.

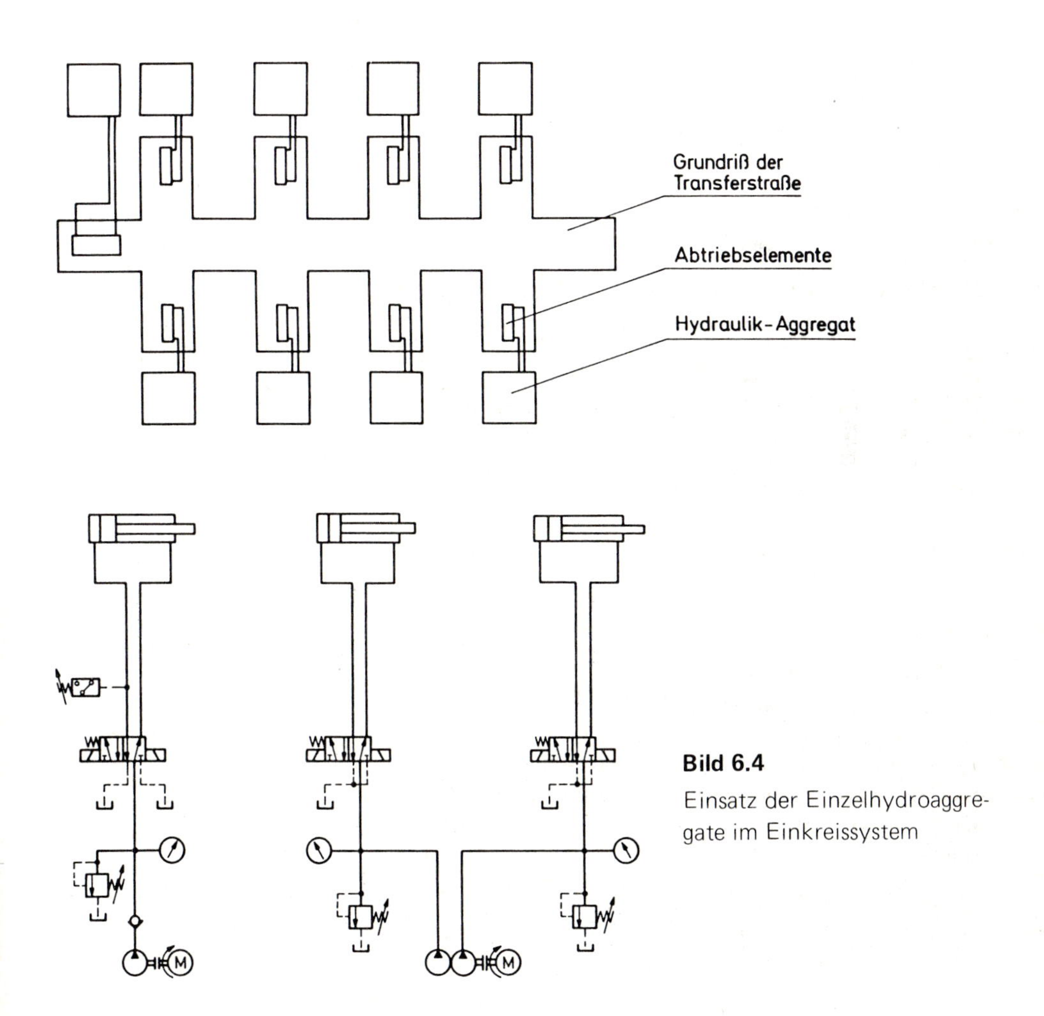

Bild 6.4
Einsatz der Einzelhydroaggregate im Einkreissystem

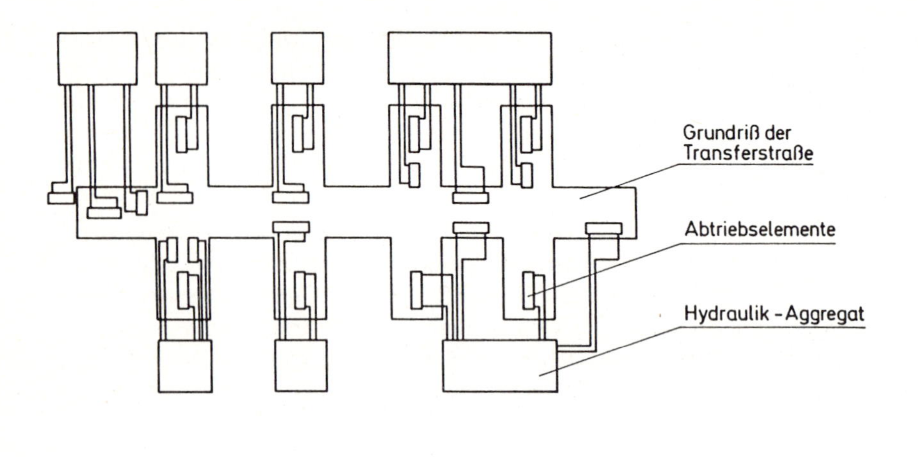

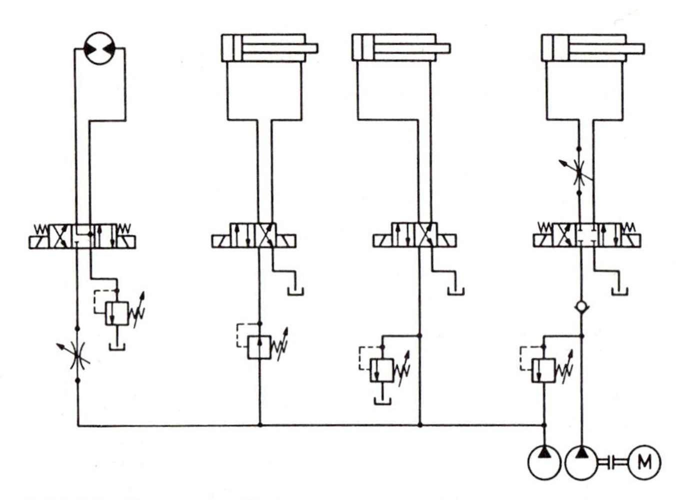

Bild 6.5 Einsatz der Einzelaggregate im Mehrkreissystem

6.1.3 Zentralhydraulik

Die Weiterentwicklung des Einzelhydroaggregats führte zur Zentralhydraulik, bei der alle Verbraucher einer Anlage über eine gemeinsame Druckleitung versorgt werden. Kennzeichen dieser Systeme ist ein meist mit Hydrospeichern betriebenes, extern der Anlage aufgebautes Hydroantriebsaggregat, das wie schon gesagt alle Verbraucher versorgt. Die Steuergeräte für die einzelnen Verbraucher sind direkt an der Maschine oder an Montagewänden, die an der Maschine stehen, angebracht. Diese Bauart wird bei größeren Maschinen oder Anlagen bevorzugt, da sich ein geringerer Platz- und Leistungsbedarf für diese ergibt.

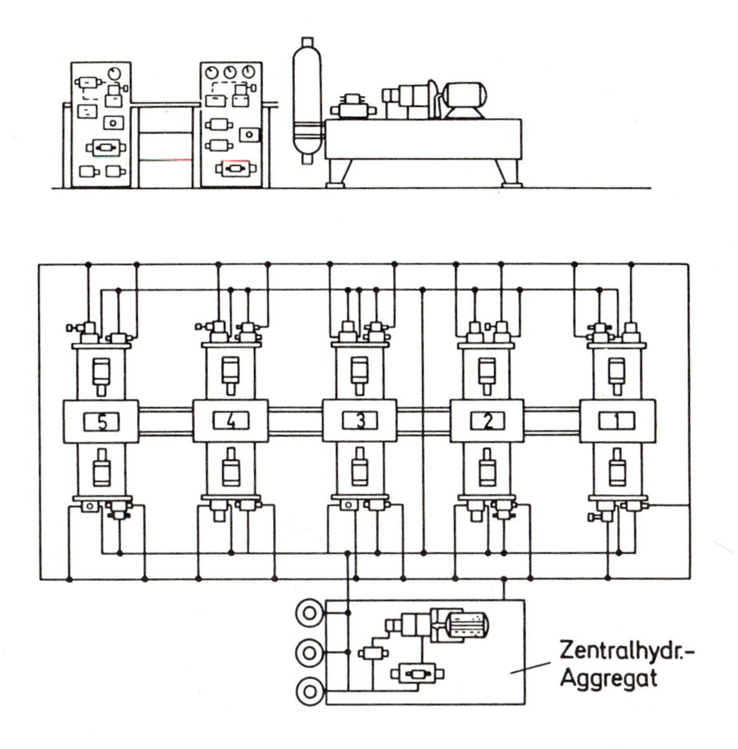

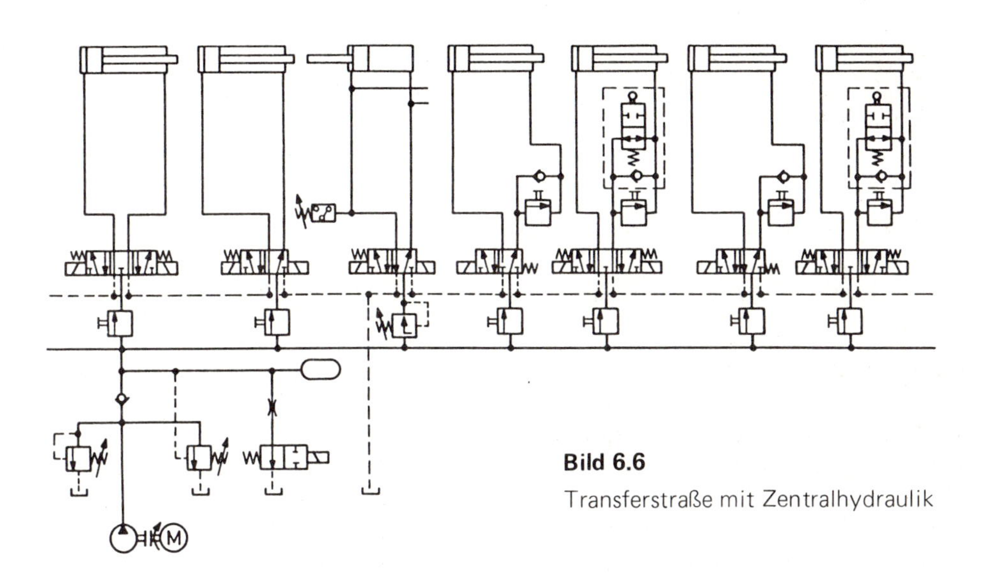

Bild 6.6

Transferstraße mit Zentralhydraulik

Bild 6.6 zeigt den Maschinen- und Hydraulikschaltplan für eine Transferstraße mit Zentralhydraulik, die aus fünf Bearbeitungsstationen und zehn Einheiten besteht. Sie werden von einem Aggregat angetrieben, die einzelnen Verbraucher werden jeweils von einer Steuerung, die an jeder Einheit angebracht ist gesteuert. Bei der Auslegung der Zentralhydraulik müssen, um eine einwandfreie Funktion der Anlage zu gewährleisten, ganz bestimmte Gesetzmäßigkeiten beachtet werden:

- In der Druckleitung muß der höchste notwendige Druck anstehen.
- Die Steuerung muß so ausgelegt werden, daß eine störende Beeinflussung der Verbraucher untereinander nicht auftritt.
- Wichtig ist für die einwandfreie Funktion der Zentralhydraulik die richtige Dimensionierung der Pumpe und des Hydrospeichers.
- Da die Druckleitung und der Hydroantrieb auf den maximalen Druck ausgelegt sind, müssen Verbraucher, die mit niedrigerem Druck arbeiten, über Druckminderventile versorgt werden.
- Da der Hydrospeicher seine Speichermenge zeitlich unkontrollierbar abgibt, müssen vor jeden Verbraucher, die größere Wege fahren, bzw. bei denen die Geschwindigkeit kontrollierbar sein muß, Stromventile eingesetzt werden.

6.1.4 Verkettungstechnik

Die hydraulische Verknüpfung der Steuergeräte eines Aggregats kann außer durch Rohrleitungen auch über Höhen-, Einzellängs- und Blockverkettung der Steuerglieder erfolgen.

Bild 6.7 zeigt die Höhenverkettung und den Hydraulikschaltplan von verschiedenen Hydrogeräten. Auf die Anschlußplatte (1) sind zwei Drosselrückschlagventile in der Drosselplatte (2), ein entsperrbares Doppelrückschlagventil in den Sperrblock (3), zwei Druckbegrenzungsventile mit Rückschlagventilen zur Umgehung in der Druckventilplatte (4) und ein 4/3-Wegeventil (5) aufgeflanscht. Die Verkettung erfolgt über die Bohrungen in den einzelnen Platten, in denen die Ventile in Blockbauweise integriert sind.

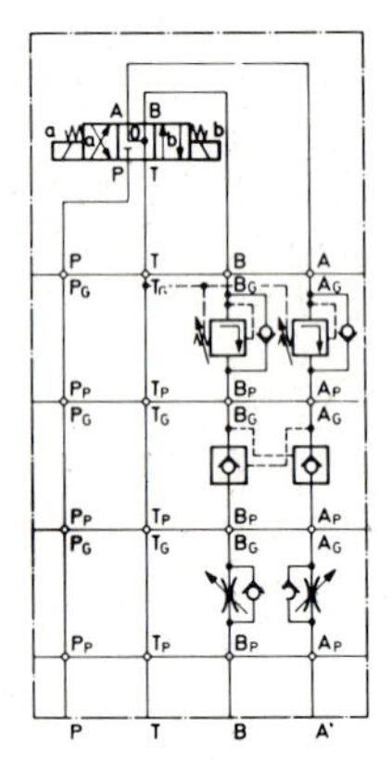

Bild 6.7 Höhenverkettung verschiedener Hydrogeräte

Bei der Einzellängsverkettung sind noch zusätzliche Bauelemente, die Verkettungsplatten, (Bild 6.8) notwendig. Sie werden in Längsrichtung flanschartig miteinander verschraubt. Durch die Bohrungen in den Verkettungsplatten ergeben sich fünf Kanäle für Pumpenförderstrom, Rückleitung und Arbeitsleitungen, die über Dichtplatten (1) mit eingelegten 0-Ringen abgedichtet werden. Auf die Verkettungsanschlußplatte (2) werden die einzelnen Geräte aufgeflanscht; gegenüber der Ventilaufflanschseite befinden sich drei Gewindebohrungen für Rohranschlüsse (3). Um die Kanalführung zu verändern, stehen verschiedene Verkettungsumlenkplatten (4) zur Verfügung; den Abschluß eines verketteten Steuerblocks bilden die Verkettungsendplatten (Bild 6.9). In die Verkettungsplatten können auch Ventile blockbauartig integriert sein, z.B. Verkettungsrückschlagventilplatten mit eingebauten Rückschlagventilen. Ein Steuerblock in Längs- und Höhenverkettung ist mit dem Hydraulikschaltplan in Bild 6.9 dargestellt, ein Hydroaggregat mit Längsverkettung in Bild 6.10.

Die Verkettungselemente sind universell einsetzbar, jede Verknüpfung ist mit ihnen möglich. Da es sich um standardisierte Einzelelemente handelt, kann jede Steuerung, auch eine Einzelsteuerung damit aufgebaut werden. Der Vorteil dieser Technik liegt im geringen Platzbedarf, in der schnellen Montage sowie der Reduzierung der teuren Rohrverbindungen.

Der große Steuerungsaufwand für moderne hydraulisch gesteuerte Maschinen und Anlagen führte dazu, daß teilweise der Platzbedarf für die Steuerung so groß wie der für die Maschine wurde. Die Forderung, die Steuerung kompakter zu gestalten und den Aufwand für Montage und Leitungen zu reduzieren, wird mit der Blockverkettung erfüllt. Im Gegensatz zur Einzellängsverkettung, die universell einsetzbar ist und bei der nur eine Seite der Verkettungselemente mit Geräten bestückt werden kann, können bei der Blockverkettung drei Seiten mit Geräten bestückt werden. Allerdings ist sie nicht so universell einsetzbar,

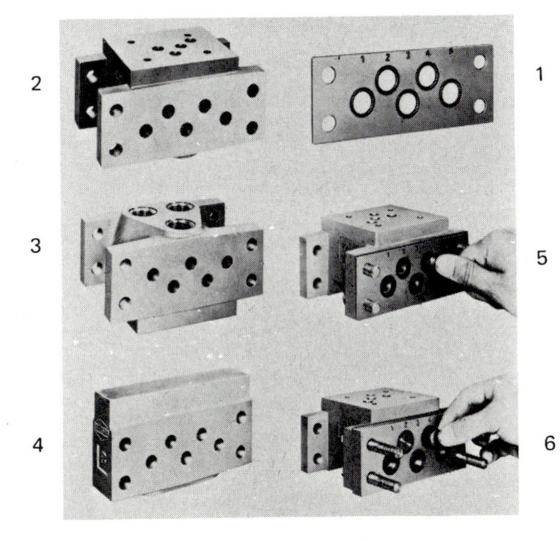

Bild 6.8

Verkettungsplatten für die Einzellängsverkettung verschiedener Hydrogeräte

1 Dichtungsplatte mit eingelegten 0-Ringen
2 Geräteanschlußplatte
3 Anschlußplatte mit Gewindeanschlüssen für Verschraubungen
4 Umlenkplatte
5 und 6 Einbaubeispiel für die Dichtplatte und Verschlußbolzen

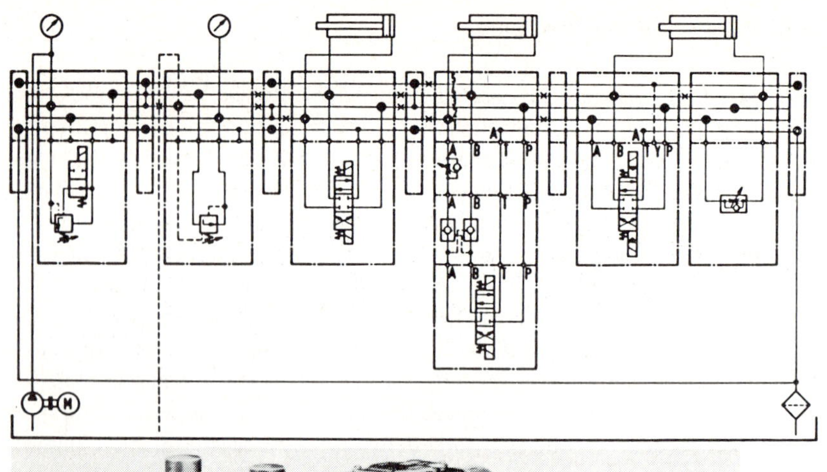

Bild 6.9 Steuerblock in Längs- und Höhenverkettung

Bild 6.10
Hydroaggregat mit längsverketteten Steuerblöcken

Bild 6.11 Bausteine für die Blockverkettung

Bild 6.12
Steuerblock in Blockverkettung

da in den Blockbausteinen (Bild 6.11) ein Teil der Steuerung integriert ist. Wiederkehrende Steuerungselemente werden standardisiert, der Rest der Steuerung wird mit maßgeschneiderten Blockbausteinen aufgebaut und mit standardisierten Steuergeräten bestückt (Bild 6.12). Verbunden werden die einzelnen Blöcke über Zuganker (Bilder 6.11 und 6.12) und abgedichtet werden sie durch eingelegte 0-Ringe. In Bild 6.13 ist eine Blockverkettung mit dem Hydraulikschema und den Blockbezeichnungen dargestellt. Daß der Aggregataufbau einfach und übersichtlich ist, zeigt das Hydroaggregat in Bild 6.14, Rohre sind kaum mehr zu sehen.

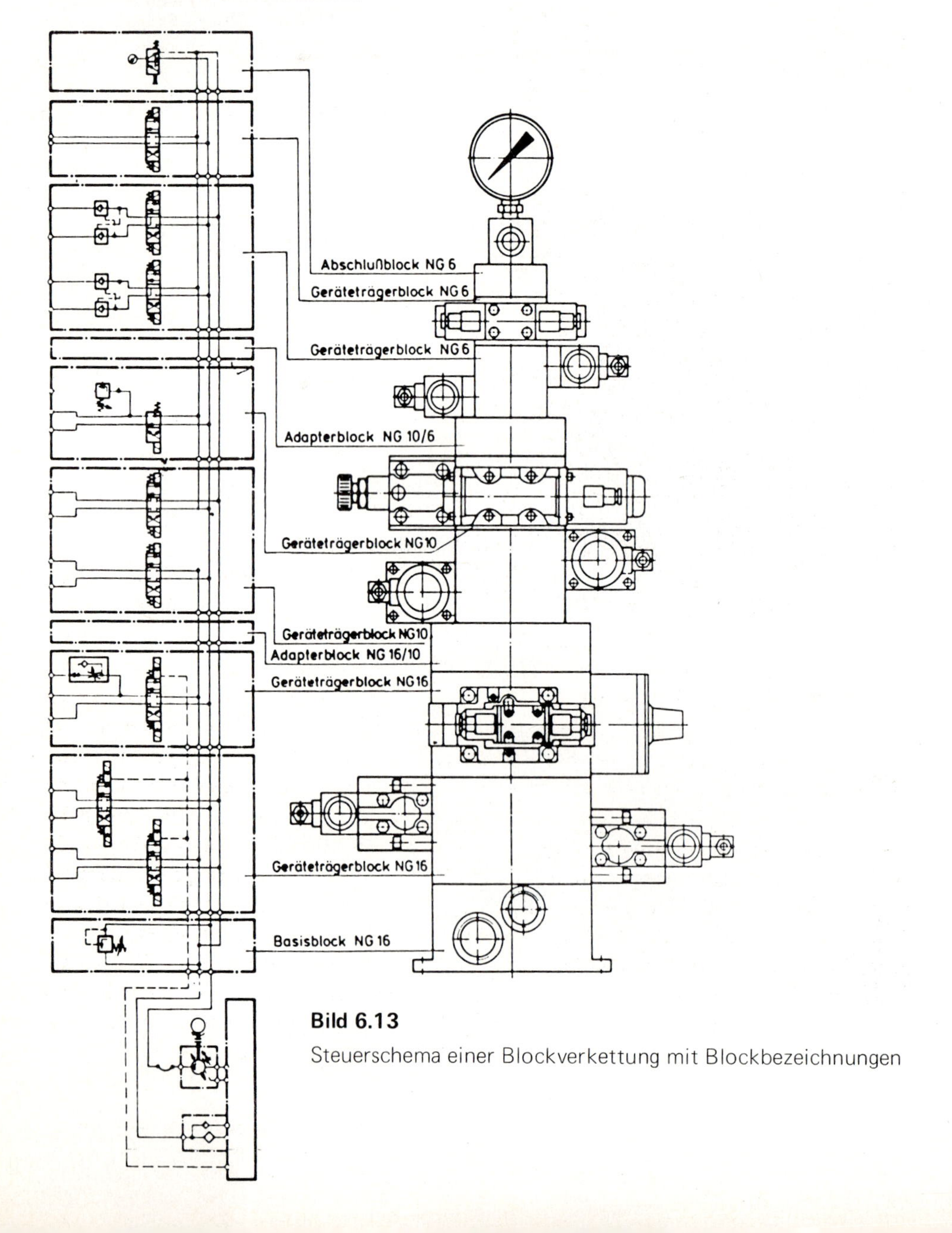

Bild 6.13

Steuerschema einer Blockverkettung mit Blockbezeichnungen

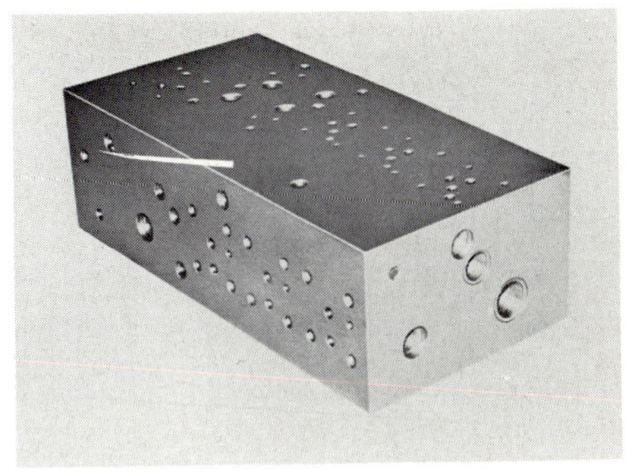

Bild 6.15 Einzelsteuerblock ohne Geräte

Bild 6.14
Hydroaggregat mit Steuerblock in Blockverkettung und Hydrospeicher

Eine Weiterentwicklung der Blockverkettung ist der Einzelsteuerblock mit aufgeflanschten Geräten (Bilder 6.15 und 6.16). Dieses Steuerungssystem entspricht im Prinzip dem in die Maschine integrierten Steuerblock (Kap. 6.1.1) mit dem Unterschied, daß standardisierte Steuergeräte verwendet werden können und daß der Steuerblock außerhalb der Maschine aufgebaut wird. Auf einen Steuerblock (Bild 6.15), in dem die Verknüpfung der Steuergeräte durch Bohrungen erreicht wird, werden Standardgeräte aufgeflanscht (Bild 6.16), d.h. der Block übernimmt die Verknüpfung und den hydraulischen Anschluß der Hydrogeräte. Rohrleitungen sind dann nur noch zu den Verbrauchern und zum Hydroantriebsaggregat notwendig. Von der Austauschbarkeit durch den Einsatz standardisierter Steuergeräte und vom Platzbedarf aus betrachtet – es können fünf Seiten mit Geräten bestückt werden, eine Seite wird für Rohranschlüsse gebraucht – eignet sich dieses System für Serienmaschinen und zeichnet sich durch platzsparenden, übersichtlichen und wartungsfreundlichen Aufbau aus.

Bild 6.16 Einzelsteuerblöcke mit aufgeflanschten Geräten

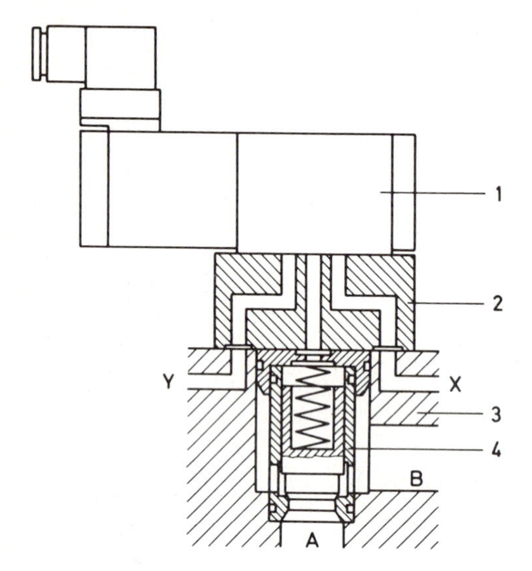

Bild 6.17
2/2-Wegeventil mit Cartridgeeinsatz

6.1.5 Cartridge-System

Eine weitere Entwicklung in der hydraulischen Steuerungstechnik stellt die Blockbauweise mit den Cartridges dar, die durch Pilotventile elektrisch oder hydraulisch angesteuert werden.

Cartridges sind 2-Wege-Einbauventile (Bild 6.17) mit zwei Hauptanschlüssen – einem Eingang und einem Ausgang für den Druckflüssigkeitsstrom – und je nach Funktion mit einem oder mehreren Steuerölanschlüssen. Die Cartridges können zwei Endstellungen – geöffnet oder geschlossen – und beliebig viele Zwischenstellungen einnehmen. Eingebaut werden die Cartridges in Steuerblöcke, wo sie in einer Aufnahmebohrung, die durch eine Steuerplatte abgeschlossen wird, montiert werden. Im Steuerblock, in dem im allgemeinen mehrere Cartridges montiert sind, wird die dem Schaltplan entsprechende Verknüpfung durch Verbindungsbohrungen zwischen den Arbeits- und Steueranschlüssen erreicht. Man kann Cartridges durch Parallel- oder Hintereinanderschaltung und in Verbindung mit den aufgebauten Steuerplatten als Wege-, Druck-, Sperr- und Stromventil einsetzen. Für jeden hydraulischen Weg kann die Nenngröße dem Durchflußstrom optimal angepaßt werden. Durch entsprechende Auslegung der Schließfeder, der Dämpfungskegel am Kolben und der Steuerdüsen kann der Durchflußweg entsprechend den Erfordernissen, z.B. bei der Funktion als Wegeventil, gestaltet werden.

Im Bild 6.17 ist ein 2/2-Wegeventil mit Cartridgeeinsatz dargestellt. Es besteht aus dem Pilotventil (1), der Steuerplatte (2), dem Steuerblock (3) und dem Cartridgeeinsatz (4). Durch Kombination der Cartridges mit entsprechenden Steuerplatten und Pilotventilen lassen sich eine Vielzahl verschiedener Ventilfunktionen, z.B. Wege-, Druck-, Strom- und Sperrventilfunktion, realisieren (Bild 6.18).

Wie einfach man die Funktion, im vorliegenden Beispiel eine 2-Wege-Funktion, eines Cartridges durch Ansteuern verändern kann, ist in den Beispielen im Bild 6.19 dargestellt.

Im Fall a) steht das Pilotventil (1) in Schaltstellung b. Kommt der Druckflüssigkeitsstrom vom Anschluß A wird der Hauptkolben (2) des Cartridges über die Steuerfläche A_1 geöffnet und der Durchfluß nach B ist frei. In umgekehrter Strömungsrichtung werden am Hauptkolben (2) die Steuerflächen A_2 und A_3 mit demselben Druck beaufschlagt. Da aber $A_3 > A_2$ ist, bleibt der Kolben (2) geschlossen und der Durchfluß von B nach A ist

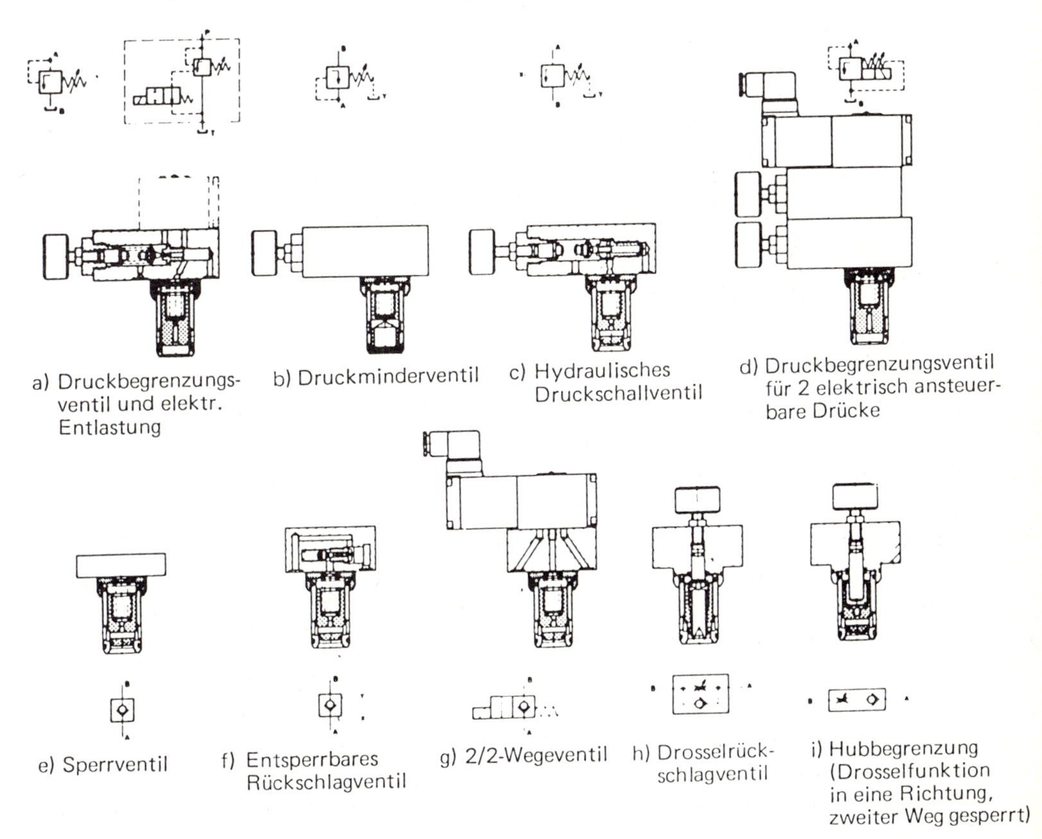

Bild 6.18 Kombination von Cartridgeeinsätzen mit Steuerplatten und Pilotventilen zur Realisierung verschiedenen Ventilfunktionen

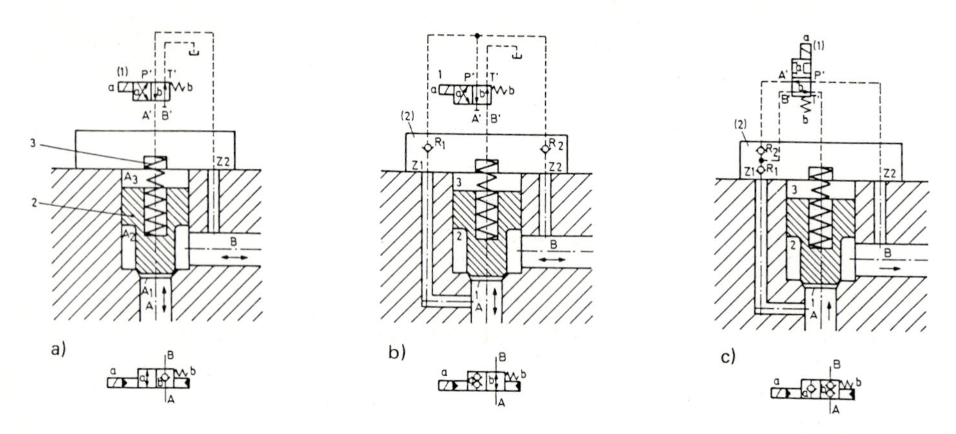

Bild 6.19 Beispiele für die Veränderbarkeit der 2/2-Wegefunktion eines Cartridges durch verschiedene Ansteuerungen

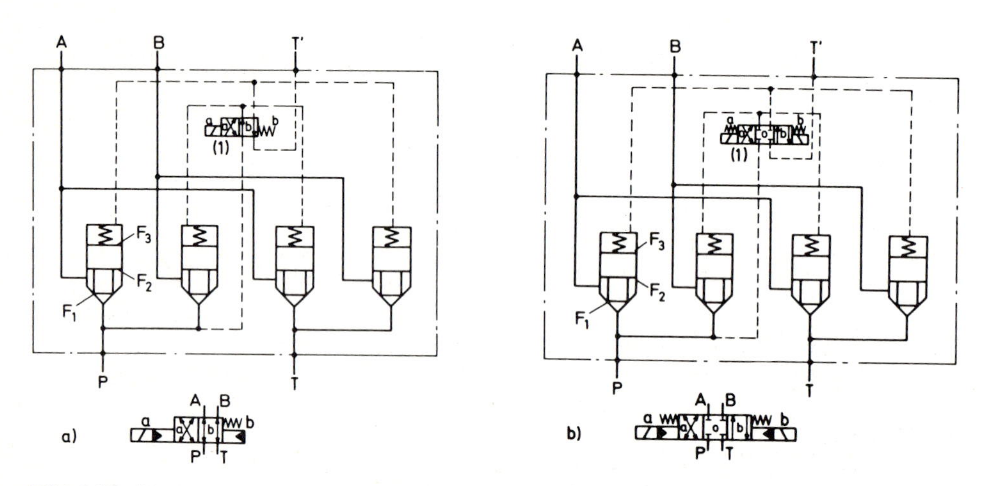

Bild 6.20 Wegeventile mit Cartridgeeinsätzen

a) 4/2-Wegeventil b) 4/3-Wegeventil

gesperrt. In Schaltstellung a des Pilotventils (1) wird die Steuerfläche A_3 entlastet und der Hauptkolben über die Steuerfläche A_1 oder A_2 je nach Strömungsrichtung aufgesteuert, das Ventil kann von A nach B und umgekehrt durchströmt werden. Die Fälle b) und c) zeigen, daß durch Änderung der Steuerplatte (2) und des Pilotventils die Funktion des Cartridges verändert wird. Bei b) ist der Durchfluß in Schaltstellung a nach beiden Richtungen gesperrt in Schaltstellung b) nach beiden Richtungen frei. Im Fall c) ist in Schaltstellung a der Durchfluß von A nach B frei und von B nach A gesperrt, in Schaltstellung b ist er in beiden Richtungen gesperrt.

Ein 4/2-Wegeventil elektrohydraulisch gesteuert ist im Bild 6.20 dargestellt. Es wird aus vier Cartridgeeinsätzen, die in einem Block zusammengefaßt sind, und die über das Pilot-

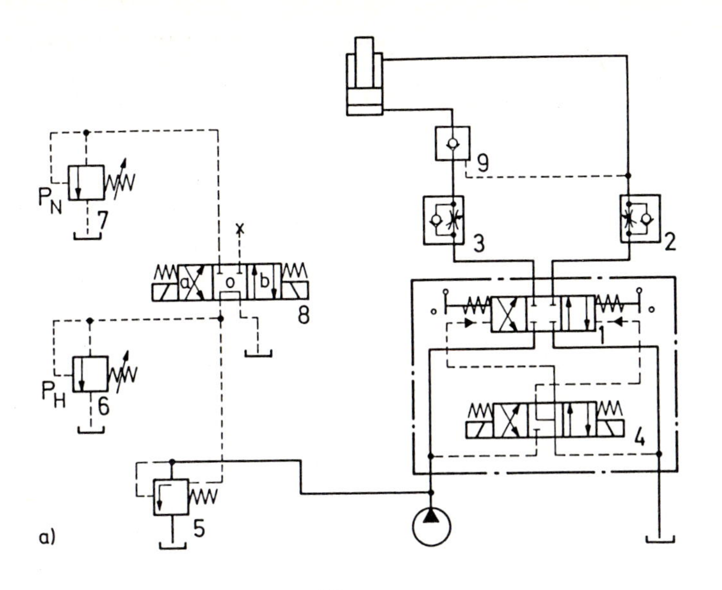

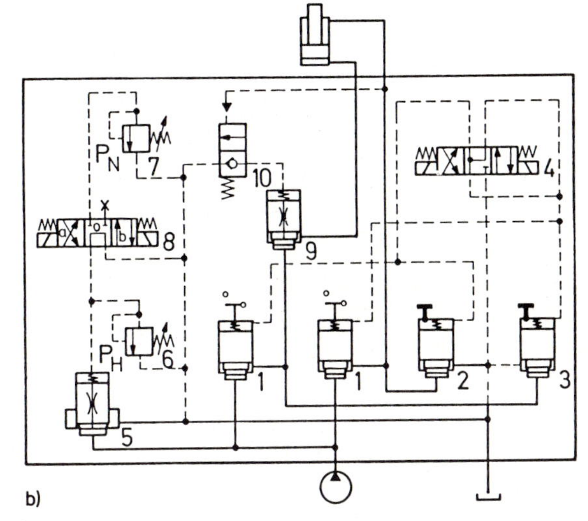

Bild 6.21

Vergleich einer Steuerung mit herkömmlichen Ventilen (a) und mit Cartridges (b)

Bild 6.22

Steuerblock mit Cartridges

ventil (1) angesteuert werden, gebildet. Durch Änderung des Pilotventils wird aus dem 4/2-Wegeventil (Fall a) ein 4/3-Wegeventil (Fall b).

Diese Beispiele sind nur ein kleiner Ausschnitt aus der Vielfalt der Möglichkeiten, die beim Einsatz von Cartridges möglich sind.

Der Vergleich einer herkömmlichen Steuerung und einer Steuerung mit Cartridges ist anhand der Hydroschaltpläne in Bild 6.21 dargestellt. Bei der Steuerung mit Einzelgeräten (a) wird der Hydrozylinder über das Wegeventil (1), das über das Vorsteuerventil (4) indirekt betätigt wird, in seiner Richtung gesteuert. Durch die Drosselrückschlagventile (2) und (3) können beide Bewegungsrichtungen des Zylinders in der Geschwindigkeit gesteuert werden. Das entsperrbare Rückschlagventil sichert den Zylinder bei Stillstand gegen Absinken. Mit den beiden Vorsteuerventilen (6) und (7), die auf die Hauptstufe des Druckbegrenzungsventiles (5) wirken, kann die Anlage mit zwei Druckstufen, einstellbar über das Wegeventil (8), betrieben werden. Bei der Ausführung der Steuerung mit Cartridges (Bild 6.21b) werden die Ventile (4), (6), (7) und (8) wie bei der herkömmlichen Ausführung verwendet und eingesetzt. Für die Funktion des Hauptwegeventils wären dann noch vier, für die Drosselrückschlagventile zwei, für das entsperrbare Rückschlagventil und für die Hauptstufe des Druckbegrenzungsventils je eine, also zusammen acht Cartridges notwendig. Die Drosselfunktionen der Drosselventile (2) und (3) kann aber mit der Wegeventilfunktion zusammengefaßt werden, so daß also nur sechs Cartridges eingebaut werden müssen. Solche Möglichkeiten der Zusammenfassung verschiedener Funktionen mit einem Cartridge sind häufig möglich. Dadurch werden die Steuerungen kompakter und wirtschaftlicher. Den ausgeführten Steuerblock mit Cartridges zeigt das Bild 6.22. Die Vorteile des Cartridge-Systems gegenüber der herkömmlichen Bauweise ist:

- Größere Leistung bei kleinerer Bauweise eines Steuerblocks,
- Sitzventile, daher gegen Verschmutzung unempfindlicher,
- in einem Cartridge können mehrere Funktionen zusammengefaßt werden,
- für jeden Weg kann die optimale Nenngröße gewählt werden,
- jeder Weg ist zeitlich getrennt steuerbar und
- für alle Cartridges gleicher Nenngröße ist nur eine Aufnahmebohrung notwendig, dadurch entsteht ein geringerer Montageaufwand.

6.1.6 Ausgeführte hydraulische Anlagen

Die Tendenz in der Ausführung hydraulischer Steuerungen geht im Prinzip wieder auf die Blockbauweise in veränderter Form zurück. Der Entwicklungsweg wurde in den vorhergehenden Kapiteln erwähnt und ist im Bild 6.23 dargestellt. Er verläuft in folgender Weise:

- Blockbauweise mit Einsteckgeräten,
- Einzelhydroaggregat (Verknüpfung der Geräte über Rohrleitungen),
- Zentralhydraulik (Verknüpfung durch Verrohrung),
- Längs- und Höhenverkettung (Verknüpfung durch Verkettungsplatten),
- Blockbauweise mit Aufflanschgeräten (Verknüpfung im Block) und
- Blockbauweise mit Einsteckgeräten – den Cartridges – in Patronenbauweise (Verknüpfung über Steuerplatten und im Block).

Das heißt aber nicht, daß nur eine Bauweise favorisiert wird, sondern daß alle Möglichkeiten des Steuerungsaufbaus eingesetzt werden. Welche der Möglichkeiten beim Aufbau einer Hydroanlage zum Zuge kommt, ist immer eine Frage der Wirtschaftlichkeit.

In den Bildern 6.24 bis 6.30 sind einige ausgeführte hydraulische Anlagen dargestellt; sie sollen als Beispiele für die vielfältigen Ausführungen stehen.

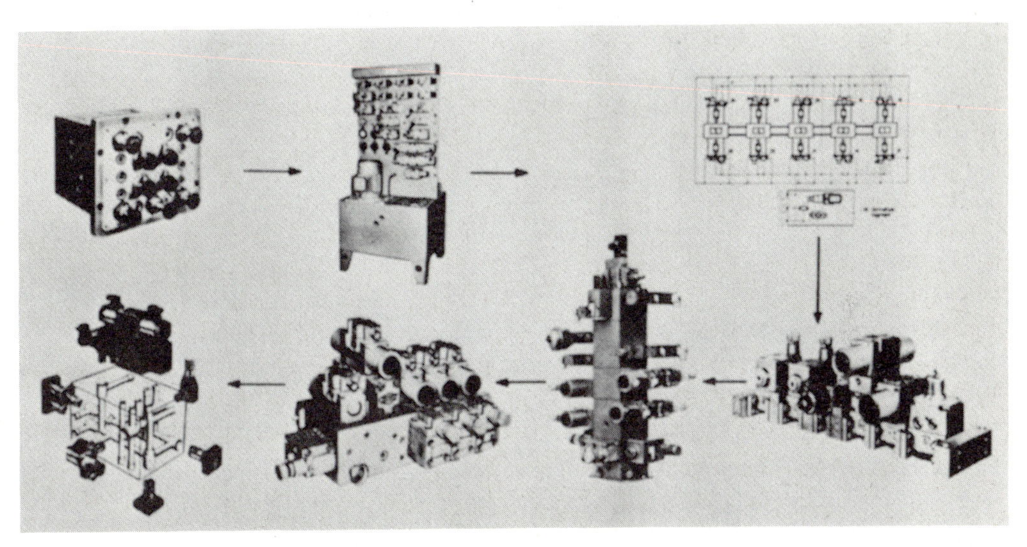

Bild 6.23 Entwicklungsweg der Ausführung hydraulischer Steuerungen

Bild 6.24

Druckstation und Steuerblock in einem Steuerschrank eingebaut

Bild 6.25 Standard-Hydroaggregat mit auf einer Steuerwand aufgebauten Geräten, verknüpft über Rohrleitungen

Bild 6.26 Druckstation und Steuerblock in einem Pultgehäuse eingebaut

Bild 6.27
Hydroaggregat mit längsverkettetem Steuerblock

Bild 6.28 Steuerwand einer Hydraulikstation für eine Großanlage

Bild 6.29 Verrohrung und Speicher der Hydraulikstation

Bild 6.30 Rückansicht der Steuerwand

6.2 Anlagenplanung

Bei der Anlagenplanung kann man nach verschiedenen Methoden vorgehen. Wichtig ist vor allem die systematische Erfassung aller für die Anlage wichtigen Daten. Voraussetzung wiederum die Kenntnis des Aufbaus und der Wirkungsweise der Geräte und die Möglichkeiten ihrer Verschaltung. Die Entscheidung, eine hydraulische Steuerung für eine geplante Anlage einzusetzen, kann nur gefällt werden, wenn man eine Bilanz der beschriebenen Vor- und Nachteile aufstellt und verschiedene Steuerungsarten vergleicht, d.h. eine technisch begründete Auswahl trifft. Diese wiederum muß im Zusammenhang mit der Wirtschaftlichkeit der gewählten Steuerungstechnik geschehen.

Beachtet werden müssen auch die Umweltbedingungen, denen eine Anlage unterliegt. Dazu gehören Umgebungstemperatur, Einwirkung von Schmutz, Wasser, Gasen, Chemikalien, Druck u.a. Sind alle diese Voraussetzungen bekannt und wurde aufgrund der Wirtschaftlichkeit die Entscheidung für die Hydraulik gefällt, kann mit der Planung der Anlage begonnen werden.

Zuerst werden die technischen Daten für den Funktionsablauf festgelegt oder erfaßt. Diese können in Textform oder grafisch festgehalten werden, wobei der grafischen Form wegen ihrer besseren Übersichtlichkeit der Vorzug gegeben werden sollte. Notwendige technische Daten sind:

Die Aufgabenstellung oder die Funktionsbeschreibung der Anlage

In welcher Folge soll der Arbeitsablauf erfolgen?
Welche Takt-, Leerlaufzeiten usw. sind zu berücksichtigen?
Welchen Hub müssen Hydrozylinder, welche Drehzahl die Hydromotoren haben?
Wann muß im Eilgang, wann im Arbeitsgang gefahren werden?
Welche Geschwindigkeiten sind vorgesehen?
Welche Randbedingungen wie „NOT-AUS", Einzelbewegung der Antriebsglieder zum Einstellen usw. sind zu berücksichtigen?
In welcher Richtung wirken die äußeren Kräfte und Drehmomente?

Dieser Fragenkatalog enthält nur einen Teil der Funktionen, nach denen eine hydraulische Anlage ausgelegt werden kann.

Der Bewegungsablauf der Antriebsglieder

Der verbalen Beschreibung des Bewegungsablaufes einer Steuerung ist die grafische vorzuziehen, da sie übersichtlicher und damit verständlicher wird. Als grafische Darstellung werden verwendet:

das Weg-Zeit-Diagramm nach VDI-Richtlinie 3260 oder das Weg-Schritt-Diagramm ebenfalls nach VDI 3260. Beim ersten lassen sich Geschwindigkeiten grafisch darstellen, während beim zweiten nur der reine schrittmäßige Ablauf der Steuerung dargestellt wird.

Wird zum Weg-Zeit- oder Weg-Schritt-Diagramm noch das Steuerdiagramm der Ventile, d.h. die diagrammäßige Darstellung der Schaltstellungen der Ventile, zugeordnet, dann hat man den Funktionsplan einer Steuerung (Bild 6.31).

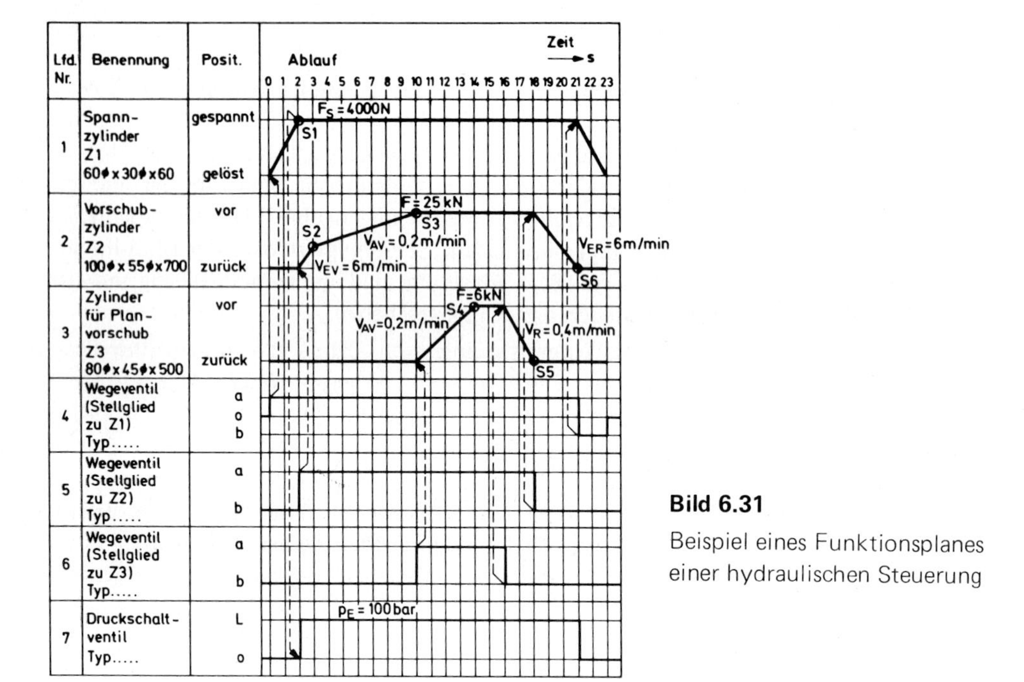

Bild 6.31
Beispiel eines Funktionsplanes einer hydraulischen Steuerung

Tabellarische Zusammenstellung der Kolbenkräfte, Kolbengeschwindigkeiten, Hübe, Drehmomente und Drehzahlen der Hydromotoren

Diese Werte können auch noch in die Weg-Zeit- und Weg-Schritt-Diagramme eingetragen werden. Eine tabellarische Erfassung ist deshalb sinnvoll, weil sie zur Auslegung der Geräte übersichtlicher ist.

Erstellung eines Lageplanes der Antriebsglieder (Hydrozylinder, Hydromotoren) mit den zugehörigen Signalgliedern (Endschalter etc.)

Im Bild 6.32 ist ein Zylinderaufstellungsplan einer Spezialbearbeitungsmaschine mit verschiedenen Zylindern, den Endschaltern und der Zylinderbewegung dargestellt.

Bestimmung der Drücke, Förderströme und Antriebsleistungen und Auswahl der Pumpen

Drücke und Förderströme bei gegebenen Zylindern oder Hydromotoren werden nach den Berechnungsgrundlagen (Kap. 3.3) bestimmt.

Für die Auswahl der Pumpen sind verschiedene Problemlösungen wie Konstantpumpensteuerung, Regel- oder Nullhubpumpensteuerung, Konstantpumpensteuerung mit Hydrospeicher usw. auszuarbeiten und auf ihre Wirtschaftlichkeit zu prüfen.

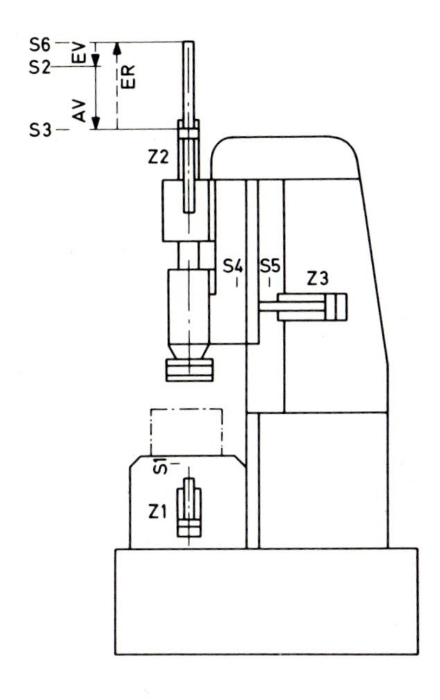

Bild 6.32
Lageplan der Zylinder und Endtaster an einer Sondermaschine

Auslegung des Hydraulikschaltplanes (s. auch Kap. 5.1)

Aufgrund der Berechnungen und des Funktionsplanes kann der Hydraulikschaltplan ausgearbeitet werden. Dabei sind einige Vorüberlegungen notwendig wie

der Einsatz separater Pumpenförderströme,
die Art der Geschwindigkeitssteuerungen der einzelnen Arbeitsglieder,
der Einsatz von Gegenhalteventilen,
die Art der Richtungssteuerung,
die Trennung der einzelnen Steuerketten gegeneinander,
die Absicherung der einzelnen Steuerketten,
die Verknüpfung der einzelnen Steuerketten usw.

Eine der Arten der Erstellung des Schaltplanes ist das schrittweise Vorgehen unter Zugrundelegung der ermittelten und vorgegebenen Daten.

Aufstellung der Geräteliste

Zum Schaltplan wird aufgrund der berechneten Werte und der vorgegebenen bzw. ermittelten Funktionen eine Geräteliste, die sinngemäß der Stückliste zu einer Konstruktion entspricht, aufgestellt. In ihr werden tabellarisch die im Schaltplan dargestellten Hydraulikgeräte mit ihren Kennzeichnungen und Daten aufgeführt. Nennweiten der Leitungen, Drücke usw. werden in den Schaltplan eingetragen.

6.3 Wärmebilanz einer Hydraulikanlage

Die Bestimmung der zu erwartenden Betriebstemperatur einer Hydraulikanlage ist deshalb von Wichtigkeit, weil sich aufgrund zu hoher Öltemperaturen Funktionsschwierigkeiten bei den Geräten ergeben können und hoher Verschleiß bei den Bauteilen auftritt. Eine Vorausbestimmung gewährleistet weiter, daß keine zu großen Druckflüssigkeitsmengen für die Hydroanlage festgelegt werden, oder daß bei zu klein dimensionierten Mengen Kosten durch nachträglichen Einbau von Kühlern entstehen.

Die Höhe der Temperatur der Druckflüssigkeit ist abhängig von der Umgebungstemperatur, der Temperatur im Vorratsbehälter, der frei werdenden Wärmemenge im Kreislauf und der Wärmeabgabe der gesamten Hydraulikanlage.

Je genauer und je komplizierter der Funktionsablauf einer Anlage ist um so konstanter muß die Temperatur der Druckflüssigkeit sein. Man strebt Betriebstemperaturen von ca. 50 °C an; bis 70 °C gelten sie noch als normal. Temperaturen über 70 °C sollten nur in Ausnahmefällen und nach sorgfältiger Überprüfung aller Faktoren zugelassen werden.

Die Erwärmung der Druckflüssigkeit kommt durch die Verluste, in erster Linie der Drosselverluste, beim Betrieb der Anlage zustande. Gleichzeitig wird ein Teil der Wärme an die Umgebung abgegeben. Diese Abgabe erfolgt über den Behälter, die Rohrleitungen und die Geräte. Ist die abgegebene Wärmemenge nicht ausreichend, d.h. steigt die Betriebstemperatur über die oben angegebenen Werte an, dann muß eine zusätzliche Kühlung in die Anlage eingebaut werden. In der Praxis verwendet man Kühler oder Wärmetauscher mit

- Kühlung durch Wasser,
- Kühlung durch Luft und
- Kühlung durch separate Kühlaggregate.

Letztere werden selten eingesetzt. Gute Kühlleistung erreicht man mit Öl-Wasser-Wärmetauschern. Sie erfordern einen nur geringen Raumbedarf und haben günstige Anschaffungspreise; nachteilig sind die hohen Betriebskosten. Die Kühlung mit Öl-Luft-Wärmetauschern ist mit größerem Raumbedarf, höheren Anschaffungskosten aber geringeren Betriebskosten verbunden. Nachteilig kann sich auch noch das Lüftergeräusch auswirken. Die Verlustleistung wird wie folgt berechnet:

Bei Dauerbetrieb

$$P_\mathrm{v} = P_\mathrm{hydr}\,(1 - \eta_\mathrm{ges}) \qquad \text{in kW}$$

Bei Aussetzbetrieb

$$P_\mathrm{v} = P_\mathrm{hydr}\,(1 - \eta_\mathrm{ges})\,\frac{\%\,\mathrm{ED}}{100} \qquad \text{in kW}$$

Der Gesamtwirkungsgrad ist das Produkt aus den Einzelwirkungsgraden der Pumpe, der Ventile, der Leitungen, der Zylinder usw. Bei Hydraulikanlagen mit mehreren Pumpen und Geschwindigkeitssteuerungen mit Stromventilen wird die Verlustleistung teilweise auch grafisch bestimmt.

Die an die Umgebung abgegebene Wärmemenge errechnet sich aus dem Wärmedurchgang von der Druckflüssigkeit durch die Behälter- und Rohrwandung und aus der Wärmeabstrahlung.

Die genaue Berechnung ist sehr umfangreich und alle Faktoren können nicht exakt erfaßt werden, deshalb wird in der Praxis für freistehende Blechbehälter in geschlossenen Räumen mit einem Wärmedurchgangskoeffizient $k \approx 11{,}5\ \mathrm{W/m^2\,K}$ gerechnet.

Die abgegebene Wärmemenge ist dann

$$Q = k A\, \Delta t \quad \text{in W}$$

A Behälteroberfläche in m^2
Δt Differenz zwischen mittlerer Druckflüssigkeitstemperatur und Umgebungstemperatur in K

6.4 Druckflüssigkeitsbehälter

Der Behälter für die Druckflüssigkeit ist eine wichtige Einzelkomponente und damit ein Bauteil jeder hydraulischen Anlage. Der Hauptzweck des Behälters ist für genügend Vorrat an Druckflüssigkeit zu sorgen. Daneben haben jedoch Größe, Gestaltung und Anordnung des Behälters wesentlichen Einfluß auf den Zustand der Druckflüssigkeit.

Der Druckflüssigkeitsbehälter muß folgenden Anforderungen genügen:

- Er muß wartungsfreundlich sein,
- über ihn muß die anfallende Wärme, die an den Drosselstellen entsteht, abgeführt werden,
- in der Druckflüssigkeit eingeschlossene Luft muß abgeschieden werden,
- Fremdkörper und Wasser sollen zurückgehalten werden,
- die Strömungsturbulenzen des Rücklaufes müssen abgebaut werden,
- Schaumbildung soll verhindert werden und
- eine hohe Geräuschstabilität soll er besitzen.

Bei den Behältern unterscheidet man zwischen belüfteten und geschlossenen Behältersystemen. Geschlossene Behältersysteme werden vorwiegend in der Mobil- oder Fahrzeughydraulik eingesetzt. Beim geschlossenen System wird in den luftdichten Behälter eine flexible Blase eingesetzt, die mit einem Gaspolster vorgespannt wird. Bei entsprechender Entnahme aus dem Behälter dehnt sich die Blase aus und der Vorspanndruck sinkt (Bild 6.33). Der Vorteil des geschlossenen Systems liegt in der Trennung der Druckflüssigkeit von der Umgebung. Dadurch wird die Verschmutzung, die Luft- und Wasseraufnahme und eine vorzeitige Alterung der Druckflüssigkeit verhindert. Über Leckstellen in der Saugleitung wird keine Luft angesaugt. Nachteilig wirkt sich die notwendige stärkere Kontrolle des Behälters aus, denn durch undichte Stellen kann der Vordruck in der Blase verloren gehen und dadurch kann bei schneller Entnahme Unterdruck entstehen, der zu Kavitation führen kann. Auch die Anschaffungskosten liegen über denen für offene Systeme.

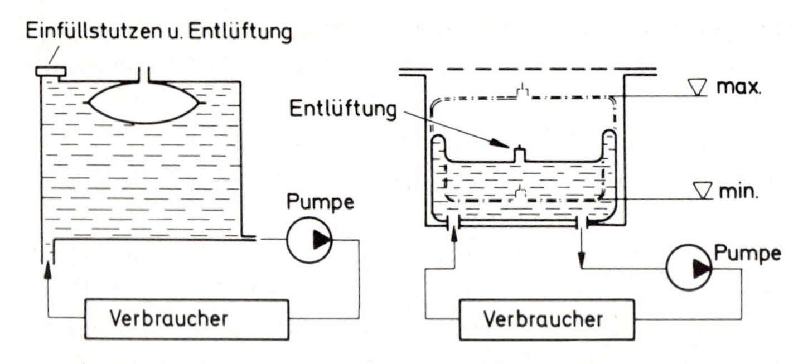

Bild 6.33 Behälter für Druckflüssigkeit – geschlossenes System

Offene, belüftete Behältersysteme werden vorzugsweise in der Industriehydraulik eingesetzt. Man unterscheidet dabei zwischen Kleinbehälter, Serienbehälter in leichter und schwerer Bauform (Bilder 6.14 und 6.27) und Rundbehälter für größere Druckflüssigkeitsmengen.

Die Behältergröße wird in erster Linie durch die Fördermengen der angeschlossenen Pumpen bestimmt. Weitere Einflußgrößen sind der Gesamtbedarf der Anlage an Druckflüssigkeit, die Betriebsart (Aussetz- oder Dauerbetrieb) und die von der Verlustleistung abhängige abzugebende Wärmemenge. Als Richtwert gilt:

Behälterinhalt in l $\approx$ (3...5) $\times$ Summe der Pumpenförderströme in l/min.

Die Wärmemenge, die der Behälter an die Umgebung abgeben kann, liegt bei einer üblichen Temperaturdifferenz zwischen betriebswarmer Druckflüssigkeit und Umgebungstemperatur von 35 °C bei etwa 0,4 kW/m^2 oder umgerechnet 1440 kJ/h m^2 bezogen also auf 1 m^2 Behälteroberfläche ohne Boden. Eine genaue Bestimmung kann nach den Regeln, die in Kapitel 6.3 aufgeführt sind, erfolgen. Im Behälter soll auch die Luft, die in Hydraulikanlagen sowohl in gelöster als auch in ungelöster Form auftritt, abgeschieden werden. Die Ursache für ungelöste Luft liegt meist in der ungenügenden Entlüftung des Systems begründet. Gelöste Luft in der Druckflüssigkeit wird in erster Linie durch Druckabfall im System frei. „Freie Luft" im System können aber Förderverluste der Pumpen, Kavitation und damit Werkstoffzerstörung an Geräten, höhere Kompressibilität und damit verbunden Ungenauigkeit der Bewegungen, höhere Geräuschentwicklung und vorzeitige Alterung der Druckflüssigkeit zur Folge haben. Durch entsprechende konstruktive Gestaltung des Behälters und richtige Anordnung der Saug-, Rücklauf-, Steueröl- und Leckölleitungen können diese Erscheinungen weitgehendst vermieden werden. Im einzelnen sind dies (Bild 6.34):

– Ein Trennblech oder Beruhigungsblech trennt den Rücklauf- vom Ansaugteil, dadurch muß die Druckflüssigkeit einen langen Weg vom Rücklauf bis zum Ansaugstutzen zurücklegen. Die damit erreichte Verweilzeit dient zur Luftabscheidung und zur Ablagerung von festen Bestandteilen am Boden. Das Blech soll etwa 2/3 der Höhe des mittleren Flüssigkeitsspiegels haben. Durch ein zusätzliches Sieb, das unter 30° angebracht ist (Siebweite ca. 300 μm) kann weitere ungelöste Luft abgeschieden werden.

- Rücklauf- und Leckölleitungen müssen unter dem Flüssigkeitsspiegel enden, um Schaumbildung zu vermeiden. Die Rücklaufleitungen sind unter 45° angeschrägt und so angebracht, daß der Ölstrom in Richtung Behälterwand, also weg vom Ansaugstutzen geleitet wird.
- Der Ansaugstutzen muß weit genug – mindestens 30 mm unter dem niedrigsten Flüssigkeitsspiegel – in die Druckflüssigkeit reichen, um Wirbelbildung zu vermeiden.
- Der Behälter muß über einen Luftfilter belüftet werden, der in der Regel mit dem Füllstutzen kombiniert ist. Die Dimensionierung des Filters muß gewährleisten, daß im Behälter der atmosphärische Druck erhalten bleibt.

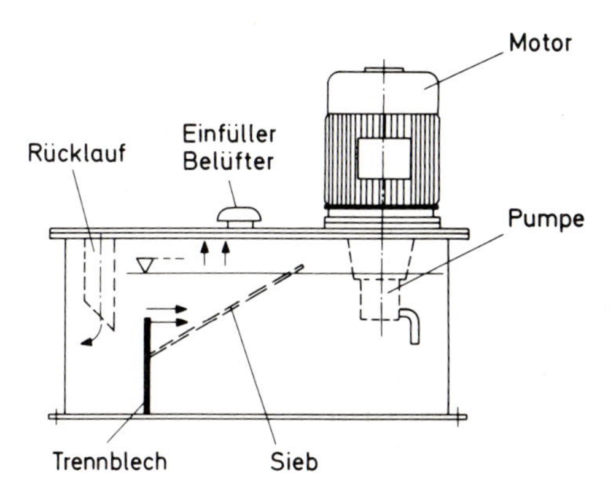

Bild 6.34
Behälter für Druckflüssigkeit – offenes, belüftetes System

Der Behälter muß so ausgelegt sein, daß sich Schmutz und Wasser ablagern können. Primär muß aber verhindert werden, daß Schmutz in den Behälter kommt. Deshalb müssen alle Leitungen am Behälterdurchgang mit Schottverschraubungen oder anderen entsprechenden Dichtungen versehen werden. Der Behälterboden wird mit einer geringen Neigung versehen. An der tiefsten Stelle ist eine Ablaßschraube angebracht. Über Reinigungsöffnungen kann der Behälter gereinigt werden (Bild 6.27). Die Ansaugleitung muß vom Boden einen genügend großen Abstand – Richtwert 2...3 × Rohrdurchmesser – haben, damit keine Bodenablagerungen angesaugt werden.

Bei der Verwendung schwerentflammbarer Druckflüssigkeiten der Typen HS ist deren schlechteres Luft- und Schmutzabscheidevermögen gegenüber Mineralölen zu berücksichtigen. Die Verweilzeit und die Flüssigkeitsoberfläche müssen vergrößert werden, d.h. es müssen größere Behälter verwendet werden. Gleichzeitig muß sichergestellt sein, daß Dichtungen, Schlauchleitungen und Oberflächenbehandlung des Behälters sich mit der Druckflüssigkeit vertragen. In diesen Fällen sollte stets mit den Herstellern Rücksprache genommen werden, da keine allgemein gültigen Regeln möglich sind.

6.5 Rohr- und Schlauchleitungen

Die einzelnen Elemente einer hydraulischen Steuerkette werden über Rohre oder Schläuche miteinander verbunden.

Für die Rohrleitungen werden in der Regel nahtlose, kaltgezogene Stahlrohre nach DIN 2391 verwendet, die unter Schutzgas blankgeglüht wurden und dadurch gut kalt umformbar sind. Gegen Korrosion sind sie durch phosphatierte Oberflächen geschützt. Andere Werkstoffe wie Kupfer, Aluminium oder Kunststoffe werden selten und nur bei ganz bestimmten Anlagen, die mit geringem Druck betrieben werden, eingesetzt. Für besondere Anlagen werden auch korrosionsbeständige Stähle oder warmfeste Stähle als Rohrwerkstoff verwendet. Die Größe der Rohrleitung hängt von zwei Größen ab:

- Die Wanddicke des Rohres wird vom maximalen Druck in der Anlage bestimmt. Sie kann berechnet werden, aber die zulässigen Drücke für die einzelnen Rohrquerschnitte werden vom Hersteller angegeben.
- Der Durchflußquerschnitt und damit der Rohrdurchmesser beeinflußt den Druckabfall in der Rohrleitung und damit den Wirkungsgrad der Anlage. Damit die Druckverluste in den Rohrleitungen nicht zu groß werden, andererseits aber auch die Abmessungen in Grenzen gehalten werden, sollten folgende Strömungsgeschwindigkeiten eingehalten werden:

Druckleitungen	bis 50 bar Betriebsdruck	4 m/s
	bis 100 bar Betriebsdruck	4,5 m/s
	bis 150 bar Betriebsdruck	5 m/s
	bis 200 bar Betriebsdruck	5,5 m/s
	bis 300 bar Betriebsdruck	6 m/s
Saugleitungen	bis	1,5 m/s
Rücklaufleitungen	bis	2 m/s

Der Druckverlust in der Leitung ist abhängig von der Strömungsgeschwindigkeit und von der Strömungsart und kann nach folgender Regel berechnet werden:

$$\Delta p = \lambda \frac{l \rho v^2}{d\, 2} 10 \text{ in bar}$$

v Strömungsgeschwindigkeit in m/s
l Länge der Rohrleitung in m
d Rohrinnendurchmesser in mm
ρ Dichte der Druckflüssigkeit

$$\lambda = \frac{64}{\text{Re}} \quad \text{für laminare Strömung und}$$

$$\lambda = \frac{0{,}316}{\sqrt[4]{\text{Re}}} \quad \text{für turbulente Strömung.}$$

Die Reynoldsche Zahl Re wird nach der Formel in Kapitel 2.2 bestimmt und gibt Auskunft über die Art der Strömung. Der Innendurchmesser des Rohres wird berechnet aus der vorgewählten Geschwindigkeit (s.o.) und ist:

$$d = 10 \sqrt{\frac{4 \dot{V}}{6 \pi v}} \text{ in mm}$$

$\dot{V}$ Förderstrom in l/min
v Strömungsgeschwindigkeit in m/s

Der Druckverlust kann nur mit großem Aufwand exakt berechnet werden. In der Praxis wird er deshalb mit Hilfe von Nomogrammen bestimmt oder aber bei kleinen Anlagen durch einen geschätzten Sicherheitszuschlag berücksichtigt. Der weitaus größere Druckverlust entsteht in den Ventilen, der aber vom Hersteller angegeben ist und in der Auslegung der Anlage berücksichtigt werden muß.

Für den Einbau können die Rohre kalt oder warm gebogen werden, wobei entsprechende Biegevorrichtungen verwendet werden sollten und warm gebogene Rohre oder geschweißte Rohre einer Nachbehandlung durch Beizen zu unterziehen sind. Die Verbindung der Rohre untereinander und mit den Geräten kann folgendermaßen erfolgen:

- Durch Verschraubungen je nach Betriebsdruck bis Nennweite 38, und
- durch Flanschverbindungen ab Nennweite 30.

Als Verschraubungen sind folgende Möglichkeiten gegeben:

- Die Schneidringverschraubung, die sehr weit verbreitet ist,
- die Klemmringverschraubung,
- die Kegel-Klemmverschraubung und
- die Stirnflächenverschraubung.

Jede Verschraubung hat bestimmte Vor- und Nachteile, so daß die Auswahl der Art von den Bedingungen der Hydroanlage abhängen. Für Weiterverbindungen oder Verzweigungen der Rohrleitungen gibt es für die Verschraubungen gerade Verbindungsstücke, T-Verbindungen und Kreuzverbindungen. Als Dichtungswerkstoff für die Einschraubverbindungen darf keinesfalls Hanf verwendet werden, sondern nur flüssige Dichtungen wie Curil, Loctite usw. oder Teflonband. Die Dichtungsmasse darf aber nicht in das Hydrauliksystem gelangen.

Die Schlauchleitung wird üblicherweise dort eingesetzt, wo Geräte, die sich bewegen oder gewechselt werden, verbunden werden müssen oder wo Rohrleitungsverlegung nicht möglich oder ungünstig ist und wo Schwingungen gedämpft werden sollen.

Bei der Auswahl der Schläuche ist auf die Druckflüssigkeit, den maximalen Betriebsdruck, die Betriebstemperatur und den richtigen Einbau zu achten. Schläuche müssen knickungs- und torsionsfrei verlegt werden, das bedeutet, daß der vom Hersteller vorgeschriebene kleinste zulässige Biegeradius nicht unterschritten wird. Vom Werkstoff her unterscheidet man zwischen Gummischläuchen, Kunststoffschläuchen aus PVC und Teflon (PTFE), die durch Schutzschläuche wie Asbest oder Stahlgeflecht bzw. Flachspiralen usw. ergänzt werden. Der Aufbau des Schlauches besteht aus der Seele und je nach Druckbereich und Durchmesser aus mehreren Verstärkungslagen mit Gewebe- oder Stahleinlagen und der Schlauchdecke. Als Anschlußarten werden für Schlauchverbindungen vor allem die Schneidringverschraubung aber auch die übrigen o.g. Verschraubungen angeboten, dazu ist am Schlauchende ein kurzes Rohrstück angebracht. Die schnellste aber auch teuerste Verbindung ist die Schnellverschlußkupplung, die es mit und ohne eingebautem Rückschlagventil gibt. Das eingebaute Rückschlagventil ermöglicht ein Verbinden ohne Druckflüssigkeitsverlust und Luftzutritt und nicht angeschlossene Kupplungsstücke sind druckdicht und leckfrei verschlossen.

6.6 Zubehör zu hydraulischen Anlagen

Außer den beschriebenen Geräten und deren Verbindungen sind zur Funktion einer Hydroanlage noch andere Bauteile von Bedeutung. Für den störungsfreien Betrieb aller Einzelkomponenten in einer hydraulischen Steuerung ist eine saubere Druckflüssigkeit Voraussetzung, d.h. sie muß laufend gefiltert werden. Nach dem Einbau unterscheidet man zwischen Saug-, Druck- und Rücklauffilter. Welche Filterart das Optimum darstellt, ist von verschiedenen Faktoren abhängig, so daß grundsätzlich der Empfehlung der Gerätehersteller zu folgen ist. Wichtig ist, daß so fein wie nötig gefiltert wird und die Filterwirksamkeit über eine Verschmutzungsanzeige kontrollierbar ist. Für die Auswahl eines Filters genügen folgende Kriterien:

- Filterfeinheit,
- Durchflußmenge,
- Druckgefälle,
- Platzbedarf,
- Art der Druckflüssigkeit,
- Wartungsfreundlichkeit und
- Umgebungsbedingungen.

Für übliche Hydraulikanlagen im Industriebereich genügt eine Rücklauffilterung mit einer Filterfeinheit von 25...40 μm, bei Anlagen mit Servoventilen verwendet man Druckfilter mit 5 μm Feinheit.

Hydroelektrische Druckschalter dienen als Druckwächter oder Signalglied in einer hydraulischen Steuerung. Sie arbeiten mit einem einstellbaren Schaltdruck bzw. mit einer einstellbaren Schaltdruckdifferenz.

Hydrokühler haben die Aufgabe, die Wärmemenge, die an den verschiedensten Stellen des Hydrokreislaufes meist an Drosselstellen entsteht, abzuführen, wenn die vom Behälter abgestrahlte Wärmemenge zu gering ist (s. Kap. 6.3). Der Kühler sorgt dafür, daß die Betriebstemperatur der Druckflüssigkeit nicht überschritten wird. Es gibt zwei prinzipielle Kühlerbauarten:

- Luftgekühlte Hydro-Wärmetauscher für kleine Anlagen und kleinere Kühlmengen und Anlagen, denen kein Wasser zur Verfügung steht und
- wassergekühlte Hydro-Wärmetauscher für größere Kühlleistungen.

Die Zuschaltung der Kühler kann von Hand besser jedoch über Thermostatschalter erfolgen.

Es werden auch Heizungssysteme, meist elektrischer Bauart, in Hydrosystemen eingesetzt, wenn zum Anfahren der Hydroanlage eine bestimmte Temperatur notwendig ist oder der Anlaufprozeß, z.B. bei genauen Werkzeugmaschinen abgekürzt werden soll. Auch bei tiefen Außentemperaturen sind unter Umständen Heizungen notwendig.

Literaturverzeichnis

Kris, T., Hydraulik kurz und bündig
Kamprath-Reihe, Vogel-Verlag, Würzburg 1984

Zoebl, H., Schaltpläne der Ölhydraulik. Buchreihe Ölhydraulik und Pneumatik, Krausskopf-Verlag, Mainz 1973

Kasparbauer, K., Wirkungsweise und konstruktive Besonderheiten von Proportionalventilen
Maschinenmarkt Heft 57 und 77 (1982)

Schmitt, A., Der Hydraulik Trainer
Herausgeber Fa. G. L. Rexroth GmbH, Lohr am Main 1980

Hydraulik-Information, Grundlagen, Geräte-Funktionsbeschreibung
Herausgeber Fa. Robert Bosch GmbH, Stuttgart 1974/75

Für die Unterstützung sei folgenden Firmen gedankt:

Herion KG, 7012 Fellbach
Brüninghaus Hydraulik GmbH, 7240 Horb
Herbert Hähnchen KG, 7302 Ostfildern 1 – Ruit
Otto Eckerle GmbH & Co KG, 7502 Malsch
Ermeto Armaturen GmbH, 4800 Bielefeld 12

Sachwortverzeichnis